战略性新兴领域“十四五”高等教育系列教材

数字语音信息处理

贾懋珅　陈仙红　马　勇　熊文梦　编著

机械工业出版社

本书为数字语音信息处理课程教材，结合信号处理、声学、计算机科学、统计学等多个学科，系统介绍了数字语音信息处理的基础知识、基本原理、重要方法以及该学科领域近年来取得的一些重大研究成果与技术突破。本书遵循了科学性、实用性、创新性原则。全书共10章，内容包括：绪论、语音产生与听觉感知、语音信号特征、常用建模算法、语音编码和质量评估、语音识别、说话人识别、语音合成、语音增强、语音分离。另外，在本书的每章末尾都加入了思考题与习题，供读者思考、练习。

本书以帮助读者快速、直观地理解概念为目标，展示了基本的数学公式，同时注重理论与实践相结合，在每节都详细地阐述了相关知识和具体方法，以便读者进一步融会贯通。

本书可作为高等院校计算机科学与技术、通信工程、电子信息、人工智能等相关专业及学科的高年级本科生、研究生教材，也可供相关领域的科研及工程技术人员参考。

本书配有以下教学资源：PPT课件、教学大纲、教案、习题答案、课程实验、教学视频。欢迎选用本书作教材的教师登录 www.cmpedu.com 注册后下载，或发邮件到 jinacmp@163.com 索取。

图书在版编目（CIP）数据

数字语音信息处理 / 贾懋珅等编著 . -- 北京：机械工业出版社，2024.12.--（战略性新兴领域“十四五”高等教育系列教材）.-- ISBN 978-7-111-77671-0

Ⅰ.TN912.3

中国国家版本馆 CIP 数据核字第 2024WB1124 号

机械工业出版社（北京市百万庄大街 22 号　邮政编码 100037）

策划编辑：吉　玲　　　责任编辑：吉　玲　王华庆

责任校对：贾海霞　张　薇　　　封面设计：张　静

责任印制：邓　博

北京中科印刷有限公司印刷

2024 年 12 月第 1 版第 1 次印刷

184mm × 260mm · 15 印张 · 362 千字

标准书号：ISBN 978-7-111-77671-0

定价：59.00 元

电话服务　　　网络服务

客服电话：010-88361066　　机　工　官　网：www.cmpbook.com

010-88379833　　机　工　官　博：weibo.com/cmp1952

010-68326294　　金　书　网：www.golden-book.com

封底无防伪标均为盗版　　机工教育服务网：www.cmpedu.com

前言

PREFACE

语音信号处理技术在现代科技和人工智能领域占据着重要的地位。其起源可以追溯到20世纪六七十年代，伴随着信息处理和通信技术的发展，取得了长足的进步。

语音信号处理经历了从模拟化到数字化的重要转变，从基础技术到智能应用的不断演进，对语音通信、人机交互、消费电子、人工智能等方面产生了深远影响。语音信号处理涉及电子学、信号处理、模式识别、心理学、生理学、语言学、人机交互等多个研究领域，该学科的发展促进了多学科的交叉创新。

本书围绕语音信号处理的基础知识和主要应用进行介绍，全书共10章。第1章是绪论；第2章探讨语音产生与人耳听觉感知；第3章介绍语音信号的时域、频域、倒谱域和线性预测等几个方面的特征分析方法；第4章主要介绍语音信号处理常用的建模方法；第5章讨论语音信号的编码技术，同时介绍编码质量评估方法；第6章和第7章分别探讨了语音识别和说话人识别技术；第8章详细介绍语音合成方法；第9章和第10章分别介绍语音增强和语音分离技术。

本书的第1、2、5章由贾懋珅编写，第3、4章由马勇编写，第6、7、8章由陈仙红编写，第9、10章由熊文梦编写。贾懋珅负责全书的整体安排和审定。

本书参考了大量文献资料，在此向相关作者表示深深的谢意。

由于编者水平有限，疏漏和错误在所难免，敬请读者批评指正。

编著者

目 录

CONTENTS

第 1 章　绪论

导读

本章从语音信号处理的历史背景到现代应用，再到未来展望，详细阐述语音信号处理的基础理论和关键技术。通过对语音编码、语音识别、语音合成等核心内容的深入探讨，展示了语音信号处理领域的重大进展，为后续章节的学习奠定理论基础。读者通过对本章的学习，能够对语音信号处理有一个全面的了解。

本章知识点

- 语音信号处理概述
- 语音信号处理发展历程
- 语音信号处理的关键技术
- 语音信号处理的应用领域

1.1　语音信号处理介绍

语音信号处理是一门跨学科的综合技术，基于生理、心理、语言和声学等理论，并以信息论、控制论和系统论为指导理论，通过应用信号处理、统计分析和模式识别等现代技术手段实现语音信号的获取、分析、改善、压缩与合成。语音信号处理技术在数据通信、人工智能、场景检测、音乐处理、听力辅助等领域起着至关重要的作用。

语音信号处理的快速发展不仅提高了语音通信的效率，同时也极大地拓宽了人机交互模式。它使得人们可以通过语音与机器进行交互，而不再依赖于传统的输入设备，如键盘、鼠标等。语音信号处理技术的普及为人们的日常工作和生活提供了便利，特别在视觉或运动受限的场景，这类技术显得尤为重要。

在 20 世纪五六十年代，数字信号处理（Digital Signal Processing，DSP）技术开始应用于语音信号的分析和处理。这一时期的研究主要集中在语音识别、数字信号处理技术的应用，语音合成技术开始初步探索。贝尔实验室的研究人员在语音识别方面取得了一定的进展，研制成功了第一个能识别 10 个英文数字发音的实验系统。此外，他们开发的语音合成系统能够从文字信息生成机械式的语音。1962 年，IBM 公司开发的“Shoebox”项目代表了这一时期的一个技术高峰，该设备能够识别数字和简单的英文命令。这些技术标志着20世纪60年代语音信号处理技术的重要进步，也为未来几十年的语音技术发展奠定了理论和实验基础。这些成果在推动语音技术商业化和实用化方面发挥了关键作用，为后续研究（如自动语音识别系统和高级语音合成技术）打下了基础。尽管这些成果跟现在的研究相比显得相对简单，但它们当时的开创性工作极大地推动了语音技术的进步，并对后续数十年的发展产生了深远影响。

在20世纪七八十年代，数字信号处理技术的发展为语音信号处理带来了深刻的影响。这一时期，数字信号处理器的快速发展使得实时处理复杂信号成为可能，从而推动了语音编码、合成、识别以及增强等多个方面的发展。线性预测编码（Linear Predictive Coding，LPC）是20世纪70年代重要的语音编码技术之一。它基于语音信号的线性预测模型，通过估计当前的语音样本与之前样本的线性组合，有效地实现对语音信号的预测和编码。这种方法不仅减少了数据传输对带宽的需求，还保持了较高的语音质量。由于LPC技术能有效节省带宽，在移动通信技术发展初期，被广泛应用于电话通信中。这使得LPC成为当时最具影响力的技术之一，极大地推动了数字通信技术的发展。

20世纪70年代至80年代是语音信号处理技术快速发展的两个十年，这一时期的研究聚焦于语音识别算法的性能改进、语音合成的自然度提升，以及数字信号处理硬件的发展。这些研究极大地推动了语音技术的实用化和商业化。自动语音识别（Automatic Speech Recognition，ASR）成为研究的热点。1976年，IBM的研究团队发布了一篇重要论文，描述了一个能够识别连续语音的系统。这标志着语音识别技术实现了从简单词汇识别向连续语音识别的重大转变。1980年Dennis Klatt在发表的论文中，描述了Klatt合成器这种先进的语音合成方法，在当时被广泛应用于各种语音合成系统。

在20世纪80年代初，隐马尔可夫模型（Hidden Markov Model，HMM）被引入到语音识别领域。这种统计模型的应用极大地提高了语音识别的准确性和处理效率。HMM的引入标志着语音识别从模式匹配向统计模型的转变。20世纪80年代后期，合成分析方法（Analysis and Synthesis，ABS）引入源-系统模型，出现了合成分析线性预测编码方法，该方法利用感知加权技术和波形编码准则去优化激励信号，大幅度提高了语音编码性能。基于此项技术，国际电信联盟电信标准部（International Telecommunications Union Telecommunication Standardizations Sector，ITU-T）相继制定了16kbit/s低延迟码激励线性预测的G.728、5.3kbit/s代数码激励线性预测的G.723.1和8kbit/s共轭结构代数码激励线性预测编码（Conjugate Structure Algebraic Code Excited Linear Prediction，CS-ACELP）的G.729等国际语音编码标准。

随着微电子技术的发展，完整适配于语音信号的数字信号处理器在这一时期得到了广泛应用。这些处理器专为高速信号处理设计，显著提高了语音信号处理的性能和实时处理能力。在语音合成领域，Oscar Agazzi等研究者们努力提高合成语音的自然度和可理解性。这些技术和成果不仅标志着语音信号处理领域的重大进展，也为后续的技术发展奠定了坚实的基础。这一时期的研究成果在推动语音技术的实用化和商业化方面发挥了关键作用。

在20世纪90年代，语音识别与合成技术经历了一场技术革命，这一时期的进展主要得益于计算机处理能力的大幅提升和机器学习算法的应用。随着计算机技术的快速发展，尤其是处理器速度的显著提高和内存容量的大幅增加，语音识别和合成系统得以处理更大规模的数据集和更复杂的算法。这一技术进步使得语音系统不仅能够实时运行，而且还能处理连续的自然语言对话，显著提高了用户体验和系统的实用性。在语音识别领域，HMM 成为主流技术。它假设系统状态的改变是马尔可夫过程，即每个状态的改变仅依赖于前一个状态。在语音识别中，每个音素或音节可以被建模为一个状态，而 HMM 能够有效地模拟语音信号中时间序列的统计特性，从而识别出其中的言语内容。HMM 的应用极大地提高了识别的准确率，使其成为语音识别领域的核心技术。此时期的研究主要集中在如何将 HMM 与其他统计模型相结合，以提高系统的鲁棒性和准确性。HMM 在语音识别中的应用不仅展示了 20 世纪 90 年代语音信号处理领域的重要进展，也为未来语音技术的发展奠定了理论和技术基础，为后来的技术革新提供了理论基础。

固定速率编码器由于自身编解码器结构的限制，不能适应网络传输中的丢包或丢帧现象。由于具有嵌入式码流结构的可升级语音编码算法能有效缓解丢包或丢帧对解码器的影响，因此，可升级编码算法逐渐成为 21 世纪初语音编码的热点。ITU-T 于 2006 年推出了可升级宽带语音编码标准 G.729.1。

进入 21 世纪后，深度学习技术的引入彻底改变了语音信号处理技术。以深度神经网络为基础的模型，如长短期记忆网络（Long Short-Term Memory，LSTM）和卷积神经网络（Convolutional Neural Networks，CNN），已成为语音识别和语音合成的核心技术。这些模型能够处理复杂的语音模式，并实现更高的识别精度。未来，随着算法和硬件的进一步发展，语音信号处理技术有望实现更广泛的应用，如多语言和方言的处理、更自然的人机交互，以及更高效的语音加密和隐私保护。自 2010 年以来，深度学习技术在语音信号处理领域引起了革命性的变革。这一时期的研究主要集中在利用深度神经网络（Deep Neural Networks，DNN）提高语音识别的准确性，以及探索新的语音合成和声音分析方法。深度学习技术，尤其是 LSTM、CNN 和 DNN 的应用，极大地提升了语音识别系统的准确性。这些技术能够学习和模拟非常复杂的语音数据特征，包括不同的语言、口音、语速及语调变化。

LSTM 通过其独特的门控机制，能够有效地捕捉长期依赖信息，特别适合处理和预测时间序列数据中的间隔和延迟问题，从而提高语音识别在长句子中的表现。这使其成为处理连续语音流的理想选择。CNN 虽然最初是为图像处理设计的，但在处理语音信号中被证明同样有效。通过提取时间和频率的局部特征，CNN 可以更好地识别语音信号中的模式，特别是在嘈杂环境中。

2012 年 Hinton 等人的研究证明了神经网络在识别语音模式方面优于隐马尔可夫模型（HMM）和高斯混合模型（Gaussian Mixture Model，GMM）等经典模型。这项研究展示了深度神经网络在语音识别中的潜力，随后成为该领域的研究热点。深度学习模型相比传统模型在处理复杂语音模式上具有显著优势，这一发现标志着深度神经网络在语音识别中的首次成功应用，开启了语音信号处理技术的一个新纪元。

随着技术的进步，研究者开始开发端到端的语音识别系统，这些系统不依赖于传统的声学和语言模型分离方法。2016 年 Amodei 等人研究的多语言的端到端语音识别系统，展示了深度学习在处理不同语言中的广泛适用性。

在语音合成领域，深度学习同样引发了技术变革。通过深度学习模型，如 WaveNet

和 Tacotron，可以生成非常自然和富有表现力的语音。这些模型能够学习大量的语音数据，并产生清晰、流畅且自然的语音输出。WaveNet 是一种深度生成模型，能够直接从原始音频波形生成语音。与传统的基于单元选择的合成技术相比，WaveNet 提供了更加自然和连贯的语音质量。Tacotron 是一种端到端的语音合成系统，它可以直接从文本到语音波形生成语音，无需复杂的特征工程步骤。Tacotron 的输出质量接近于实际人类语音，极大地提升了语音合成的自然性和可理解性。深度学习技术也被应用于分析语音中的情感层面和检测环境中的声音事件。相关的研究包括在多任务学习框架下，使用 CNN 和循环神经网络（Recurrent Neural Network，RNN）来提取语音特征并分类不同的声音活动。此外，深度学习技术也被引入语音编码中，2021 年谷歌公司提出了基于矢量量化变分自动编码器（Vector Quantized Variational AutoEncoder，VQVAE）结构的端到端音频编解码器——SoundStream。该编解码器能够压缩通用音频，如语音、音乐和环境声。SoundStream 采用带有可扩展量化模块的卷积架构来对信号时域表示进行编解码。其编码器、解码器和量化器通过结合重构和对抗损失进行端到端训练，同时在训练中运用随机量化器丢弃技术，以支持不同的码率。

随着技术的不断进步和创新，语音信号处理领域展现出广阔的发展前景。随着增强现实（Augmented Reality，AR）和虚拟现实（Virtual Reality，VR）技术的成熟，语音信号处理技术将扮演更重要的角色。在这些应用中，语音交互可以提供一种自然且直观的方式增强用户体验。未来的研究将专注于提高这些应用中的语音识别准确性和环境噪声管理能力。

语音技术是智能家居设备和物联网（Internet of Things，IoT）设备中不可或缺的一部分。语音信号处理技术的发展将使得设备能更好地理解和响应用户的指令，甚至在复杂的家庭环境中也能保持高效操作。此外，未来将探索更多保护隐私和数据安全的方法，以增加用户对智能家居设备的信任。

语音技术在医疗健康领域的应用发展集中在开发能够通过语音分析来评估用户健康状况的系统上。例如，系统可能通过分析声音来识别用户的情绪变化、压力水平，甚至早期识别健康异常，如某些神经系统疾病的征兆。此外，语音辅助系统可以显著提升行动不便人士的自理能力，通过语音命令控制家居设备或进行日常交互，从而改善他们的生活质量。这些技术的进步不仅能提供个性化的健康监测，还能为需要特殊关怀的群体带来实质性的生活改变。

在自动驾驶和互联车辆的时代，语音控制系统正逐渐成为驾驶人与车辆互动的重要接口。随着人工智能和自然语言处理技术的发展，未来的语音信号处理技术将专注于提高系统在嘈杂车辆环境中的性能，如增强语音系统的噪声抑制能力，确保即使在车辆运行噪音大的情况下，系统也能准确识别和响应驾驶者的命令。此外，通过优化语音识别算法来提高系统的响应速度，这些改进将使得驾驶过程更加安全和便捷，为驾驶者提供更流畅、更直观的交互体验。这些技术的进步不仅能提高行车安全，还能为驾驶者带来前所未有的舒适和便利。

随着计算机视觉和语音处理技术的结合，未来的交互系统将能够同时理解和处理用户的视觉和声音输入，从而实现多模态交互系统。多模态系统将提供更丰富的上下文信息，使得机器更好地理解人类的意图和情感。随着技术的进步和新兴技术的出现，语音信号处理的应用将会变得更加广泛和深入。未来的研究将不断拓展这一领域的边界，开创更多创新的使用场景，为人机交互提供更自然、更智能的解决方案。

1.2 语音信号处理应用

随着技术的不断进步，语音信号处理已经成为现代通信、计算机科学、语言学和工程技术等领域中一个不可或缺的分支。本节旨在提供一个全面的语音信号处理应用概览，介绍其在各个领域中的理论研究和实际应用。

语音信号处理的基本理论基础涉及信号的采集、分析、增强、编码和识别等多个方面。比如在噪声环境下的语音增强、语音合成以及语音识别等。每一项技术都在不断进化，以适应不断变化的应用需求和提高处理效率。

1. 语音编码

语音编码作为信息时代的核心技术之一，它在语音通信、数据存储和信息安全等多个领域中发挥着至关重要的作用。在语音信号处理的广阔领域中，语音编码技术的发展与应用是一个持续演化的过程，它与人类通信方式的改变息息相关。语音编码不仅关乎信息的有效传输，还直接影响信息的质量和可接受度。语音编码技术极大地推动了移动通信和互联网语音服务的发展。

语音编码的基本任务是将声音信号转换成数字形式，以便更高效地存储和传输。在这一过程中，量化和编码是基础。早期的语音编码技术由于受到硬件性能的限制，通常采用简单的量化策略，如均匀量化，这往往导致较大的信号失真。随着技术进步，非均匀量化技术（如对数量化）被引入，有效改善了声音的动态范围。这种技术主要在编码前应用，目的是为了在数字化声音信号前优化其动态范围，使声音数据更加有效地被捕捉和存储。非均匀量化技术特别适合处理在低信号水平下的声音，因为它能按照信号的对数级别来进行量化。在低信号水平下，传统的线性量化可能会丢失很多细节，因为它平等地对待信号的所有部分，而不考虑信号强度的大小。对数量化对较小的信号值给予更高的精度，而对较大的信号值则使用较低的精度，这样可以保持低水平信号的细节，同时减少数据的存储需求，从而在录音和通信等领域得到广泛应用。

波形编码是一种直接对声波波形进行编码的方法。脉冲编码调制是最早的数字语音编码方法之一，它通过高频率采样和高比特率量化来尽可能保持声音的真实性。然而，随着对带宽需求的增加，特别是在通信和数据传输中，如何有效利用带宽成了一个关键挑战。传统的语音编码方法需要较高的比特率来保证音质和准确性，这对于带宽有限或者需要高效利用带宽的应用来说显然不够经济和实用。因此，为了应对带宽限制，研究人员开发了更高效的波形编码方法——自适应差分脉冲编码调制，通过利用信号的时间相关性来减少编码所需的比特数，从而达到更高的数据压缩率。

与波形编码不同，参数编码器不直接对波形进行编码，而是通过对语音信号进行参数化建模，并对模型参数进行编码，来实现数据压缩的效果。参数编码通常基于声学模型，通过分析语音的形成机制来预测语音样本，有效减少编码比特率。参数编码的优势在于即使在极低的比特率下也能保持语义的完整性。

混合编码融合了波形编码和参数编码方法优势，首先完成语音信号的参数建模，随后，将原始信号与参数合成信号之间的误差进一步进行编码，通过适当增加编码速率，来提高整体编码质量。混合编码在较低的编码速率下，提供高的语音编码性能，被广泛应用于现代通信系统中。

语音编码技术的发展极大地丰富了人类的交互方式。从早期的有线电话到现代的互联网通信，语音编码技术的每一次进步都极大地推动了通信技术的发展，使人类的沟通跨越了空间限制，更加迅速和方便。未来，随着人工智能和机器学习技术的进一步融入，可以预见语音编码技术将更加智能化和高效化，进而适应不断变化的通信需求。

随着互联网技术的不断进步和全球数据需求的持续增长，语音编码的市场前景良好。新兴的技术（如深度学习在语音编码中的应用）将进一步推动编码技术的发展，使其在各种环境中都能提供更高效、更可靠的性能。从智能手机到智能家居系统，从全球通信网络到局域网络应用，语音编码技术的应用范围也将迅速扩展。

2. 语音识别技术

语音识别技术是语音信号处理领域中的一个重要分支，它允许计算机和其他设备通过识别和理解人类的语音来执行命令或处理信息。这项技术基于声音数据处理，主要转换语音为文本，关注语言内容。语音识别技术从其初步的理论探索到成为今日广泛应用的通信和交互工具，展现了信息科技领域中的一段引人注目的发展历程。语音识别的进步不仅仅体现在技术的发展上，更在于其改变了人与人以及人与机器间的沟通方式。

20 世纪 50—90 年代，语音识别技术尚处于探索初期阶段，主要依靠模板匹配法。这种方法通过录制一系列特定的词或短语作为模板，再将实时捕捉到的语音与这些模板进行对比。然而，这种技术的局限性很明显，它依赖于严格的模板匹配，难以适应自然语言的多样性和复杂性。尽管如此，这种简单直观的方法为后续更复杂的系统奠定了基础，并在早期语音交互系统的发展中发挥了重要作用。

20 世纪 80 年代至 21 世纪初，随着计算机技术和数学模型的发展，基于隐马尔可夫模型（Hidden Markov Model，HMM）的语音识别技术开始崭露头角。HMM 通过模拟语音信号的统计特性和时间序列依赖性，能有效地处理语音中的不确定性和非线性问题。这一模型的引入标志着语音识别技术的一个重大突破，使得识别系统能够处理连续的自然语言输入，从而显著提高了识别的准确性和实用性。几十年来，HMM 一直是语音识别研究和实际应用的主流方法。

进入 21 世纪后，随着深度学习的兴起和硬件能力的飞跃性增长，端到端语音识别技术逐渐成为研究的热点。这种技术通过深度神经网络，直接将原始的语音波形或简单特征映射到语言输出，简化了传统语音译码中多个独立处理阶段。端到端系统的优势在于其模型结构的简洁性和对大数据的高效利用，使得识别系统更加精确，更能适应多样化的语言和口音。这种技术的发展极大地推动了智能助手和实时语音翻译系统的普及。

目前，语音识别技术已经广泛应用于各种场景中，包括智能家居控制、客服机器人、医疗记录整理以及法律文书自动转录等。每一个应用的实现都是对语音识别技术挑战的一次克服，也是对其潜力的一次深入挖掘。未来，随着技术的进步和新算法的开发，我们可以预见一个更加智能化的语音交互世界，其中语音识别技术将继续扮演至关重要的角色。

3. 说话人识别

说话人识别技术通过分析和处理语音信号来确认说话人的身份。说话人识别的应用最早可追溯到 20 世纪上半叶。早期的说话人识别，主要通过人的听觉来进行，主观程度很高。20 世纪 40 年代，贝尔实验室发明了声谱仪（sonograph），首次将声音“具象化”。1962 年，贝尔实验室的 L.Kersta 在声谱仪和语音学的基础上，首次提出了“声纹（voiceprint）”的概念，让说话人识别成为一项正式的科学研究。经过近百年的探索，说话人识别方法大致可以归为三大类：非参数方法、参数方法和人工神经网络方法。非参数方法包含动态时间规整法、矢量量化法，主要提出于 20 世纪 80 至 90 年代。参数方法包含隐马尔可夫模型、高斯混合模型和基于 i-vector 的方法。基于人工神经网络的方法主要以 x-vector、Resnet 和 ECAPA-TDNN 作为主流的模型，主要提出于 21 世纪 10 年代末至今。说话人识别技术基于声音数据处理，主要用于识别说话人的身份，关注个人声音特征。这种技术在安全验证、法律取证、客户服务等多个领域具有重要应用。

1995 年，MIT 林肯实验室的 D.Reynolds 等人提出基于高斯混合模型的说话人识别是一种传统方法，利用高斯混合模型（Gaussian Mixture Module，GMM）对说话人的声音特征进行建模。每个说话人的语音样本都被建模为一系列高斯分布的组合，从而形成了说话人的声学指纹。2000 年，D.Reynolds 等人又提出了通用背景模型（Universal Background Model，UBM），对所有说话人的整体发音特性进行统一建模，解决了由于单个说话人语音数据太少导致 GMM 模型训练不稳定的问题。GMM-UBM 模型是说话人识别技术发展中里程碑式的突破之一，其后相当长的一段时间内，说话人识别技术都是建立在 GMM-UBM 模型的基础上。这种方法的优势在于它建模简单，能够有效捕捉语音的统计特性，但在处理复杂模式或非线性特征时可能不够灵活。

随着技术的发展，2010 年，基于 i-vector 的说话人识别逐渐成为主流方法。这种方法首先用一个大规模的统一背景模型（Unified Background Model，UBM），在 GMM-UBM 的基础上，提出了“总体变化子空间”，用以建立声学空间的基础。然后，提取一个固定维度的向量（i-vector）用来表征说话人的声学特征。i-vector 方法不仅提高了识别的精度，还能有效地处理大量数据，适用于更复杂的识别场景。

21 世纪 10 年代末，基于深度学习的说话人识别技术开始展现出显著优势，改善了识别的准确性和效率。利用深度神经网络（包括 CNN 和 RNN），研究人员能够学习到更深层次的声音特征。这种深度神经网络能够直接从原始的语音波形中提取特征，并进行端到端的学习，从而更好地模拟人耳的听觉特性。深度学习方法在多语种、多方言、噪声环境下的鲁棒性也表现优异。

此外，说话人日志技术也在实际应用中越来越受到重视。这项技术就是在一段连续的多人对话中切分出不同的说话人片段，然后去判断每个语音片段属于哪个说话人，用来解决“谁在什么时候说话”的问题。说话人日志技术不仅记录说话人的语音样本，还包括说话环境、语音内容、说话习惯等多维度信息。该技术为后续的声纹分析和行为预测提供了丰富的数据支持，在安全监控、客户行为分析等领域具有极大的应用价值。

说话人识别技术正处在快速发展阶段，不仅技术本身在不断进步，其应用领域也在不断拓展。随着人工智能技术的进一步发展，未来的说话人识别系统将更加智能、高效，能够在更广泛的场景中提供安全和便利。

4. 语音合成

语音合成，也称为文本到语音（Text-To-Speech，TTS）技术，是一种使计算机能够模拟人类发声的技术。这项技术的主要目的是将文字信息转换成口语，从而使得计算机与人类用户之间的交互更加自然和便捷。语音合成技术的应用广泛，从日常的智能助手到为视障人士提供阅读服务的工具，再到公共交通系统的自动播报，它的影响深远。

语音合成的历史可以追溯到18世纪末，当时的"机械人"尝试模拟人类的声音。真正的电子语音合成技术则始于20世纪中叶。1961年，IBM的研究员展示了第一个计算机语音合成系统，该系统能够合成简单的英语单词。随着数字处理技术的成熟，语音合成技术经历了快速发展，特别是实现了实时且自然的语音合成。这极大地推动了语音合成技术在各个领域的应用和发展。

参数合成法是一种较早的语音合成技术，它对语音的声学参数（如基频、时长和声谱特征）进行建模，然后用这些参数驱动语音合成器产生语音。这种方法的优点是语音合成过程中占用的数据量小，便于控制语音的各种属性，但合成的语音往往缺乏自然感。波形拼接合成法则通过拼接预先录制的语音样本来生成语音。这种方法在20世纪90年代获得了广泛应用，因为它可以生成比参数合成更自然的语音。然而，这种方法需要大量的语音数据，并且很难处理语音的细微变化，如情感的变化。

20世纪90年代，基于HMM的语音合成技术开始发展，这种技术使用统计模型来预测语音的声学参数。HMM合成可以提供更平滑的语音过渡，并且在处理长文本时表现更好。它也支持声音和语速的变化，使合成的语音更加多样化和自然。

进入21世纪后，深度学习技术的引入标志着语音合成技术开启了一个新纪元。基于深度神经网络的系统（如WaveNet和Tacotron），通过学习大量的语音数据，可以直接从文本生成高度自然的语音。这些系统不仅提高了语音的自然性，还简化了语音合成的流程，使得从文本到语音的转换更加高效和灵活。

随着技术的不断进步，语音合成的应用也越来越广泛，它不仅在改善人机交互体验方面发挥着重要作用，也在教育、娱乐、车载系统等多个领域中展现出其独特的价值。未来，随着算法的优化和计算能力的增强，语音合成技术将提供更加丰富多样和高度自然的语音输出，更好地服务于全球用户。

5. 语音增强

语音增强是语音信号处理领域中一项重要的技术，旨在改善噪声环境中语音信号的质量和清晰度。这项技术通过减少或消除背景噪声、回声和其他干扰，使得语音更加清晰易懂，提升语音通信质量，增强语音识别系统的性能。它在多种应用中至关重要，包括电话通信、会议系统、语音命令识别以及辅助听力设备等领域。

语音增强技术的历史可以追溯到20世纪中期，最初通过使用简单的模拟滤波技术来减少噪声，这些技术主要依赖于物理设备。随着数字信号处理技术的发展，20世纪七八十年代见证了基于数字算法的第一代语音增强技术的诞生，如频谱减法和维纳滤波。进入20世纪90年代，随着计算能力的显著提高和算法的不断进步，更加复杂的技术（如HMM和非线性处理技术）开始在商业和军事通信系统中得到广泛应用。这些技术的发展极大地提升了语音增强的效果和应用范围。

语音增强的基本信号模型通常假设观测信号是干净语音信号和噪声信号的叠加。为了有效提升语音质量，语音增强算法需要在不引入明显失真的前提下尽可能多地消除噪声成分。我们可以通过一些客观指标，如信噪比、语音清晰度指数、短时客观清晰度等评价语音增强效果，进而更好地评估不同算法在实际应用中的表现。

在单通道语音增强技术中，主要关注使用单一麦克风记录的信号。这类方法（如谱减法、Wiener 滤波器、最小均方误差估计等）通过估算噪声功率谱来改善语音质量，不依赖于额外空间信息。尽管单通道方法应用广泛，但它们在极端噪声环境下的效果有限。

多通道语音增强技术则利用多个麦克风收集的空间信息来进行处理，这可以显著提高增强效果。例如，波束形成和空间滤波器能够根据声源的方向和声音在空间中的分布来抑制噪声。多通道处理不仅能够提供更高质量的语音信号，而且在多人说话环境中表现出色。

在处理混响环境中的语音信号时，声音反射会降低语音清晰度。逆混响技术和基于模型的方法（如使用 HMM 和深度学习模型来估计干净语音信号）是处理这一问题的先进方法。这两种方法通过学习混响和干净语音之间的复杂关系，能够有效地恢复原始语音，进而优化语音增强的效果。

近年来，基于深度学习的方法在语音增强领域取得了显著进展。深度神经网络（如 CNN 和 RNN）已被用来直接从原始音频数据中学习去噪任务。这些方法不仅提高了语音质量，而且在处理非线性和非平稳噪声时表现出更大的灵活性和更高的效率。

语音增强技术的应用领域极其广泛。在消费电子产品（如智能手机和智能扬声器等设备）中，频繁使用语音增强技术，以提供更清晰的语音指令和通话质量。在医疗领域，改善助听器和植入设备的语音清晰度对听障人士至关重要。此外，随着远程工作和学习的普及，有效的语音增强技术确保了视频会议和虚拟课堂中的通信质量。随着技术的持续进步和新算法的开发，语音增强技术在过去几十年中取得了显著的技术进步。未来的语音增强技术将更加精准和智能，为人们提供更清晰、更自然的通信体验。

6. 语音分离

语音分离技术，亦称为源分离技术，旨在从混合音频中分离出单独的语音信号。这项技术在提升通信质量、音频处理、以及机器听觉等领域中发挥着关键作用。有效的语音分离不仅能够改善语音识别系统的准确性，而且能对多媒体编辑、听力辅助设备以及智能家居控制系统等应用产生积极影响。

语音分离技术的主要任务是从包含多个语音源的音频信号中，提取特定的语音信号。这一过程对处理会议记录、公共场合的语音收集，以及任何多说话者环境中的语音交互都非常关键。

语音分离的概念可以追溯到 20 世纪末，当时的研究聚焦于基本的信号处理技术。21 世纪早期，独立成分分析（Independent Component Analysis，ICA）方法被开发出来，用于从多音频的混合信号中恢复独立的音频成分。ICA 的成功应用标志着语音分离技术的一个重要进展。随着机器学习理论的引入，语音分离技术开始利用算法模型来改进分离效果，这标志着语音分离研究进入了一个新的阶段。这一时期，研究者们开发了多种基于统计模型的方法，如 ICA 和非负矩阵分解（Non-negative Matrix Factorization，NMF），这些方法大大提高了分离质量。

ICA 技术通过假设源信号的统计独立性，能够从混合信号中恢复出独立音频信号。这种方法在早期的语音分离技术中得到了广泛应用，特别是在处理小规模的语音分离任务时表现良好。随后，NMF 技术被引入语音分离领域，其通过将频谱数据分解为基础模式和权重的乘积，实现了更为精细的语音信号分离。这种方法在处理复杂音频信号（如音乐和背景噪音混合）时尤其有效。

基于时频点稀疏性的多通道分离方法利用了语音信号在时频域中的稀疏特性，并通过多通道录音设备捕捉信号，能够更有效地分离出单一来源的语音。此方法在有多个麦克风的设置中效果显著，如智能手机和智能音箱等设备。

21 世纪，随着深度学习的兴起，深度学习技术为语音分离带来了革新性的发展。利用深度神经网络，研究人员能够建立复杂的模型，直接从混合信号中分离多个语音源。这些模型（如 CNN 和 RNN）在提高分离精度和实时语音流处理方面远超传统方法的性能，展现出前所未有的能力。这些先进的系统能够学习声音的深层特征，从而在多说话者、多语言和极端噪声条件下有效分离语音。这种能力对于提升语音识别系统的可靠性和效率至关重要，尤其是在复杂的听觉环境中。这些技术的进步为语音交互系统提供了更高的适应性和灵活性，使其能够更好地服务于多样化的应用场景。

语音分离技术已经被应用于多种实际场景。在商业领域，提高客服中心的语音识别准确性；在医疗领域，帮助听力受损者更清晰地识别对话；在家居自动化系统中，提升了语音控制的响应性和准确性。此外，随着智能设备的普及，语音分离技术在提升设备的用户交互体验方面扮演着重要的角色。随着技术的不断进步，预计未来语音分离技术将进一步融入更多的智能应用中，带来更加丰富和精准的用户体验。

思考题与习题

1-1　什么是端到端语音识别系统？它与传统语音识别系统有何不同？

1-2　说话人识别技术通常使用哪些方法？简述其中一种方法的基本原理。

1-3　语音合成技术有哪些类型？简要说明每种类型的主要特点和用途。

1-4　描述语音增强技术的工作原理。该技术是如何改善语音信号质量的？

1-5　什么是多通道语音增强？它是如何利用多个麦克风来改善语音信号的？

1-6　解释深度学习如何应用于语音信号处理。举例说明它在语音识别或语音合成中的应用。

参考文献

[1] LAWRENCE R，RONALD W S. 数字语音处理理论与应用 [M]. 刘加，张卫强，何亮，等译 . 北京：电子工业出版社，2016.

[2] THOMAS F Q. 离散时间语音信号处理：原理与应用 [M]. 赵胜辉，刘家康，谢湘，等译 . 北京：电子工业出版社，2004.

[3] 鲍长春 . 数字语音编码原理 [M]. 西安：西安电子科技大学出版社，2007.

[4] 韩纪庆，张磊，郑铁然 . 语音信号处理 [M]. 3 版 . 北京：清华大学出版社，2019.

[5] 杨行俊，迟惠生，等 . 语音信号数字处理 [M]. 北京：电子工业出版社，1995.

[6]　赵力 . 语音信号处理 [M].3 版 . 北京：机械工业出版社，2016.

[7]　胡航 . 现代语音信号处理 [M]. 北京：电子工业出版社，2014.

[8]　洪青阳，李琳 . 语音识别：原理与应用 [M]. 北京：电子工业出版社，2020.

[9]　DENG L，YU D. 深度学习：方法及应用 [M]. 谢磊，译 . 北京：机械工业出版社，2016.

[10]　CONSTANTINIDES G，CHEUNG P Y K，LUK W.Synthesis and optimization of DSP algorithms[M]. Berlin：Springer Science & Business Media，2007.

[11]　WANG D L，CHEN J.Supervised speech separation based on deep learning：An overview[J].IEEE/ACM Transactions on audio，speech，and language processing，2018，26（10）：1702–1726.

[12]　LUO Y，MESGARANI N.Conv–tasnet：Surpassing ideal time–frequency magnitude masking for speech separation[J].IEEE/ACM Transactions on audio，speech，and language processing，2019，27（8）：1256–1266.

第 2 章　语音产生与听觉感知

导读

本章首先介绍了语音在人体内的产生原理，并结合发音原理分析由肺部、喉部组成的发声器官和由颚部、舌部、唇部等组成的构音器官的不同运动状态对声道结构和发音类型造成的影响。随后，介绍了模拟人耳听觉感知的心理声学原理，并以听觉掩蔽理论为基础，分析了临界频带、同时掩蔽、异时掩蔽对可听阈的影响。

本章知识点

- 发音器官
- 发音原理
- 临界频带
- 同时掩蔽
- 异时掩蔽

2.1　语音产生

语音的产生过程包括肺部气流的形成（发声动力）、声源的产生（声带振动）以及语音的形成（声道共鸣）三部分。肺部通过呼吸作用将外界空气吸入体内，当人体开始说话时，肺部的肌肉收缩迫使空气流出。流出的空气经气管进入喉部，到达声带时引起声带振动产生了声音。随后，振动的声带将声音向上传入由咽腔、口腔、鼻腔等组成的声道。声道能够对声音频谱中的一些频率进行加强或减弱。声道的大小和形状随着发音器官的活动而改变，引起声道的共鸣性质发生变化，产生不同的语音音调和音色，进而形成语音信号。最后，语音从唇或鼻辐射到外界，进入人类话语交流传播过程。

2.1.1　发音器官

人类用来产生语音的发音器官包括发声器官和构音器官两部分。在进化过程中，这些器官及其周围神经共同组成一个用于产生语音的综合系统。图 2-1 是发音器官，其中展示了对语音的产生起到主要作用的发音器官。

发声器官由肺部和喉部构成，用于产生声音。其中，肺部的呼吸作用形成气流，气流引起喉部的声带振动而发声。通过协同调整肺部和喉部的运动，能够变换声音的音调、响度和音质，为进一步形成语音特征奠定基础。

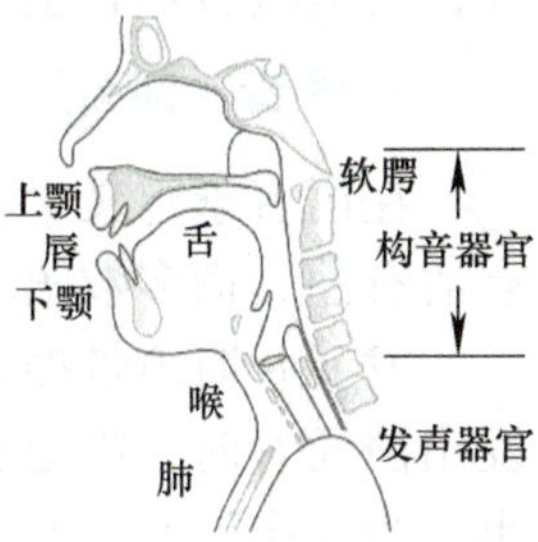

图 2-1　发音器官

构音器官主要由上下颚、舌、唇、软腭等构成，用于对声音进行频谱变换，以产生语音。其中，相互邻近的构音器官共同构成口腔、咽腔、鼻腔等共鸣腔，并形成声道。在声道中，从喉部传来的声音被不断地反射和增强引发共振，改变原始声音的频谱，形成语音信号。当发音器官进行不同活动时，声道形状变化，由此形成元音和辅音的特征。

2.1.2　发音原理

本节将围绕发声和构音器官的工作机制，介绍语音特性形成原理。主要以元音的产生为例，介绍喉部运动状态对元音特性的影响。此外，根据发音时声带是否振动可将语音分为浊音和清音，本节介绍了它们的区别。

1. 元音的产生

元音是发音时气流通过口腔不受阻碍发出的音。发元音时，气流从肺部通过声门冲击声带，使声带发出均匀振动，然后气流不受阻碍地通过口腔发出不同的语音。元音的产生是发声和构音机制共同作用的结果。发声和构音都是由物体振动产生声波，但二者的区别在于，发声是在气流推动下利用喉部的声带振动产生声源，而构音是利用声门以上声道中的共振构成语音。“声源 – 滤波器”理论是解释语音产生过程的一个重要概念。其中，喉部的声带作为声源发生器发出声带声源，声道则作为声学滤波器对声源声音进行调制以构成语音，最终从唇辐射到外部空间。

声带在人脑指令的控制下通过喉部肌肉的收缩打开或闭合。呼吸时，声带打开，空气无任何阻力地通过声门。发声时，大脑通过神经系统向声带肌肉发出指令，声带肌肉开始收缩，拉动声带使声门关闭。当声门完全闭合时，从肺部呼出的气流在声门处被阻断，声带上方和下方均受到气流冲击，从而产生振动；当振动累积到一定程度时，闭合的声带被重新打开；由于声带具有韧性，重新打开后会迅速闭合；由此，声带在不断振动的过程中产生一系列气流脉冲，这些气流脉冲被转化为声能脉冲信号，形成语音产生的基本声源，即声带声源。声带声源的响度、音高受声带振动程度的影响。

在传统意义上，声道是指声门与唇口之间的复杂三维通道，其外形是关于时间变化的复杂函数。在元音的构成过程中，声门端闭合唇口端开放，声带声源经过声道腔体的调制，使得频谱中不同频率的能量重新分配，有的加强、有的减弱，形成有起伏的包络曲线，形成多个共振峰。共振峰是语音信号频谱中能量相对集中的一些频率区域，是反映声道谐振特性的重要特征。前三个共振峰分别记为 F1、F2、F3，这些共振峰决定了口腔元音的音质。在构音器官的运动控制下，声道变化出不同形态，改变其内部的共振特性，进而发出不同特性的元音。对元音发声影响最大的构音器官是舌。舌在低位偏前位置与高位偏后位置之间的运动决定了声道中部体积的缩小与扩大，软腭通过缩小鼻咽腔以改变声道后部的横截面积来影响开元音的产生，唇部的运动决定了声道前部在唇口附近的形状。此外，其他构音器官也会协同舌部和下颚运动，对元音的特性产生二次影响。

2. 清音、浊音和辅音

在语音学定义中，将发音时声带振动的音称为浊音，声带不振动的音称为清音。辅音有清有浊，而多数语言中的元音均为浊音，鼻音、边音、半元音也是浊音。

发元音时声带振动的叫浊元音。有些语言发元音时声带不振动，发出的为清元音。当发出浊元音时，声道在声门端关闭，除了喉腔会发生适度的收缩，其余空间没有明显的缩小。当发出清元音时，声门打开，舌部对发音的影响效果减弱。

辅音是指气流在经过口腔或咽腔时受到阻碍而形成的音。按照发音时声带振动或不振动，可以将辅音分为浊辅音或清辅音两大类。这两类辅音的区别涉及特定语言中对喉部及喉部以上构音器官的精细时间控制。发出浊辅音时，声道闭合或变窄，气流持续存在并引起声带振动。但由于声道的容积增加（口腔扩张，由下颚下降和颊部的外扩引起；咽腔扩张，由侧壁外扩和喉部的下降引起），声门两侧的气流减少，导致声门间的压力差减小。声门处的气压变化不仅来自口腔和咽腔，还来自鼻腔，因为口腔内的声压会传播到鼻腔并从前鼻孔辐射到外部空间。发出清辅音时，口腔内的压力值上升，达到声门下的压力变小，声门间的压力差被迅速减小，声带振动受到抑制。

2.2 心理声学原理

心理声学（Psychoacoustics）主要研究人耳听觉系统对声音的感知过程。外界声音通过耳廓传到耳道，振动鼓膜后所产生的能量依次通过听小骨（锤骨、砧骨、镫骨）传到耳蜗，耳蜗中的基底膜将声音转换为神经信号，最后通过听觉神经传入大脑。由此，声音中的物理属性（如强度和频率）与人耳对声音感知的心理声学属性（如响度和音高的感知）建立了联系。在声音信号的分析与编码过程中，基于心理声学原理，通过结合绝对听觉阈值、临界频带频率分析、同时掩蔽等多个模拟感知原则，去除人耳难以感知的无关信息，实现声音信号的高效压缩。

2.2.1 听觉范围

人耳的听觉范围涵盖了从刚好能够被人耳感知的声音到足以对人耳构成伤害的声音。一般来讲，人耳可以识别的声音的频率范围是 20 ～ 20000Hz，即物体每秒振动 20 ～ 20000 次所发出的声音。

声压级（Sound Pressure Level，SPL）是一种用于描述声音强度的物理量，以分贝（dB）为单位衡量待测声压相较于基准声压（国际定义的参考声压）的大小。待测声压的声压级计算公式为

$$L_{\mathrm{SPL}} = 20\lg\frac{p}{p_0} \tag{2-1}$$

式中，L_{SPL} 为待测声压的声压级，单位为 dB；p 和 p_0 分别为待测声压和基准声压的声压

值，单位为 Pa；p_0 的大小是 2×10^{-5}Pa。

无噪声环境下，以特定频率的纯音进行测试时，人耳刚好能够感知到的纯音的声压级称为听阈，该值被定义为 0 dB SPL（见 2.2.2 节）；人耳的痛阈约为 140 dB SPL。虽然人耳听觉系统能够感知到的最大声压级强度达到了 150 dB SPL，但超过 150 dB SPL 的声音可能导致鼓膜穿孔，对听力造成严重损伤。

2.2.2　绝对听阈

绝对听阈是指在无噪声环境中、频率特定的条件下，人耳听觉系统能够感知到的最小纯音强度值，通常用 dB SPL 表示。在不同的频率下，人耳对声音的感知灵敏程度不同，即绝对听阈不同。早在 1940 年，弗莱彻等人就公布了美国国立卫生研究院（National Institutes of Health，NIH）对一众美国本土人进行听力灵敏度测试的研究结果，并量化了绝对听阈与频率之间的关系。在无噪声环境中，一个听觉灵敏的年轻人的听觉阈值与频率的非线性关系被表示为

$$T_q(f)=3.64(f/1000)^{-0.8}-6.5\mathrm{e}^{-0.6(f/1000-3.3)^2}+10^{-3}(f/1000)^4 \tag{2-2}$$

式中，f 为频率，单位为 Hz；$T_q(f)$ 为安静状态中不同频率的听觉阈值，单位为 dB SPL。

图 2-2 展示了人耳感知强度为绝对听阈时，不同频率的纯音需要达到的声压级强度，图中曲线为等响曲线。一般来讲，低于此曲线的声音不能被人耳感知。而当声音强度超过与痛阈相关的等响曲线时，人耳感受到的更多是痛觉。

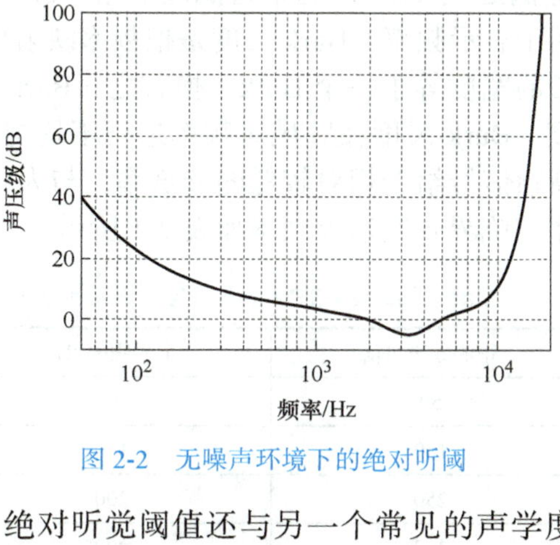

图 2-2　无噪声环境下的绝对听阈

除了与声压级相关，绝对听觉阈值还与另一个常见的声学度量指标有关，即感觉级（Sensation Level，SL）。感觉级表示声音本身的强度水平与听者个人对声音的无掩蔽检测阈值之间的差异。因此，感觉级相等的声音信号可能有不同的声压级强度，但所有声压级相等的声音信号均有相同的超限阈值。采用 SL 作为度量指标的原因在于 SL 能够量化某个特定听者的可听度，而不是绝对水平。但无论目标指标是 SPL 还是 SL，感知编码器最终都必须将内部脉冲编码调制的数据引入到物理刻度上。

2.2.3 临界频带

在耳蜗的基底膜上发生着从频率到位置的转换。首先，传入耳道的声波会振动鼓膜和鼓室内部的听小骨，而听小骨的机械振动会传导到耳蜗。耳蜗是一个螺旋形的充满液体的结构，内部包含着卷曲的基底膜。当位于耳蜗输入端的椭圆形窗口接收到机械振动的刺激后，耳蜗结构就会沿着基底膜的长度方向产生行波。由于基底膜与神经受体相连，行波会在与每种频率相关的特定位置产生峰值响应，不同的神经受体分别对应了其位置所在处的不同频段。对于正弦波激励，基底膜上的行波从输入端的椭圆形窗口开始，向前传播直到接近其共振频率所对应的位置。在该位置处幅度增大到峰值，但在该位置之后，波速减慢且幅度迅速衰减。波峰的位置被称为激励信号频率的“最佳位置”，而在特定位置的行波到达峰值的输入频率被称为“最佳频率”。由此，就产生了耳蜗的频率–位置转换关系。

从信号处理的角度来看，耳蜗可以被看作一组高度重叠的带通滤波器组。但这组带通滤波器的振幅响应是不对称且非线性的（与电平有关）。同时，耳蜗所对应的各带通滤波器的通带带宽呈不均匀分布，带宽随着中心频率的增加而增加，可以用“临界带宽”（Critical Bandwidth，CB）量化不同频率上的带宽。当中心频率小于 500Hz 时，临界带宽通常约为 100Hz；当中心频率大于 500Hz 时，临界带宽的值约为中心频率的 20%。对于一般听者而言，临界带宽与中心频率之间的关系可以表示为

$$BW_c(f) = 25 + 75[1 + 1.4(f/1000)^2]^{0.69} \tag{2-3}$$

式中，f 是中心频率；$BW_c(f)$ 是关于 f 的连续函数，单位均为 Hz。在实际应用中，可将耳蜗视为中心频率和带宽满足式（2-3）的带通滤波器组。除了赫兹（Hz），非线性的巴克（Bark）尺度也可以用于表示频率。Bark 尺度是把频率映射到心理声学对应的 24 个临界频带上，一个临界频带的宽度等于一个 Bark。换言之，Bark 尺度是把物理频率转换到心理声学频率的一种尺度。Bark 尺度在频域对频率进行不均匀划分，有助于对低频信号给予更高的分辨率，对高频信号给予相对较低的分辨率，与人耳对声音的感知特性相符。Bark 尺度频率的中心频率与临界带宽边界频率如表 2-1 所示。

表 2-1 Bark 尺度频率的中心频率与临界带宽边界频率

Bark 频带	中心频率 /Hz	下界频率 /Hz	上界频率 /Hz
1	50	0	100
2	150	100	200
3	250	200	300
4	350	300	400
5	450	400	510
6	570	510	630
7	700	630	770
8	840	770	920
9	1000	920	1080
10	1170	1080	1270

（续）

Bark 频带	中心频率 /Hz	下界频率 /Hz	上界频率 /Hz
11	1370	1270	1480
12	1600	1480	1720
13	1850	1720	2000
14	2150	2000	2320
15	2500	2320	2700
16	2900	2700	3150
17	3400	3150	3700
18	4000	3700	4400
19	4800	4400	5300
20	5800	5300	6400
21	7000	6400	7700
22	8500	7700	9500
23	10500	9500	12000
24	13500	12000	15500
25	18775	15500	22050

对上表进行建模，得到从 Hz 到 Bark 尺度的转换函数为

$$Z_b(f) = 13\arctan(0.00076f) + 3.5\arctan(f/7500^2) \tag{2-4}$$

式中，$Z_b(f)$ 单位为 Bark。Bark 尺度更符合人耳对声音的感知特性。

式（2-3）中所描述的临界带宽被广泛应用于语音编码中。等效矩形带宽（Equivalent Rectangular Bandwidth，ERB）是另一种描述带宽的度量方法，提供近似人耳听觉对带宽的感知。在信号处理中，等效矩形带宽的定义与信号的功率谱有关，它指的是将信号等效成一个矩形谱，使得等效后的矩形谱与原信号有相同功率。Moore 和 Glasberg 总结了多位研究者进行 ERB 实验的结果，对频谱上各个中心频率处的 ERB 计算值进行曲线拟合，给出了 ERB 与中心频率的函数关系式如下：

$$\mathrm{ERB}(f) = 24.7(4.37(f/1000)+1) \tag{2-5}$$

式中，$\mathrm{ERB}(f)$ 单位为 Hz。可以发现式（2-5）所计算的带宽与式（2-3）计算的临界带宽不同。相较于临界带宽，式（2-5）计算得到的带宽在 500Hz 以下会减小。

2.2.4　同时掩蔽

在安静环境下听一个声音，即使该声音的声压级很低也能被人耳感知，说明人耳对这个声音的听阈很低。但是，若是在听一个声音的同时，存在另一个声音，就会影响到人耳对所听声音的感知效果，这时听音的阈值就要提高。这种由于某个声音的存在而使人耳对别的声音听觉灵敏度降低的现象，称为“掩蔽效应”。

听觉掩蔽是一种常见的心理声学现象。当两个声音同时出现时，相对较弱的声音受较

强声音的影响，将不易被人耳感知。其中，较强的音是掩蔽音，较弱的音是被掩蔽音。用一个声音来掩蔽另一个声音，其掩蔽效应决定于这两个声音的声压级和频谱。如果两个声音同时存在，而掩蔽声较强、频率相近，则所产生的掩蔽效应越大。用低频声掩蔽高频声有效，而用高频声来掩蔽低频声较难。

当两个或两个以上声源同时发声时，各声源相应的声激励同时出现在听觉系统，会发生同时掩蔽（也称作频域掩蔽）现象。简单来讲，同时掩蔽现象是指，当一个响度较强的噪声或纯音作为掩蔽音时，其临界频带在基底膜上所对应的位置会产生一个足够强的刺激，从而有效阻断人耳对较弱信号的感知。同时掩蔽情况相对复杂，其中，三种典型的掩蔽方式是噪声－掩蔽－纯音（Noise-Masking-Tone，NMT）、纯音－掩蔽－噪声（Tone-Masking-Noise，TMN）和噪声－掩蔽－噪声（Noise-Masking-Noise，NMN）。

1. 噪声－掩蔽－纯音

在同一临界带内，当一个纯音的强度低于某个与窄带噪声强度和中心频率相关的阈值时，窄带噪声可掩蔽该纯音信号，此现象称为噪声－掩蔽－纯音，如图 2-3a 所示。此时，临界频带是指当某个纯音被以它为中心频率且具有一定带宽的连续噪声所掩蔽时，如果该纯音刚好能被听到时的功率等于这一频带内噪声的功率，那么这段频率范围被称为该纯音的临界频带。信号和掩蔽阈值之间的声级差，称为信号掩蔽比（Signal-to-Mask ratio，SMR），SMR 越大，掩蔽效果越小。在被掩蔽纯音的检测阈值处，当被掩蔽纯音的频率接近掩蔽噪声的中心频率时，会出现最小的 SMR，即掩蔽噪声的强度与被掩蔽纯音的强度之间的差异最小。被掩蔽纯音的频率偏离掩蔽噪声中心频率越大，掩蔽效应下降越快。

2. 纯音－掩蔽－噪声

纯音－掩蔽－噪声指的是，当噪声的强度低于某个与掩蔽纯音强度和中心频率相关的阈值时，临界频带中心频率处的纯音可掩蔽任何亚临界带宽或形状的噪声，如图 2-3b 所示。在纯音掩蔽噪声带的检测阈值处，当掩蔽音的频率接近噪声的中心频率时，会出现最小 SMR，即掩蔽音纯音的强度与被掩蔽噪声的强度之间差异最小。与噪声相比，纯音在掩蔽方面具有较大的信号掩蔽比（SMR）。低频纯音容易掩蔽高频纯音，而高频纯音相对较难掩蔽低频纯音。频率相近的纯音容易互相掩蔽。当增加掩蔽声的声压级时，掩蔽阈

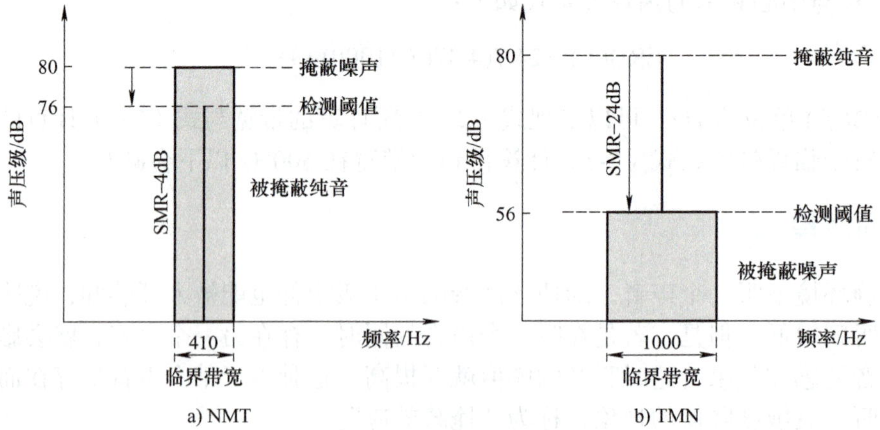

图 2-3　NMT 和 TMN 掩蔽

值会提高，同时被掩蔽的频率范围也会扩展。

3. 噪声 – 掩蔽 – 噪声

一种窄带噪声掩蔽另一种窄带噪声的现象称为噪声 – 掩蔽 – 噪声。相比于 NMT 和 TMN，NMN 的研究更为困难，因为 NMN 的掩蔽效果会受掩蔽音和被掩蔽音之间的相位关系影响。每种噪声成分之间的不同相位可能导致不同的阈值 SMR。

2.2.5　异时掩蔽

异时掩蔽是指掩蔽效应发生在掩蔽音与被掩蔽音不同时作用时，也称作时域掩蔽。声音信号多为非稳态的瞬时信号，其声压级会随着时间快速变化，强音后面会跟着弱音，弱音后面又可能跟着强音。比较强的声音信号会掩蔽随后到来的较弱音，这个现象就是异时掩蔽。异时掩蔽分为前向掩蔽和后向掩蔽。在掩蔽音出现之前的一段时间内发生的掩蔽效应，称为前向掩蔽。在掩蔽音出现之后的一段时间内发生的掩蔽效应，称为后向掩蔽。异时掩蔽效应如图 2-4 所示。

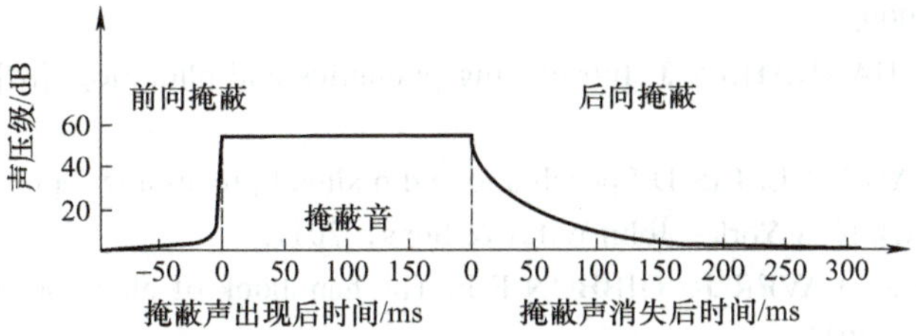

图 2-4　异时掩蔽效应

前向掩蔽效应要大于后向掩蔽效应，显著的前向掩蔽通常只持续 3 ～ 20ms，而后向掩蔽的存在时间从 50ms 到 300ms 不等，具体取决于掩蔽音的强度和持续时间。产生异时掩蔽的主要原因是人的大脑处理信息需要花费一定的时间，异时掩蔽会随着时间的推移很快衰减，是一种弱掩蔽效应。

本章小结

本章详细探讨了语音产生与听觉感知的基本原理。首先介绍了语音的产生原理，重点描述了发音器官的结构和功能，以及声带声源如何通过声道和鼻腔形成不同特性的语音。随后讨论了心理声学原理的基本概念，涵盖了听觉范围、绝对听阈、临界频带、同时掩蔽和异时掩蔽等重要内容。通过本章的学习，读者应能够更好地理解语音信号处理中的关键概念和技术原理，为后续章节的深入研究奠定基础。

思考题与习题

2-1　简述语音的产生过程。描述声带如何通过振动产生声带声源，以及声带声源是如何通过口腔、鼻腔等被调制成语音的。

2-2　解释元音和辅音的区别，以及清音和浊音的区别。

2-3 解释声道在语音产生中的作用。讨论不同形状的声道如何影响语音的元音特性。

2-4 简述人耳对声音的感知过程。描述外界声音如何传递到耳蜗，以及耳蜗中产生的频率与位置之间的转换关系。

2-5 人耳可识别的声音频率范围是多少？绝对听阈是如何定义的？绝对听阈与频率的关系是什么？

2-6 解释临界带宽和等效矩形带宽的概念。这两者与中心频率之间的关系是什么？

2-7 什么是听觉掩蔽？同时掩蔽和异时掩蔽有何区别？

2-8 概述同时掩蔽的三种典型情况，并讨论它们在日常听觉中的实际意义。

参考文献

[1] BENESTY J, SONDHI M M, HUANG Y. Springer handbook of speech processing[M]. Berlin: Springer, 2008.

[2] BOONE D R, MCFARLANE S C, VON BERG S L, et al. The voice and voice therapy[M]. Boston: Allyn & Bacon, 2009.

[3] DAVENPORT M, HANNAHS S J. Introducing phonetics and phonology[M]. London: Routledge, 2020.

[4] GOLD B, MORGAN N, ELLIS D.Speech and audio signal processing: processing and perception of speech and music[M]. New York: John Wiley & Sons, 2011.

[5] HARDCASTLE W J, LAVER J, GIBBON F E. The handbook of phonetic sciences[M]. New York: John Wiley & Sons, 2012.

[6] JOHNSON K, JOHNSON K. Acoustic and auditory phonetics[J]. Phonetica, 2004, 61 (1): 56–58.

[7] LADEFOGED P, DISNER S F. Vowels and consonants[M]. New York: John Wiley & Sons, 2012.

[8] LADEFOGED P, JOHNSON K, LADEFOGED P. A course in phonetics[M]. Boston: Thomson Wadsworth, 2006.

[9] MOORE B C J. An introduction to the psychology of hearing[M]. Leiden: Brill, 2012.

[10] RABINER L, SCHAFER R. Theory and applications of digital speech processing[M]. Upper Saddle River: Prentice Hall (Press), 2010.

[11] RAPHAEL L J, BORDEN G J, HARRIS K S. Speech science primer: Physiology, acoustics, and perception of speech[M]. Philadelphia: Lippincott Williams & Wilkins, 2007.

[12] SEIKEL J A, DRUMRIGHT D G, HUDOCK D J. Anatomy & physiology for speech, language, and hearing[M]. 6th ed. San Diego: Plural Publishing, 2023.

[13] SMITH S. Digital signal processing: a practical guide for engineers and scientists[M]. Amsterdam: Newnes, 2003.

[14] SPANIAS A, PAINTER T, ATTI V. Audio signal processing and coding[M]. New York: John Wiley & Sons, 2006.

[15] TAN L, JIANG J. Digital signal processing: fundamentals and applications[M]. New York: Academic Press, 2018.

[16] TERHARDT E. Calculating virtual pitch[J]. Hearing research, 1979, 1 (2): 155–182.

[17] ZWICKER E, FASTL H. Psychoacoustics: Facts and models[M]. Berlin: Springer, 2013.

第 3 章 语音信号特征

导读

语音特征分析是语音信号处理的基础，本章介绍语音信号的时域、频域、倒谱域和线性预测等几个方面的特征分析方法。语音为非平稳随机信号，短时内保持相对稳定性，所以语音特征分析是以短时分析为基础的。首先语音信号是一维时间信号，所以其时域特征分析具有直观、清晰和计算方便等特点，但是容易受外界环境影响。而频域特征分析以短时傅里叶变换为基础，语音信号的频谱特征具有较强的鲁棒性和抗干扰性，且物理意义明确。然后语音倒谱分析是建立在同态信号理论的基础上，有效地把语音信号的激励信息和声道特性分离开，更有利于分析语音信号的本质特性。最后线性预测分析为语音的声道建模和模型参数估计提供了较好的理论基础，其推演参数在语音信号处理中广泛使用。

本章知识点

- 时域特征
- 频域特征
- 倒谱域特征
- 线性预测特征

语音信号处理包括语音识别、语音合成、语音编码和语音增强等多个方面任务，而语音信号特征参数的分析和提取是所有这些任务前端处理中最重要的环节，语音特征表征的准确性和高精度性直接影响语音信号处理下游任务的执行，如语音识别率的高低、语音合成音质的好坏和语音编码效率高低等，本章主要研究如何提取语音信号的本质性特征参数。

语音信号是非线性、非平稳的一维时变信号，而且语音信号中包含丰富的信息，如语音内容信息、发音人信息、语音情感信息和语音病理信息等，经典的平稳信号处理方法不适用于语音信号的特征分析和提取。但是语音信号也是一个慢变的过程，人们的发音器官在短时内保持相对稳定，所以可以假设语音在一个短的时间片段内是准平稳的信号。基于语音信号短时平稳的假设，在进行特征提取前，首先把语音信号分割成一段一段较短的语音片段，一个语音片段称为“一帧（frame）”，然后对每帧语音信号提取特征参数。在语音信号的短时分析过程中，语音帧长（即语音片段长度）的选择非常关键，帧长过短，语音参数估计存在很大不确定性，帧长过长则段内语音存在大量的声音变化，因此语音帧长常选择 10 ～ 40ms。

语音分帧之后，依照语音处理后端的任务不同，提取不同的语音特征。根据特征参数的类型，常用的特征包括时域特征、频域特征、倒谱域特征和线性预测特征等。本章后续将详细介绍这四类常用特征的定义、计算方法和主要用途等。

3.1 时域特征

语音信号是非平稳的一维时间信号，语音信号的波幅随时间而变化，是关于时间的函数，语音信号的时域特征提取是利用数字信号处理技术对语音波幅进行操作的过程。由于本章特征提取建立在语音信号短时分析的基础上，所以语音的时域特征又称为短时时域特征。常用的语音时域特征包括短时平均过零率、短时平均幅度、短时平均能量和短时自相关函数。语音信号时域特征提取的算法相对简单，物理意义明确，而且可视化程度高。语音时域特征除了可用于语音端点检测、清浊判别等任务外，还可结合其他类型特征用于语音识别与合成等研究。

3.1.1 短时平均过零率

对于离散时间序列而言，过零率是指单位时间内样本改变符号的次数，过零率也可用于衡量信号频率内容的简单可靠度量。对于周期信号而言，固定时间内信号的过零率不变，所以过零率可以反映信号的某种频率特性。而语音信号是宽带信号，通过短时平均过零率可以粗略估计语音信号的频谱特性，进而分析语音特性，语音短时平均过零率的计算公式为

$$Z_n = \frac{1}{2L}\sum_{m=-\infty}^{\infty}\left|\mathrm{sgn}[x(m) - \mathrm{sgn}[x(m-1)]\right|w(n-m)] \tag{3-1}$$

式中，L 为短时窗的长度；sgn[•] 为符号函数，定义为

$$\mathrm{sgn}[x(n)] = \begin{cases} 1 & x(n) \geqslant 0 \\ -1 & x(n) < 0 \end{cases} \tag{3-2}$$

$w(n)$ 为窗序列，常用矩形窗形式，如下

$$w(n) = \begin{cases} 1 & 0 \leqslant n \leqslant N \\ 0 & \text{其他} \end{cases} \tag{3-3}$$

在语音信号的分析过程中，语音能量主要集中在低频部分，因为声门波引入频谱衰减，清音大部分能量位于高频处。又因为高频率信号意味着有高的过零率，低频率信号有低的过零率，所以浊音有较低的过零率，清音有较高的过零率。根据语音的短时平均过零率来区分其清音和浊音是一种定性分析，不是很准确，实际上清音和浊音的过零率分布上存在重叠部分，所以仅根据过零率一个特征无法明确判别清音和浊音。

虽然从数字信号处理角度来看短时平均过零率计算简单，但是在提取过程中还要考虑一些现实的噪声干扰因素，比如信号模数转换器中直流偏置影响信号的过零数的计算，因此在实际应用中要对短时平均过零率计算进行改进，降低特征参数对噪声的敏感性。

3.1.2　短时平均幅度

语音信号可以看作是波幅随时间变化的函数，所以语音信号的幅度是最直接的时域特征，语音信号短时幅度的定义为

$$M_n = \sum_{m=-\infty}^{\infty} \left| x(m)w(n-m) \right| \tag{3-4}$$

在语音信号的时域波形图上，有声段和无声段、清音段和浊音段有较显著的区别特性，所以语音的短时幅度可以用于语音的端点检测和清浊音段判别任务。

此外，短时幅度的差分还可以分析信号的周期性。对周期信号做差分计算，计算过程为

$$d(n) = x(n) - x(n-k) \tag{3-5}$$

式中，$x(n)$ 为周期信号，周期为 T；k 为周期 T 的整数倍时，$d(n)$ 为零。如果 $x(n)$ 为语音信号的浊音部分，k 为基音周期的整数倍，$d(n)$ 不为零，但值很小，因此定义短时语音的幅度差为

$$\gamma_n(k) = \sum_{m=n}^{n+N-1-k} \left| x_w(m) - x_w(m+k) \right| \tag{3-6}$$

式中，$\gamma_n(k)$ 为语音信号的短时幅度差，语音信号的浊音具有准周期的特点，因此其 $\gamma_n(k)$ 具有周期性的特点。在基音周期上，$\gamma_n(k)$ 将急剧下降，而对于语音的清音部分则没有明显的下降，因此可以通过 $\gamma_n(k)$ 的相邻谷点距离计算基音周期。

3.1.3　短时平均能量

语音信号是非平稳随机信号，语音信号的幅度与时间具有时变敏感性的特点，而语音信号的能量为幅度的平方形式，所以在时间上具有更大的敏感性变化。定义以 n 为标志的一帧语音的短时平均能量的计算为

$$E_n = \sum_{m=-\infty}^{\infty} [x(m)w(n-m)]^2 = \sum_{m=n-N+1}^{n} [x(m)w(n-m)]^2 \tag{3-7}$$

令 $h(n) = w^2(n)$，则式（3-7）还可以表示成

$$E_n = \sum_{m=-\infty}^{\infty} x^2(m)h(n-m) = x^2(n) * h(n) \tag{3-8}$$

式（3-8）表示，加窗后语音信号的短时能量相当于信号 $x^2(n)$ 通过单位脉冲响应为 $h(n)$ 的线性滤波器的输出，所以 $h(n)$ 的选择，也就是窗函数 $w[n]$ 的选择影响短时能量计

算的结果，下面介绍具体的情况：

首先窗函数类型的影响。常用的窗函数有矩形窗、三角窗、汉宁窗、汉明窗和布莱克曼窗等，不同类型的窗函数对应的窗口形状区别很大，如矩形窗的谱平滑性较好，但是波形细节丢失较多，而汉明窗则相反。

其次窗口的长度 N 的影响。N 选得太大，滤波器通带变窄，波形振幅变化细节看不出来，短时能量变得平滑；反之 N 选得太小，滤波器的通带变宽，信号得不到足够的平均，得不到平滑的能量函数。针对语音信号处理而言，窗口的长度 N 一般选择为语音基音周期的 1 ～ 7 倍，由于不同性别人群的基音周期变化范围大，而且语音还是时变信号，所以 N 的选择较困难，折中考虑，针对 8kHz 的语音信号来说，N 一般取 10 ～ 30ms，即 80 ～ 240 点。

短时平均能量具有以下作用：

1）语音端点检测。对于高信噪比的语音信号来说，短时能量特征能有效区分语音段和非语音段。

2）语音的清浊判别。语音信号中浊音段的能量要远大于清音段能量，所以短时能量能显著区分清音和浊音类别，同时还可以确定清音和浊音的时间位置。

此外，短时能量还可以用于汉语语音的声母和韵母识别、语音停顿判别、语音识别和语音合成等任务。

3.1.4 短时自相关函数

相关函数用于测量两个信号在时域内的相似程度，自相关函数测量一个信号与其自身在不同时刻的互相关，自相关函数用于研究信号本身的同步性和周期性。

离散信号 $x(n)$ 的自相关函数计算为

$$R(k)=\sum_{m=-\infty}^{\infty}x(m)x(m+k) \tag{3-9}$$

信号的自相关函数具有一些重要的性质：

1）若 $x(n)$ 为周期信号，周期为 T，则其自相关函数 $R(k)$ 也具有周期性，且周期也为 T。

2）自相关函数为偶函数，即 $R(k)=R(-k)$。

3）当 $k=0$ 时，自相关函数 $R(k)$ 有最大值，且此时 $R(0)$ 等于确定信号的能量，或随机信号、周期信号的平均功率。

短时自相关函数是在式（3-9）基础上将信号加窗获得，见式（3-10）

$$R_n(k)=\sum_{m=-\infty}^{\infty}x(m)w(n-m)x(m+k)w(n-(m+k)) \tag{3-10}$$

短时自相关函数常用于进行清浊音判断，其具有以下特点：

1）浊音信号是准周期信号，所以短时自相关函数能够反映出浊音信号的周期性。

2）清音类似噪音信号，所以其短时自相关函数没有周期性，且没有凸显的峰值。

3）窗函数的类型对短时自相关函数分析的结果有一定影响，矩形窗对浊音信号的分析更能体现其周期性。

在计算语音信号的短时自相关函数时，窗口的长度至少要大于基音周期的两倍，否则无法找到离 $R(0)$ 最近的一个最大值点，但由于语音信号的时变性特点，窗口的长度又不可能选得过长。为了解决这个问题，人们提出了各种解决方案，其中一种方案是根据语音信号基音周期的大小提出自适应窗长的短时自相关函数计算方法，但是这种算法计算复杂。还有一种方案是采用两个长度不同的窗口进行短时相关计算，这种算法被称为“修正的短时自相关函数”，具体见式（3-11）

$$\hat{R}_n(k)=\sum_{m=-\infty}^{\infty}x(m)w_1(n-m)x(m+k)w_2(n-(m+k)) \tag{3-11}$$

式（3-11）和式（3-10）最大的区别是使用两个长度不等的窗，即相关计算的两个序列长度不同，而窗口长度相差的最大延迟点数为 k。从式（3-11）我们还可以看出修正自相关函数 $\hat{R}_n(k)$ 是由两个不同序列进行互相关计算得到的结果，所以 $\hat{R}_n(k)$ 不具有自相关函数的偶函数的特性，但是 $\hat{R}_n(0)$ 与最近邻的第一个最大值的距离仍然可以表示基音的周期。

3.2　频域特征

频域分析是离散时间信号重要的分析方法，它可以揭示出信号内在的频率分量，离散时间信号的频域分析以离散时间傅里叶变换（DTFT）为基础，DTFT 的计算过程如式（3-12）所示：

$$X(\mathrm{e}^{\mathrm{j}\omega})=\sum_{n=-\infty}^{\infty}x(n)\mathrm{e}^{-\mathrm{j}\omega n} \tag{3-12}$$

人类对语音信号的感知能力与听觉系统的频谱分析功能密不可分，所以对语音信号的频域分析是语音处理的重要途径。语音信号是非平稳的随机信号，其频率也具有时变的特点，经典的 DTFT 方法只能粗略提供语音信号频率范围等信息，而无法提供随时间变化频率变化的情况。由于语音信号还具有短时平稳的特性，所以在频域内也可以采用短时分析技术，即短时傅里叶变换（Short-time Fourier Transform，STFT），其计算过程如式（3-13）所示：

$$X_n(\mathrm{e}^{\mathrm{j}\omega})=\sum_{m=-\infty}^{\infty}x(m)w(n-m)\mathrm{e}^{-\mathrm{j}\omega m} \tag{3-13}$$

式中，$w(n-m)$ 为窗序列，不同的窗得到不同的 STFT，矩形窗具有较高的旁瓣，容易导致谐波泄露，而汉明窗的短时频谱更平滑，所以在语音信号的 STFT 分析中常用后者。此外，从式（3-13）可看出短时频谱 $X_n(\mathrm{e}^{\mathrm{j}\omega})$ 有两个变量：n 和 ω，因此 $X_n(\mathrm{e}^{\mathrm{j}\omega})$ 有两种不同的物理意义解释：

1）当 n 固定时，$X_n(\mathrm{e}^{\mathrm{j}\omega})$ 可以看成 $x(m)w(n-m)$ 的离散傅里叶变换。

2）当 ω 固定时，$X_n(\mathrm{e}^{\mathrm{j}\omega})$ 可以看作 $x(n)\mathrm{e}^{-\mathrm{j}\omega n}$ 与 $w(n)$ 的卷积，即滤波器计算。

语音信号的频域特征提取就是建立在 STFT 分析的基础上，常用的特征有语谱图特征和滤波器组特征。

3.2.1 语谱图特征

语谱图是上世纪初语音信号分析常用的方法，之后人们在计算机上通过短时傅里叶变换实现语谱图的绘制。语谱图在二维空间中反应语音不同频段的能量随时间变化的情况。语音信号经过短时傅里叶变换后，再计算短时功率谱，计算见式（3-14）

$$S_n(e^{j\omega}) = X_n(e^{j\omega})X_n(e^{j\omega}) = \left|X_n(e^{j\omega})\right|^2 \tag{3-14}$$

式中，$S_n(e^{j\omega})$ 还可以通过对语音信号的短时自相关函数的傅里叶变换来计算，如式（3-15）

$$S_n(e^{j\omega}) = \sum_{m=-\infty}^{\infty} R(k)e^{-j\omega m} \tag{3-15}$$

把每帧语音的功率谱取对数后，按照时间顺序拼接构成了语谱图，如图 3-1 所示，语谱图为语音信号的时频表示，横坐标单位为时间，纵坐标单位为频率，语谱图的颜色深浅表示时频点能量大小。

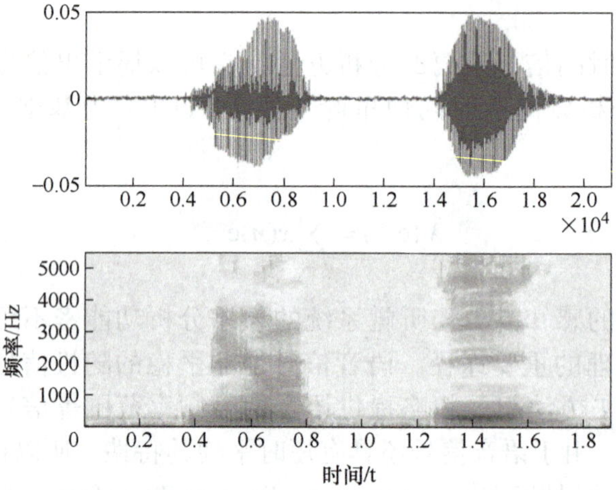

图 3-1 语谱图

根据不同的窗长又得到两种语谱图，分别为宽带语谱图和窄带语谱图。前者时间分辨率较高，后者频率分辨率较高。在早期的语音信号处理研究中，语谱图主要从时频二维空间显示语音的特征，而在深度神经网络时代，直接利用语音信号的语谱图作为特征进行语音识别和说话人识别等任务。

3.2.2 滤波器组特征

滤波器组特征，又称 FBank（Filter Bank）特征，是通过滤波器组分析语音信号频谱特征的方法。语音信号频谱经过梅尔（Mel）滤波器组，这些滤波器为带通滤波器，对每个滤波器频带求频谱能量，然后进行叠加，最后计算各频带对应的功率谱。

FBank 特征提取的基本流程如图 3-2 所示。

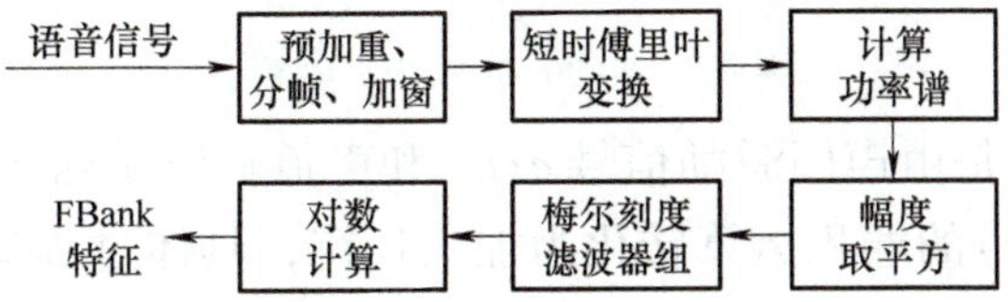

图 3-2　FBank 特征提取的基本流程

1）对语音信号进行预处理，包括预加重、分帧和加窗。

2）进行短时傅里叶变换得到短时谱，计算幅度的平方得到能量谱。

3）将能量谱输入梅尔滤波器组，将频带内的能量进行叠加。

4）对每个滤波器的输出取对数，得到响应频带的对数谱。

相对语音的语谱图特征，FBank 特征本质上是一种对数谱特征，而且经过 Mel 滤波器的处理，利用人耳的听觉感知特性抑制了部分听觉无法感知的冗余信息，提高了语音识别等任务的准确率。

3.3　倒谱域特征

信号的倒谱就是将该信号的离散傅里叶变换的对数幅度做离散傅里叶逆变换（IDTFT），Borgert 等人在 1963 年首次提出倒谱（Cepstrum）概念。1967 年，Noll 把倒谱引入语音信号处理，他发现由于浊音和带回波的信号具有同样重复性的结构，因此倒谱系数可以用于语音基音周期和浊音的检测。下面从同态信号处理的基本原理出发，介绍倒谱、复倒谱、梅尔频率倒谱和动态倒谱的计算方法及应用。

3.3.1　同态信号处理

语音信号是由激励信号与声道响应卷积产生的，为了把激励信号和声道响应分离，人们一般采用同态处理方法进行解卷积计算。同态系统的一个最主要作用是同态系统分解，分解的目的是把非线性系统转换为线性系统来处理，图 3-3 卷积同态系统分解包括两个特征系统和一个线性系统，特征系统 D^* 和逆特征系统 D^{*-1} 的构成如图 3-4 和图 3-5 所示。

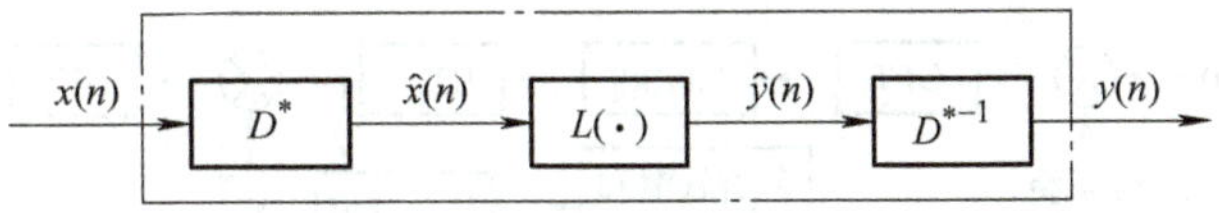

图 3-3　卷积同态系统分解

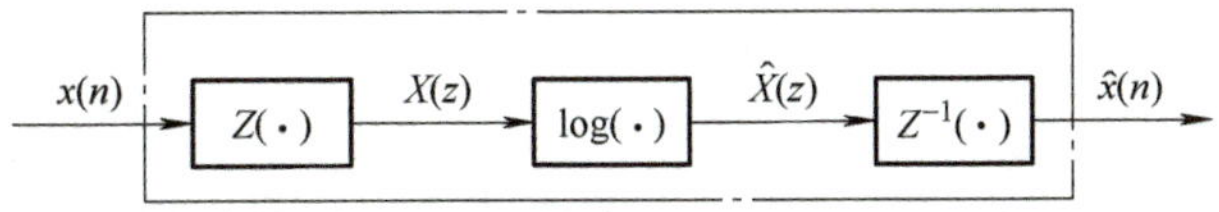

图 3-4　特征系统 D^* 的构成

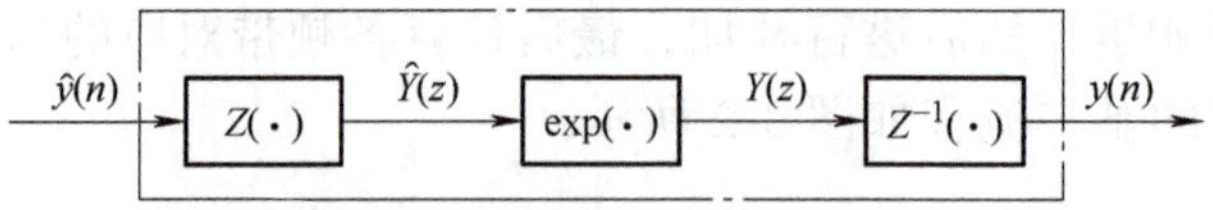

图 3-5　逆特征系统 D^{*-1} 的构成

假设输入信号 $x(n)$ 是由声门激励信号 $e(n)$ 和声道响应序列 $v(n)$ 卷积得到，特征系统 D^* 的作用是将两个信号的卷积运算转化为加法运算，具体过程见图 3-3，主要包括三个步骤，计算过程如下：

首先，对输入信号进行 Z 变换

$$Z[x(n)] = Z[e(n) * v(n)] = E(z) \times V(z) = X(z) \tag{3-16}$$

其次，对 Z 变换结果求对数，将乘积信号变为加性信号

$$\log X(z) = \log(E(z) \times V(z)) = \hat{E}(z) + \hat{V}(z) = \hat{X}(z) \tag{3-17}$$

最后，对 $\hat{X}(z)$ 进行 Z 逆变换，得到的就是输入语音 $x(n)$ 的倒谱

$$Z^{-1}[\hat{X}(z)] = Z^{-1}[\hat{E}(z) + \hat{V}(z)] = \hat{e}(n) + \hat{v}(n) = \hat{x}(n) \tag{3-18}$$

由于 $\hat{x}(n)$ 类似时域的加性信号，可以通过线性系统进行处理，这样就实现了语音声源信号和声道信号在倒谱域内的分离。经过线性系统 $L(\bullet)$ 处理后的倒谱信号 $\hat{y}(n)$，再经过图 3-5 的逆特征系统的处理恢复为时域的信号 $y(n)$。

3.3.2　倒谱特征

语音信号 $x(n)$ 的倒谱特征提取是对其幅度谱取对数后做逆傅里叶变换，计算公式为

$$c(n) = \frac{1}{2\pi}\int_{-\pi}^{\pi} \log\left|X(\mathrm{e}^{\mathrm{j}\omega})\right| \mathrm{e}^{-\mathrm{j}\omega n} \mathrm{d}\omega \tag{3-19}$$

式中，$c(n)$ 为倒谱系数，从公式中可以看出倒谱系数不包括相位信息。在实际的语音信号分析过程中，人耳听觉语音的感觉特征主要包含在幅度信息中，因此相位信息可以忽略。语音信号的倒谱特征常用于基音检测、清浊判别和共振峰检测等任务。语音的倒谱分析如图 3-6。

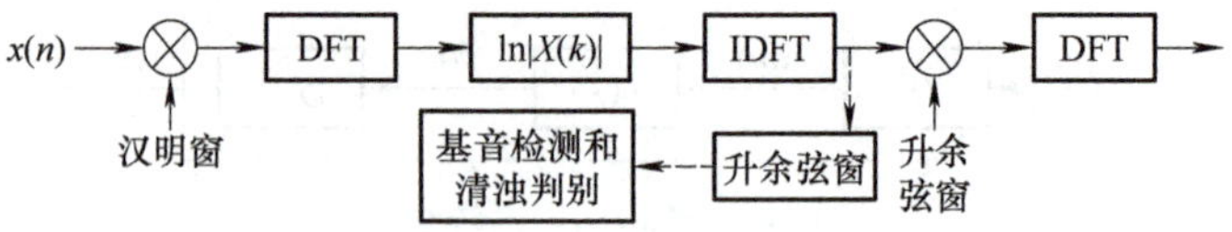

图 3-6　语音倒谱分析

3.3.3　复倒谱特征

在计算倒谱的过程中，式（3-19）只对信号频谱的模计算傅里叶逆变换，如果要考虑频谱的相位信息，可以直接对信号频谱的对数函数计算傅里叶逆变换，这时所得的倒谱为

信号的复倒谱，计算公式为

$$\hat{x}(n)=\frac{1}{2\pi}\int_{-\pi}^{\pi}\log X(e^{j\omega})e^{-j\omega n}d\omega \tag{3-20}$$

在复倒谱的计算过程中，$x(n)$ 傅里叶变换后得到的是复数，再取对数就是复对数计算，这样存在相位多值性问题，称为“相位卷绕”，这种现象导致语音恢复存在不确定性的问题。为了解决复倒谱计算过程中产生的复倒谱问题，人们提出了最小相位法和递归法。

复倒谱和倒谱主要特点和相互关系：

1）复倒谱要进行复对数运算，而倒谱进行实对数运算。

2）倒谱在计算过程中丢失相位信息，所以经过正、逆两个特征系统后不能还原信号自身，而复倒谱可以。

3）实数序列 $x(n)$ 的倒谱 $c(n)$ 和复倒谱 $\hat{x}(n)$ 之间可以相互转换，倒谱 $c(n)$ 是复倒谱 $\hat{x}(n)$ 的偶对称部分，计算公式为

$$c(n)=(\hat{x}(n)-\hat{x}(-n))/2 \tag{3-21}$$

假设 $c(n)$ 已知，且 $\hat{x}(n)$ 为因果序列时，$\hat{x}(n)$ 可以通过下面公式计算

$$\hat{x}(n)=\begin{cases}2c(n), & n>0\\ c(n), & n=0\\ 0, & n<0\end{cases} \tag{3-22}$$

3.3.4　Mel 频率倒谱特征

人耳在分辨各种语音信号时，耳蜗起到重要的作用。耳蜗相当于一个非线性的滤波器组，其对低频信号的感知比高频信号更敏感，心理学者根据这一原则研究了人耳感知频率与客观频率之间的关系，提出了 Mel 刻度频率的概念，变换公式为

$$f_{\text{Mel}}=2595\times\lg(1+f/700) \tag{3-23}$$

经过 Mel 刻度变换后，Mel 滤波器组的中心频率在 Mel 频率轴上均匀排列，Mel 频率尺度滤波器组见图 3-7 所示。Mel 频率倒谱系数（Mel frequency cepstrum coefficient，MFCC）的计算公式为

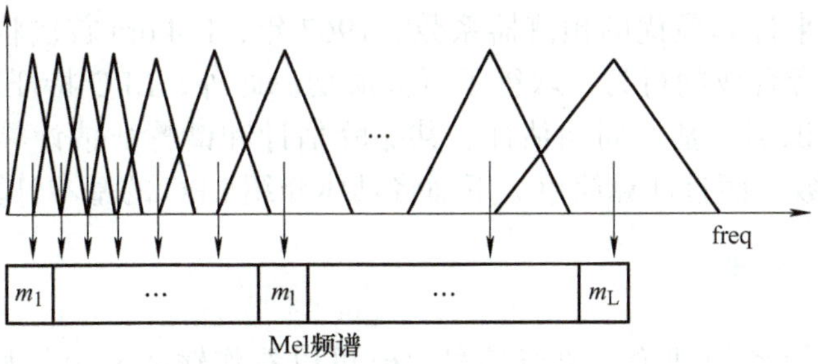

图 3-7　Mel 频率尺度滤波器组

$$c(n)=\sum_{k=1}^{M}\log(X(k))\cos\left(n(k-0.5)\frac{\pi}{M}\right), n=1,2,\cdots,L \tag{3-24}$$

式中，L 表示 MFCC 系数的维数；M 表示 Mel 滤波器的个数，一般 L 小于 M。

具体 MFCC 特征提取的流程如图 3-8。

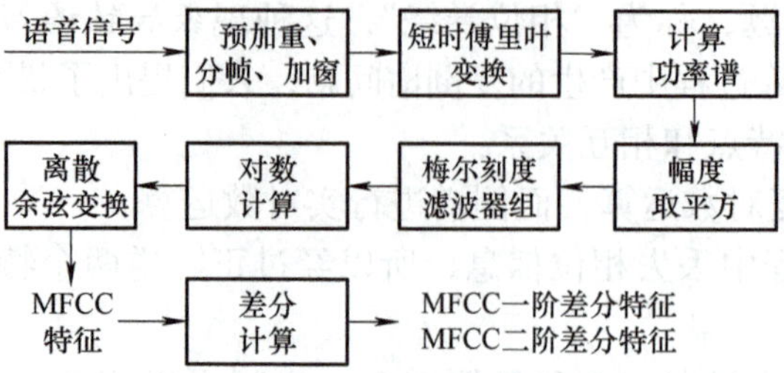

图 3-8　MFCC 特征提取流程

1）信号进行加窗、分帧和预加重预处理，对分帧信号进行 STFT 变换得到短时频谱。

2）计算短时谱幅度的平方得到能量谱，经过 Mel 滤波器组。

3）对滤波器输出取对数，离散余弦变换，得到 MFCC 特征。

4）计算一阶差分和二阶差分。

3.3.5　动态倒谱特征

MFCC 特征提供了具有感知意义的、平滑的语音频谱随时间的估计，并且有效应用在很多语音处理系统中。由于语音是动态的非平稳随机信号，为了进一步提取语音信号中的动态属性特征，Furui 提出了差分倒谱的提取方法，差分倒谱是倒谱向量的一阶差分形式，计算公式为

$$\Delta MFCC_m(n)=MFCC_m(n)-MFCC_{m-1}(n) \tag{3-25}$$

同理，还可以提取 MFCC 的二阶差分倒谱特征。

3.4　线性预测特征

线性预测编码（Iinear Prediction Coding，LPC）的基本思想是语音信号的当前样本点可以用过去取样值的线性组合来逼近，通过使实际语音信号的取样值与线性预测值之间的最小均方误差，来计算最优的预测器系数。1967 年，Itakura 首次将线性预测分析技术用于语音分析和语音合成的行为，取得了巨大成功。此外，LPC 特征还可用于语音编码、语音识别、说话人识别、基音周期估计、共振峰估计和谱特征估计等任务中。LPC 能够精确估计语音的参数，而且计算简单。下面将具体介绍 LPC 的基本计算过程。

3.4.1　LPC 基本原理

根据语音产生模型的理论，语音信号 $s(n)$ 可以看作输入 $u(n)$ 激励系统产生的响应，如图 3-9 所示。当 $s(n)$ 为浊音时，激励 $u(n)$ 可看作周期性的激励串，当 $s(n)$ 为清音时，激

励 $u(n)$ 可看作是白噪声序列。

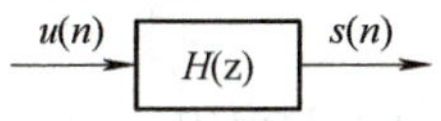

图 3-9 语音信号产生模型的理论

图中系统函数 $H(z)$ 为 p 阶的全极点模型，计算如公式为

$$H(z)=\frac{S(z)}{U(z)}=\frac{G}{1-\sum_{i=1}^{p}a_i z^{-i}} \tag{3-26}$$

式中，G 为模型的增益参数；p 为模型阶数；a_i 为系统函数的参数，也是待求的 LPC 系数。

根据式（3-26）可以得到系统的输出，如式（3-27）

$$s(n)=\sum_{i=1}^{p}a_i s(n-i)+Gu(n) \tag{3-27}$$

若把 p 阶预测器当作一个系统，则预测的输出信号可定义为

$$\tilde{s}(n)=\sum_{i=1}^{p}a_i s(n-i) \tag{3-28}$$

上式从时域角度可理解为利用信号的前 p 个样本预测得到当前的样本。

预测误差 $e(n)$ 为

$$e(n)=s(n)-\tilde{s}(n)=s(n)-\sum_{i=1}^{p}a_i s(n-i)=Gu(n) \tag{3-29}$$

从式（3-29）可以看出输入信号 $u(n)$ 与预测误差 $e(n)$ 之间为正比例关系，比例常数为增益系数 G，且式（3-29）只是一种近似算法，无法直接求出增益系数 G，可以假定残差信号的功率等于输入信号的功率，如式（3-30）

$$E[e^2(n)]=E[G^2u^2(n)] \tag{3-30}$$

线性预测的基本问题是利用语音信号估计最优的系数 a_i，使得预测误差 $e(n)$ 在最小均方误差准则下达到最小。$e(n)$ 为随机序列，其均方值描述预测精度，$E[e^2(n)]$ 越接近零，则预测精度越高，在实际计算时常以时间平均代替集平均，最终定义短时预测均方误差 E_p 为

$$E_p=\sum_n e^2(n)=\sum_n[s(n)-\tilde{s}(n)]^2=\sum_n\left[s(n)-\sum_{i=1}^{p}a_i s(n-i)\right]^2 \tag{3-31}$$

式（3-31）关于线性预测系数 a_i 的导数为零，得式（3-32）

$$\frac{\partial E_p}{\partial a_j} = -\left(2\sum_n s(n)s(n-j) - 2\sum_{i=1}^{p} a_i \sum_n s(n-j)s(n-i)\right) = 0 \tag{3-32}$$

式中，$j = 1,2,\cdots,p$。最终可以得到 LPC 方程组，见式（3-33）

$$\sum_n s(n)s(n-j) = \sum_{i=1}^{p} a_i \sum_n s(n-j)s(n-i), \ j = 1,2,\cdots,p \tag{3-33}$$

式（3-33）是一个由 p 个方程组成的有 p 个未知数的线性方程组，求解方程组可以得到最优 LPC 系数 a_i。

把式（3-29）带入式（3-30）可得式（3-34）

$$E[e^2(n)] = E\{e(n)[s(n) - \sum_{i=1}^{p} a_i s(n-i)]\} \tag{3-34}$$

式中，$e(n)$ 与 $s(n-i)$ 正交，所以由式（3-34）和式（3-29）又可得式（3-35）

$$E[e^2(n)] = E[e(n)s(n)] = E[s(n)s(n)] - \sum_{i=1}^{p} a_i E[s(n)s(n-i)] \tag{3-35}$$

整理式（3-30）、式（3-31）和式（3-35）可得模型的增益系数 G 的平方为

$$G^2 = E_p = R(0) - \sum_{i=1}^{p} a_i R(i) \tag{3-36}$$

式中，E_p 表示预测器残差能量；$R(\bullet)$ 表示相关函数。

3.4.2 LPC 的求解

为了进一步简化 LPC 线性方程组的形式，定义式（3-37）

$$\varPhi(j,i) = \sum_n s(n-j)s(n-i) \tag{3-37}$$

则式（3-33）可写为

$$\varPhi(j,0) = \sum_{i=1}^{p} a_i \varPhi(j,i) \tag{3-38}$$

式（3-33）中关于 n 求和的计算没有明确定义，不同的求和计算会导出不同的线性预测解法，本节主要介绍自相关法和协方差法两种 LPC 求解方法。

1. 自相关法

首先根据语音短时平稳的特点，对语音信号进行加窗分帧，窗长为 N。为了减少窗两端的误差，一般选用两端平滑的汉明窗等。线性预测在每帧语音内进行计算，此时 $0 \leqslant n \leqslant N$，此时式（3-37）可以表示为

$$\varPhi(j,i) = \sum_{n=0}^{N-1+p} s_w(n-j)s_w(n-i) \tag{3-39}$$

式中，$s_w(n-j)$ 表示加窗序列，公式进一步整理可以表示为

$$\Phi(j,i)=\sum_{n=0}^{N-1-(j-i)} s_w(n)s_w(n+j-i)=R_n(j-i) \tag{3-40}$$

同理，式（3-38）等式右侧可以表示为

$$\Phi(j,0)=R_n(j) \tag{3-41}$$

最终式（3-38）表示为

$$\sum_{i=1}^{p} a_i R_n(j-i)=R_n(j),1\leqslant j\leqslant p \tag{3-42}$$

式（3-36）和式（3-42）就是经典的自相关方程组，为了更直观地表示方程组，转成矩阵形式，见式（3-43）

$$\begin{bmatrix} R_n(0) & R_n(1) & \cdots & R_n(p) \\ R_n(1) & R_n(0) & \cdots & R_n(p-1) \\ R_n(2) & R_n(1) & \cdots & R_n(p-2) \\ \vdots & \vdots & & \vdots \\ R_n(p) & R_n(p-1) & \cdots & R_n(0) \end{bmatrix} \begin{bmatrix} 1 \\ -a_1 \\ -a_2 \\ \vdots \\ -a_p \end{bmatrix} = \begin{bmatrix} E_p \\ 0 \\ 0 \\ \vdots \\ 0 \end{bmatrix} \tag{3-43}$$

式（3-43）表示的方程为 Yule–Walker 方程，其系数矩阵为 $(p+1)\times(p+1)$ 的对称矩阵，矩阵任一条平行于主对角线的直线上的元素相同，这种矩阵称为 Toeplitz 矩阵。具有 Toeplitz 矩阵的方程组可以通过递推方法求解。递推方法的主要思想是 i 阶方程组的解可以用 $(i-1)$ 阶方程组的解表示，$(i-1)$ 阶方程组的解可以用 $(i-2)$ 阶方程组的解来表示，以此类推，根据一阶方程组的解可以递推任意阶方程组的解。常用的递归算法有 Levinson 递推算法，其主要计算流程如下：

1）初始化：i=0，$E_0=R_n(0)$，$a_0=1$；

2）令 i=1，开始递归计算：

$$k_i=\left[R_n(i)-\sum_{j=1}^{p(i-1)} R_n(i-j)\right]/E_{i-1},1\leqslant j\leqslant p \tag{3-44}$$

式中，k_i 表示 i 阶预测器的反射系数，也称 PARCOR 系数，且满足 $|k_i|\leqslant 1$，保证系统的稳定性。

$$a_i^{(i)}=k_i \tag{3-45}$$

$$a_j^{(i)}=a_j^{(i-1)}-k_i a_{i-j}^{(i-1)},1\leqslant j\leqslant i-1 \tag{3-46}$$

式中，$a_j^{(i)}$ 表示第 i 阶预测器的第 j 个预测系数。

$$E_i=(1-k_i^2)E_{i-1} \tag{3-47}$$

式中，E_i 为第 i 阶预测器的预测残差能量。

3）$i=i+1$，若 $i>p$，停止计算，否则返回 2）继续计算。

4）计算结束，输出最优预测系数和预测残差能量：

$$\hat{a}_j=a_j^{(p)},1\leqslant j\leqslant p \tag{3-48}$$

$$E_p=R_n(0)\prod_{i=1}^{p}(1-k_i^2) \tag{3-49}$$

式（3-48）中，$\hat{a}_j$ 为 p 预测器的最优预测系数。式（3-49）中 E_p 为 p 预测器的预测残差能量。

2. 协方差法

在 LPC 的自相关法求解方法中，假设前提是窗外的语音样本值为零，窗长越短分辨率越差，而协方差法不需要对语音信号 $s(n)$ 进行加窗处理，而定义了 n 的范围：$0\leqslant n\leqslant N-1$，式（3-37）可以重新表示为

$$\Phi(j,i)=\sum_{n=0}^{N-1}s(n-j)s(n-i),1\leqslant j\leqslant p;\quad 0\leqslant i\leqslant p \tag{3-50}$$

式中，只需计算 $s(n-j)$ 和 $s(n-i)$ 的互相关函数，$\Phi(j,i)$ 不再是自相关函数，即 $\Phi(j+1,i+1)\neq\Phi(j,i)$。令 $(n-i)=m$，则可以得到

$$\Phi(j,i)=\sum_{m=-i}^{N-1}s(m+i-j)s(m),1\leqslant j\leqslant p;\quad 0\leqslant i\leqslant p \tag{3-51}$$

式（3-51）仿照式（3-43）也可以表示成矩阵形式

$$\begin{bmatrix}\Phi(0,0) & \Phi(0,1) & \Phi(0,2) & \cdots & \Phi(0,p)\\ \Phi(1,0) & \Phi(1,1) & \Phi(1,2) & \cdots & \Phi(2,p)\\ \Phi(2,0) & \Phi(2,1) & \Phi(2,2) & \cdots & \Phi(3,p)\\ \vdots & \vdots & \vdots & & \\ \Phi(p,0) & \Phi(p,1) & \Phi(p,2) & \cdots & \Phi(p,p)\end{bmatrix}\begin{bmatrix}1\\ -a_1\\ -a_2\\ \vdots\\ -a_p\end{bmatrix}=\begin{bmatrix}E_p\\ 0\\ 0\\ \vdots\\ 0\end{bmatrix} \tag{3-52}$$

方程（3-52）的系数矩阵仍然是一个对称矩阵，即满足 $\Phi(j,i)=\Phi(i,j)$，但主对角线和副对角线上元素不相等，因此不再是 Toeplitz 矩阵，不能用递推算法求解。这种线性方程组常用 Cholesky 分解法求解，其主要思想是将系数矩阵表示为一个下三角矩阵和其转置的乘积，然后进行求解。

3. 自相关法和协方差法的特点

1）计算结果的精度上：自相关法需要对语音信号加窗，窗外的语音样本值为零，所以误差较大；协方差法不需要加窗，因而计算精度大大提高。

2）系统的稳定性上：自相关法求解过程中所得反射系数 $|k_i|\leqslant 1$，理论上保证预测的

多项式根在单位圆内，所以系统是稳定的，但实际计算时受到有限字长效应影响，精度不够，从而产生病态的自相关矩阵，所以稳定性得不到保障；协方差法不能保证系统的稳定性，进行线性分析时，随时判定系统极点位置，通过最小相位化等方法修正极点位置，保证系统稳定性。

3）计算效率上：自相关法有 Levinson 递推算法，可以快速计算；而协方差法的 Cholesky 分解没有快速算法，所以需要较大的计算量。

根据以上的特点分析，语音信号处理中，LPC 预测常使用自相关法。

3.4.3　LPC 谱估计

从谱估计的角度看，信号的全级点模型参数给出了信号的谱估计，而线性预测分析是求解信号模型参数的一种有效方法。

给定语音信号的产生模型：

$$H(z)=\frac{G}{1-\sum_{i=1}^{p}a_i z^{-i}} \tag{3-53}$$

根据前面自相关方法计算得到产生模型的预测系数后，语音产生系统的频率响应表示为

$$H(\mathrm{e}^{\mathrm{j}\omega})=\frac{G}{1-\sum_{i=1}^{p}a_i \mathrm{e}^{-\mathrm{j}\omega i}} \tag{3-54}$$

若 $\left|S(\mathrm{e}^{\mathrm{j}\omega})\right|^2$ 为语音信号的功率谱，则 $\left|H(\mathrm{e}^{\mathrm{j}\omega})\right|^2$ 可以理解为 $\left|S(\mathrm{e}^{\mathrm{j}\omega})\right|^2$ 的近似估计

$$\lim_{p\to\infty}\left|H(\mathrm{e}^{\mathrm{j}\omega})\right|^2=\left|S(\mathrm{e}^{\mathrm{j}\omega})\right|^2 \tag{3-55}$$

式中，当线性预测的阶数 p 足够大时，可以用全级点模型以任意小的误差逼近信号的功率谱。但此时 $H(\mathrm{e}^{\mathrm{j}\omega})=S(\mathrm{e}^{\mathrm{j}\omega})$ 不一定成立，即模型谱的频率响应不一定等于信号的傅里叶变换，因为 $H(\mathrm{e}^{\mathrm{j}\omega})$ 为最小相位系统，而 $S(\mathrm{e}^{\mathrm{j}\omega})$ 不一定是最小相位的。

3.4.4　LPC 复倒谱

LPC 倒谱系数（Linear Prediction Coding Cepstral，LPCC）是 LPC 系数在倒谱域中的表示。LPCC 的特点是基于自回归信号理论对语音信号的假设，且其计算量小，易于实现。设线性预测分析的声道模型系统函数为

$$H(z)=\frac{1}{1-\sum_{i=1}^{p}a_i z^{-i}} \tag{3-56}$$

式中，$H(z)$ 对应的冲激响应为 $h(n)$，其倒谱为 $\hat{h}(n)$，则存在以下关系

$$\hat{H}(z)=\ln H(z)=\sum_{n=1}^{\infty}\hat{h}(n)z^{-n} \tag{3-57}$$

将式（3-56）代入式（3-57），并对等式两边对 z^{-1} 求导，整理后可得

$$\left(1-\sum_{i=1}^{p}a_i z^{-i}\right)\sum_{n=1}^{\infty}n\hat{h}(n)z^{-n+1}=\sum_{i=1}^{p}ia_i z^{-i} \tag{3-58}$$

式中，令 z^{-1} 的各次项系数相等，可以得到 LPCC 的递推计算公式

$$\hat{h}(n)=\begin{cases}a & n=1\\ a_n+\sum_{k=1}^{n-1}\dfrac{k\hat{h}(n)a_{n-k}}{n}, & 1<n\leqslant p+1\\ \sum_{k=1}^{n-1}\dfrac{k\hat{h}(n)a_{n-k}}{n}, & p+1<n\end{cases} \tag{3-59}$$

LPCC 能较好地描述语音的共振峰特征，而且可以去除激励信息，在语音识别和说话人识别中获得较好的识别效果。

3.4.5 感知线性预测

感知线性预测（Perceptual Linear Predictive，PLP）是最常用的听觉感知模型。1990 年，Hermansky 提出了 PLP 概念，其基本原理是将人耳听觉实验研究结果，通过工程方法近似处理，经过这种方法处理的语音频谱特征考虑人耳的听觉特性，更有利于语音信号处理的任务。PLP 特征常用于语音识别和说话人识别等任务。PLP 特征提取过程如图 3-10。

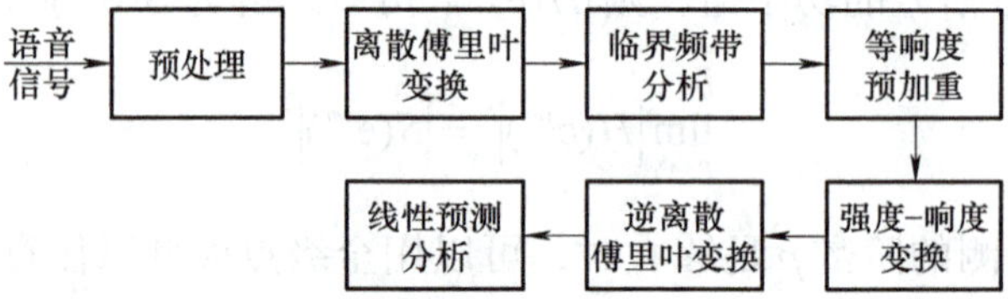

图 3-10 PLP 特征提取过程

从图 3-10 可以看出，PLP 的提取主要分以下几个步骤：

1）语音信号首先经过加窗、分帧和预加重等预处理。

2）分帧后的语音信号经过离散傅里叶变换得到短时谱，这里还需要进一步计算短时谱的实部和虚部的平方和，最后得到语音的功率谱。

3）通过 Bark 尺度的滤波器分析临界带功率谱。

4）等响度预加重，近似人耳对信号不同频率分量的不同敏感度，进行强度–响度转换。

5）逆离散傅里叶变换后，计算线性预测系数。

6）通过 Levinson 算法计算 LPC 系数，进一步求得倒谱系数，最终得到 PLP 的特征参数。

通过以上的计算过程可以看出 PLP 的主要特点，通过 Bark 滤波器模拟人类听觉系

统进行非线性尺度的频谱分析，使用等响度曲线逼近人耳对信号不同频率分量的不同敏感性，频谱域的立方根压缩体现声音强度和感知响度间的非线性关系，最后通过线性预测得到的频谱更符合人耳听觉的特性。研究成果表明，在噪声环境下，采用 PLP 特征比 MFCC 特征在语音识别任务上具有更优的性能，同时 PLP 在说话人识别领域也具有较大的优势。但 PLP 特征提取的主要缺点是计算步骤复杂，而且计算量较大。

3.4.6　LPC 的推演参数

以上介绍的预测系数集 $\{a_i, 1 \leqslant i \leqslant p\}$ 是 LPC 分析的基本参数，还可以通过变换从 LPC 系数推演出等效的参数集，这些等效参数集具有不同的物理意义和属性，如量化特性、插值特性和参数灵敏度等，这些推演参数用于语音识别、合成、编码和增强等不同的语音处理系统中，下面本文将介绍常用的三种 LPC 推演参数。

1. 线谱对（Line Spectral Pairs，LSP）

LSP 由 Itakura 引入，是 LPC 系数的等价表示形式，与 LPC 相比，LSP 能保证线性预测滤波器的稳定性，同时系数的偏差带来的谱误差只是局部的，并且 LSP 还具有良好的量化特性和内插特性。

在语音的线性预测分析中，合成滤波器被看作全极点滤波器

$$H(z) = 1 \Big/ \left(1 - \sum_{i=1}^{p} a_i z^{-i}\right) = 1 / A(z) \tag{3-60}$$

且满足下面的递推关系

$$A_i(z) = A_{i-1}(z) - k_i z^{-i} A_{i-1}(z)(z^{-1}), 1 \leqslant i \leqslant p \tag{3-61}$$

式中，k_i 表示反射系数，k_i=1 表示声道完全闭合，k_i=–1 表示声道完全打开，所以上式可以表示为

$$A_i(z) = (P(z) + Q(z)) / 2 \tag{3-62}$$

式中，$P(z)$ 和 $Q(z)$ 所有零点都在单位圆上，且互相交替。当频率升序排列时，求得的零点集称为线谱频率（Line Spectral Frequencies，LSF）。

LSP 的优点是误差只影响局部频谱带，而不会影响全频带；LSP 可以根据人耳的听觉特性分配量化比特数；在低速率编码上，LSP 参数可以获得高质量的语音。

2. 反射系数

反射系数，也称为部分相关系数，即 PARCOR 系数，一般用 k_i 表示。LPC 的自相关法求解中，反射系数主要用于递归计算。已知线性预测系数 a_i，$1 \leqslant i \leqslant p$，则 k_i 系数的递推计算过程为

$$\begin{cases} a_j^p = a_j & 1 \leqslant j \leqslant p \\ k_i = a_i^{(i)} & \\ a_i^{(i-1)} = \dfrac{[a_j^{(i)} + a_i^{(i)} \ a_{i-j}^{(i)}]}{(1-k_i^2)} & 1 \leqslant j \leqslant i-1 \end{cases} \tag{3-63}$$

反之，也可以通过 k_i 系数求对应的线性预测系数 a_i。在实际应用中，为了保证 LPC 合成滤波器的稳定性，反射系数 k_i 通常取值范围为 $[-1,1]$。

3. 对数面积比系数

由反射系数 k_i 导出一组等效参数是对数面积比，定义为

$$g_i = \log\left(\frac{A_{i+1}}{A_i}\right) = \log\left[\frac{1-k_i}{1+k_i}\right], \quad 1 \leqslant i \leqslant p \tag{3-64}$$

式中，A_i 表示无损管中第 i 节的截面积；g_i 表示相邻两段声管的面积比对数。通过对上式做逆变换，即公式两边取自然数为底的指数可得

$$k_i = \frac{1-e^{g_i}}{1+e^{g_i}}, \quad 1 \leqslant i \leqslant p \tag{3-65}$$

在语音编码的应用中，LPC 系数必须经过量化处理，当 k_i 接近 0 时，频谱灵敏度较低，而当 $|k_i|$ 接近 1 时，频谱灵敏度较高，而 g_i 在整个取值范围内都具有相对平坦的频谱灵敏度，因此更适合量化。

本章小结

本章重点介绍了语音信号的时域特征、频域特征、倒谱域特征和线性预测特征的提取方法。时域特征主要介绍了短时平均过零率、短时平均幅度、短时平均能量和短时自相关函数等的计算方法，这些时域特征计算简单，但在语音信号处理中广泛使用，能够体现语音信号的时变特点。频域特征主要介绍了语音信号的短时傅里叶变换，STFT 既可以看作语音信号加窗的 DTFT，也可以看作带通滤波器输出的集合，并进一步介绍语谱图和滤波器组特征在语音信号处理中的用处。同态信号处理的思想是通过解卷积的方法把语音信号分离成激励源成分和声道响应成分，然后通过线性系统进行处理，提出了语音倒谱和复倒谱的计算方法。最后介绍了语音信号的线性预测分析技术，讨论线性分析系数特征及其各种推演特征关系。

思考题与习题

3-1　短时平均过零率可以定义为

$$Z_n = \frac{1}{2N}\sum_{m=n-(N-1)}^{n} \left|\operatorname{sgn}[x(m)] - \operatorname{sgn}[x(m-1)]\right|$$

证明：Z_n 还可以表示为下列形式

$$Z_n = Z_{n-1} + \frac{1}{2N}\left\{\left|\operatorname{sgn}[x(n)] - \operatorname{sgn}[x(n-1)]\right| - \left|\operatorname{sgn}[x(n-N)] - \operatorname{sgn}[x(n-N-1)]\right|\right\}$$

3-2　短时自相关函数定义为

$$R_n[k]=\sum_{m=-\infty}^{\infty}x[m]w(n-m)x[m+k]w(n-k-m)$$

证明：$R_n[k]$ 是 k 的偶函数，即 $R_n[k]=R_n[-k]$

3-3　已知短时平均幅度的计算公式

$$M_n=\frac{1}{2}\sum_{m=n-N+1}^{n}|x[m]|w(n-m)$$

证明：M_n 的递推计算公式表示为

$$M_n=aM_{n-1}+|x[n]|$$

3-4　若定义信号的短时功率谱密度

$$S_n(\mathrm{e}^{\mathrm{j}\omega})=|X_n(\mathrm{e}^{\mathrm{j}\omega})|^2$$

且信号的自相关函数为

$$R_n[k]=\sum_{m=-\infty}^{+\infty}x[m]w(n-m)x[m+k]w(n-k-m)$$

证明：$R_n[k]$ 和 $S_n(\mathrm{e}^{\mathrm{j}\omega})$ 是 DTFT 变换对关系。

3-5　信号 $x(n)$ 的倒谱和复倒谱分别为 $c(n)$ 和 $\hat{x}(n)$，试证明 $c(n)$ 为 $\hat{x}(n)$ 的偶对称分量，即

$$c(n)=\frac{\hat{x}(n)+\hat{x}(-n)}{2}$$

3-6　设 LPC 预测器阶次 $p=2$，自相关矢量 $\boldsymbol{R}=(r(0),r(1),r(2))$：

1）利用 Levinson 算法递推求解线性预测系数 a_1，a_2

2）利用 Toeplitz 矩阵直接求解矩阵方程，验证以上结果，其中 Toeplitz 矩阵为

$$\begin{bmatrix} r(0) & r(1) \\ r(1) & r(0) \end{bmatrix}\begin{bmatrix} a_1 \\ a_2 \end{bmatrix}=\begin{bmatrix} r(1) \\ r(2) \end{bmatrix}$$

3-7　写一段 MATLAB 程序，分析一段语音文件，并在同一个图形窗口中画出如下曲线：语音原始波形、短时平均过零率、短时平均幅度、短时平均能量和短时自相关函数。

3-8　写一段 MATLAB 程序，分析一段语音文件，并在同一个图形窗口中画出如下曲线：语音原始波形、语音的宽带语谱图、语音的窄带语谱图，并分析不同的窗长对频谱分辨率的影响。

3-9　给一段语音信号，分别采用自相关法和协方差法提取语音的 LPC 系数，对比计算的结果的计算复杂度。

3-10　写一段 MATLAB 程序，分析一段语音文件的 LPC 系数，并把 LPC 系数转换为反射系数、线谱对系数和对数面积比系数。

参考文献

[1] 鲍长春 . 数字语音编码原理 [M]. 西安：西安电子科技大学出版社，2007.
[2] 韩纪庆，张磊，郑铁然 . 语音信号处理 [M]. 3 版 . 北京：清华大学出版社，2019.
[3] RABINER L，SCHAFER R. 数字语音处理理论与应用 [M]. 刘加，张卫强，何亮，等译 . 北京：电子工业出版社，2016.
[4] 胡航 . 现代语音信号处理理论与技术 [M]. 北京：电子工业出版社，2023.
[5] 赵力 . 语音信号处理 [M]. 3 版 . 北京：机械工业出版社，2016.
[6] 张雪英 . 数字语音信号处理及 MATLAB 仿真 [M]. 2 版 . 北京：电子工业出版社，2016.
[7] 易克初，田斌，付强 . 语音信号处理 [M]. 北京：国防工业出版社，2000.
[8] 杨绿溪 . 现代数字信号处理 [M]. 北京：科学出版社，2007.
[9] HERMANSKY H.Perceptual linear predictive（PLP）analysis of speech[J]. Journal of the acoustical society of america，1990，87（4）：1738–1752.

第 4 章　常用建模算法

导读

本章主要介绍语音信号处理常用的建模方法。20 世纪 70 年代开始，人们就已采用矢量量化模型进行语音的编码研究，此后用于语音识别等任务。进入 20 世纪 80 年代，语音建模方法进入统计建模时代，高斯混合模型和隐马尔可夫模型为代表的概率生成模型广泛应用于语音信号处理各研究方向，并取得了巨大的成功。20 世纪 90 年代以来，辨别性模型支持向量机在语音识别和说话人识别的研究中也取得了不错的成果。神经网络技术应用于语音处理较早，20 世纪 80 年代，时延神经网络在音素识别的效果已超过隐马尔可夫模型，但是由于过拟合问题，神经网络模型未能取得更广泛应用。2010 年以后，随着深度神经网络技术的应用，语音识别研究产生了巨大变革，出现了端到端的识别方法，并且推动了语音信号处理其他研究方向的突破进展。2017 年以来，在注意力机制理论推动下，Transformer 架构出现，催生了 BERT 和 GPT 等大模型技术，这些技术势必引起语音信号处理新一轮的技术变革。

本章知识点

- 矢量量化
- 高斯混合模型
- 隐马尔可夫模型
- 支持向量机
- 神经网络
- 深度神经网络

4.1　矢量量化

矢量量化（Vector Quantization，VQ）最早是一种数字信号的压缩技术。模拟语音信号经过采样后得到离散的序列，然后通过标量量化（Scalar Quantization，SQ）对语音信号的幅度进行量化，而 VQ 在此基础上，将若干数字语音信号的特征参数形成多维空间的一个矢量，然后在整个矢量空间进行量化。VQ 在对数据压缩的同时，尽量减少信息的损失。VQ 技术是在 20 世纪 70 年代末发展起来的，首先用于语音编码任务，此后推广到语音识别和语音合成等领域。

4.1.1 VQ 基本原理

矢量量化是先把信号序列的 K 个连续样点分成一组，形成 K 维欧氏空间中的一个矢量，然后对此矢量进行量化。VQ 基本原理见图 4-1。

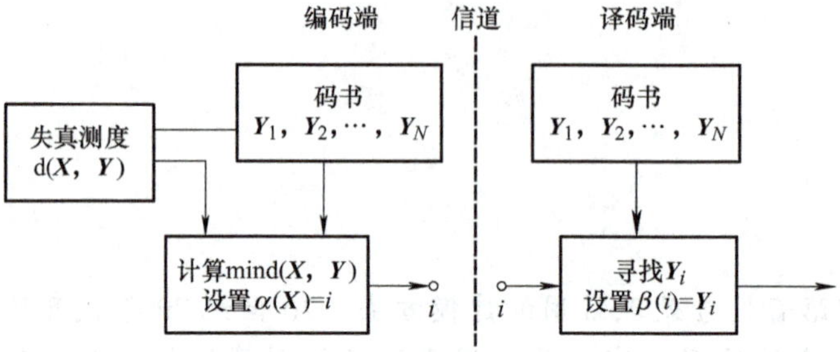

图 4-1　矢量量化基本原理

图 4-1 中可看出，通常把 N 个量化矢量构成的集合 $\{\boldsymbol{Y}_i\}$ 称为码书，码书中的每个矢量 $\boldsymbol{Y}_i$ 称为码字。矢量量化是把一个 K 维输入矢量 X 映射为另一个 K 维量化矢量 $\boldsymbol{Y}$，计算公式为

$$\boldsymbol{Y}=Q(\boldsymbol{X}) \tag{4-1}$$

式中，$\boldsymbol{X}$ 为输入矢量；$\boldsymbol{Y}$ 为量化矢量（码字）；$Q(\bullet)$ 为量化符号。

矢量量化通常可分解为两个映射的乘积，具体见式（4-2）

$$Q=\alpha\bullet\beta \tag{4-2}$$

式中，α 为编码器，将输入矢量 $\boldsymbol{X}$ 映射为信号符号集 $\boldsymbol{I}_N=\{1,2,\cdots,N\}$ 中的一个元 i；β 为译码器，它将信道符号 i 映射为码书中的一个码字 $\boldsymbol{Y}_i$。因此矢量量化器可以描述为

$$\alpha(\boldsymbol{X})=i,\ \boldsymbol{X}\in\tilde{X},\ i\in\boldsymbol{I}_N \tag{4-3}$$

$$\beta(i)=\boldsymbol{Y}_i,\ \boldsymbol{Y}_i\in\tilde{Y}_N,\ i\in\boldsymbol{I}_N \tag{4-4}$$

式（4-3）中 $\tilde{X}$ 为信源空间。式（4-4）中 $\tilde{Y}_N$ 为输出空间，即码书。

4.1.2 VQ 的失真测度

矢量量化器的设计过程中编码器 $\alpha(\boldsymbol{X})$ 是设计的关键，而译码器 $\beta(i)$ 的工作过程仅是一个简单的查表过程。为了导出编码器 $\alpha(\boldsymbol{X})$ 的设计方法，需要引入失真测度的概念。失真测度的选择直接影响 VQ 系统的设计性能。

失真测度反映了用码字 $\boldsymbol{Y}_i$ 代替信源矢量 $\boldsymbol{X}$ 时所付出的代价。这种代价的平均描述了矢量量化器的工作特性，见式（4-5）

$$D = E[d(\boldsymbol{X},\boldsymbol{Y})] = E[d(\boldsymbol{X},Q(\boldsymbol{X}))] \tag{4-5}$$

式中，$E[\bullet]$ 表示求数学期望。

在矢量量化器的设计中，失真测度的选择需要遵循以下原则：

1）必须在主观评价上有意义，即小的失真对应好的主观质量评价。

2）必须在数学上易于实现，能用于实际的矢量量化器的系统设计。

3）必须可计算，并保证平均失真的存在。

4）采用的失真测度应使系统易于硬件实现。

基于以上的原则，常用的 VQ 失真测度主要有：

1）平方失真测度

$$d(\boldsymbol{X},\boldsymbol{Y}) = \|\boldsymbol{X}-\boldsymbol{Y}\|^2 = \Sigma_i (x_i - y_i)^2 \tag{4-6}$$

2）绝对误差失真测度

$$d(\boldsymbol{X},\boldsymbol{Y}) = |\boldsymbol{X}-\boldsymbol{Y}| = \Sigma_i (x_i - y_i) \tag{4-7}$$

3）加权平方失真测度

$$d(\boldsymbol{X},\boldsymbol{Y}) = (\boldsymbol{X}-\boldsymbol{Y})^{\mathrm{T}}\boldsymbol{W}(\boldsymbol{X}-\boldsymbol{Y}) \tag{4-8}$$

式（4-8）中，$\boldsymbol{W}$ 表示正定加权矩阵。

以上的 VQ 失真测度均属于欧氏距离度量，但是当语音信号的特征矢量为 LPC 系数时，两个语音信号的 LPC 系数的欧氏距离无法衡量其差异，因此改用 LPC 系数所描述的信号模型的功率谱进行比较，这就是板仓—斋藤（Itakura–Saito）距离，简称 I–S 距离，下面简要介绍其计算过程。

当预测器的阶数 $p \to \infty$，信号与模型完全匹配，信号功率谱为

$$f(\omega) = \left|X(\mathrm{e}^{\mathrm{j}\omega})\right|^2 = \sigma^2 / \left|A(\mathrm{e}^{\mathrm{j}\omega})\right|^2 \tag{4-9}$$

式中，$\left|X(\mathrm{e}^{\mathrm{j}\omega})\right|^2$ 为信号的功率谱，σ^2 为预测误差能量，$A(\mathrm{e}^{\mathrm{j}\omega})$ 为预测逆滤波器的频率特性。相应码本中重构矢量的功率谱计算过程为

$$f'(\omega) = \left|X'(\mathrm{e}^{\mathrm{j}\omega})\right|^2 = (\sigma'_p)^2 / \left|A'(\mathrm{e}^{\mathrm{j}\omega})\right|^2 \tag{4-10}$$

式中，σ'_p 为 p 阶重构预测误差能量。I–S 距离计算为

$$d_{I-S}(f,f') = (\boldsymbol{a}'^{\mathrm{T}}\boldsymbol{R}\boldsymbol{a}')/\alpha - \ln(\sigma^2/\alpha) - 1 \tag{4-11}$$

式中，$\boldsymbol{a}^{\mathrm{T}} = (1,a_1,a_2,\cdots,a_p)$；$\boldsymbol{R}$ 为 $(p+1)\times(p+1)$ 阶的自相关矩阵。$\boldsymbol{a}^{\mathrm{T}}\boldsymbol{R}\boldsymbol{a}$ 如式（4-12）

$$\boldsymbol{a}^{\mathrm{T}}\boldsymbol{R}\boldsymbol{a} = r(0)r_a(0) + 2\sum_{i=1}^{p} r(i)r_a(i) \tag{4-12}$$

式中，$r(i)$为信号自相关函数，$r_a(i)$为预测系数的自相关函数，

$$r(i)=\sum_{k=0}^{N-1-|i|}x(k)x(k+|i|),\ r_a(i)=\sum_{k=0}^{P-i}a_k a_{k+i},\quad 0\leqslant i\leqslant p \tag{4-13}$$

式中，N为信号$x(k)$的长度。式（4-11）中的参数α计算为

$$\alpha=(\sigma_p')^2=1/2\pi\int_{-\pi}^{\pi}\left|A'(\mathrm{e}^{\mathrm{j}\omega})\right|^2 f'(\omega)\mathrm{d}\omega \tag{4-14}$$

式中，α为码书重构矢量的预测误差功率。因为式（4-11）第一项计算为

$$\boldsymbol{a}'^{\mathrm{T}}\boldsymbol{R}\boldsymbol{a}'=r(0)r_a'(0)+2\sum_{i=1}^{p}r(i)r_a'(i) \tag{4-15}$$

式（4-11）等号右侧的第一项为预测残差能量与增益的比值，因而I–S谱失真测度的最小化相当于LPC误差能量最小化。在此基础上，人们又推导出两种线性预测的失真测度：

1）对数似然比失真测度：

$$d_{LLR}(f,f')=\ln\left(\frac{(\sigma_p')^2}{\sigma^2}\right)=\ln\left(\frac{\boldsymbol{a}'^{\mathrm{T}}\boldsymbol{R}\boldsymbol{a}'}{\boldsymbol{a}^{\mathrm{T}}\boldsymbol{R}\boldsymbol{a}}\right) \tag{4-16}$$

2）模型失真测度：

$$d_m(f,f')=\frac{(\sigma_p')^2}{\sigma^2}-1=\frac{\boldsymbol{a}'^{\mathrm{T}}\boldsymbol{R}\boldsymbol{a}'}{\boldsymbol{a}^{\mathrm{T}}\boldsymbol{R}\boldsymbol{a}}-1 \tag{4-17}$$

4.1.3 VQ模型学习方法

选择合适的失真测度就可以进行矢量量化器的最优设计，即VQ模型的学习问题。1980年，Linde、Buzo和Gray发表了第一个矢量量化器的设计算法，通常称为LBG算法，具体步骤如下：

1）给定初始码书$\tilde{Y}_n^{(0)}$，即给定码书大小N和码字$\{\boldsymbol{Y}_1^0,\boldsymbol{Y}_2^0,\cdots,\boldsymbol{Y}_N^0\}$，并设置$n=0$，起始平均失真$D^{(n)}\to\infty$，设定计算停止门限$\varepsilon(0<\varepsilon<1)$。

2）设置码书$\tilde{Y}_n^{(n)}$已知形心，根据距离度量把训练序列$TS=\{\boldsymbol{X}_1,\boldsymbol{X}_2,\cdots,\boldsymbol{X}_m\}$划分到$N$个胞腔，计算公式如下：

$$S_j^{(n)}=\{\boldsymbol{X}\mid d(\boldsymbol{X},\boldsymbol{Y}_j)\leqslant d(\boldsymbol{X},\boldsymbol{Y}_i),i\neq j,\boldsymbol{Y}_i、\boldsymbol{Y}_j\in\tilde{Y}_n^{(n)},\boldsymbol{X}\in TS\} \tag{4-18}$$

$$1\leqslant j\leqslant N$$

3）计算平均失真和相对失真

平均失真的计算公式为：

$$D^{(n)} = \frac{1}{m}\sum_{r=1}^{m}\min_{Y \in \tilde{Y}_N^{(n)}} d(\boldsymbol{X}_r, Y), \quad \boldsymbol{X}_r \in TS, r = 1, 2, \cdots, m \tag{4-19}$$

相对失真

$$\tilde{D}^{(n)} = \left|\frac{D^{(n-1)} - D^{(n)}}{D^{(n)}}\right| \tag{4-20}$$

如果 $\tilde{D}^{(n)} \leqslant \varepsilon$，则停止计算，$\tilde{Y}_N^{(n)}$ 就是设计好的码书，即 $\tilde{Y}_N = \tilde{Y}_N^{(n)}$，否则进行下一步计算。

4）重新计算划分各胞腔形心，即$\{\boldsymbol{Y}_1^{(n+1)}, \boldsymbol{Y}_2^{(n+1)}, \cdots, \boldsymbol{Y}_N^{(n+1)}\}$，构成新的码书 $\tilde{Y}_N^{(n+1)}$，令 $n = n+1$，返回到第二步重新计算，直到 $\tilde{D}^{(n+1)} \leqslant \varepsilon$，此时 $\tilde{Y}_N = \tilde{Y}_N^{(n+1)}$，迭代停止。

在 VQ 模型学习过程中，码书的初始化和空胞腔的去除对模型的结果有重要的影响。下面介绍这两方面内容。

码书的初始化方法包括随机初始化法和分裂法。随机初始化方法是从训练序列中选取 N 个矢量作为初始码字，构成初始码书。随机初始化方法的优点是计算效率较高，不存在空胞腔问题。但是也存在选取非典型矢量码字作为形心的问题，还会造成部分空间把胞腔分得过细或者过大的情况。

分裂方法的主要思想是首先初始化码书 $N = 1$，此形心作为第一个码字 $Y_1^{(0)}$，将 $Y_1^{(0)}$ 乘以扰乱系数 $(1 \pm \varepsilon)$，得到两个初始码字 $Y_1^{(0)} = Y_1^{(0)}(1+\varepsilon)$，$Y_2^{(0)} = Y_1^{(0)}(1-\varepsilon)$，重复以上的过程，直到码书的大小达到 N 为止。分裂法初始化的码书性能较好，以此设计的矢量量化器的性能也较随机法优越，但是存在计算量较大的问题。

在 VQ 模型学习的过程中，还会产生空胞腔的问题，首先把空胞腔对应的形心，即码字 Y_Z 删除，然后将最大胞腔 S_M 分裂为两个小胞腔 S_{M_1} 和 S_{M_2}，计算过程如下：

1）对胞腔 S_M 对应的形心码字 Y_M 分别乘以扰乱系数，得到两个不同码字

$$Y_{M_1} = (1+\varepsilon)Y_M, \quad Y_{M_2} = (1-\varepsilon)Y_M \tag{4-21}$$

2）以 $Y_{M_1}^{(n)}$ 和 $Y_{M_2}^{(n)}$ 两个码字划分 S_M 这个大胞腔，得到两个小胞腔

$$S_{M_1} = \{X \mid d(X, Y_{M_1}) \leqslant d(X, Y_{M_2}), X \in S_M\} \tag{4-22}$$

$$S_{M_2} = \{X \mid d(X, Y_{M_2}) \leqslant d(X, Y_{M_1}), X \in S_M\} \tag{4-23}$$

用两个小胞腔代替一个大胞腔，量化失真减少了，改善量化性能。这种去空胞腔分裂法也可以用于初始码书的随机选择法设计中。当随机选择的码书为非典型矢量时，就可以去除非典型胞腔，而把包含过多矢量的胞腔进行分裂，以重新分配矢量，从而构成初始码书。

4.1.4 VQ 模型的改进

前面讨论的矢量量化器为全搜索矢量量化器，它将输入矢量与码书中的每一个码字

进行比较，根据选择的失真测度寻找失真最小的码字作为重构矢量。后面讨论 VQ 的特性时，主要是以全搜索矢量量化器为标准进行比较。

矢量量化系统主要由编码器和译码器组成。编码器主要由码书搜索和码书构成，而译码器则由查表方法和码书构成。因此在研究矢量量化系统时，通常从码书生成和搜索算法着手，最终获得一个计算复杂度、存储复杂度适中，且保证一定质量的矢量量化系统。所以矢量量化器的研究主要是围绕降低速率、较少失真和降低复杂度展开的，因此速率、失真和复杂度是 VQ 模型的三个关键问题。降低复杂度一般有两种途径：一是寻找好的快速算法；二是使码书结构化，以达到减少搜索量和存储量的目的。降低 VQ 复杂度的设计方法大致分为两类：一类是无记忆的矢量量化器；另一类为有记忆的矢量量化器。下面从这两个方面简要介绍 VQ 模型的改进方法。

1. 无记忆的矢量量化器

无记忆矢量量化器是指量化每个矢量时，不依赖此矢量前面的其他矢量，每一个输入矢量都是独立进行量化的。全搜索矢量量化器也是一种无记忆的矢量量化器。为了降低 VQ 的复杂度，主要采用两种策略：一是改变搜索算法，降低算法复杂度；二是改进系统结构，进而改变码字结构，使码字变短，码本容量变小。

根据第一种策略改进可以得到树搜索矢量量化器。这种方法主要特点是把 VQ 码本按照不同层级排放在树结构的各节点上，搜索时只要对每层节点进行失真测度对比，从而寻找最优的码本搜索路径，不需要对所有码本进行全搜索，所以其优点是可以减少算法复杂度，但缺点是增加了存储容量。由于树搜索方法不是从整个码书中寻找最小失真的码字，因此其量化器并不是最优的，即树搜索 VQ 模型的性能次于全搜索 VQ 模型。

根据第二种策略改进可以得到多级矢量量化器。多级矢量量化器的主要思想是通过若干小码书量化器级联来逼近全搜索的矢量量化器，在编码阶段输入矢量，在第一级量化后保存量化矢量，然后把量化失真误差再传入第二级量化器进行量化。在译码阶段把量化矢量和误差相加重构输入矢量。多级量化器的优点是能有效降低计算复杂度和存储量，且性能逼近全搜索 VQ，但是当级联数目不断增加时，性能改进趋于饱和。

2. 有记忆的矢量量化器

有记忆矢量量化器是指在量化每一个输入矢量时，不仅与此矢量本身有关，而且与前面的矢量有关，即在 VQ 过程中通过记忆来利用矢量与矢量之间的相关性。常用的有记忆矢量量化器包括预测矢量量化器（Predictive VQ，PVQ）和有限状态矢量量化器（Finite State VQ，FSVQ）。PVQ 的编码器对输入矢量与预测矢量之间的差值进行量化，预测矢量时是根据编码器过去的信号来预测的；PVQ 的译码器根据差值信息与所依赖过去输出的预测信息来得到重构矢量。FSVQ 的编码器中当前的状态仅与编码器过去的编码输出有关，即通过把编码器的输出信号反馈回去，来决定下一步编码使用哪个码书；FSVQ 的译码器根据前面受到的码元决定应该使用哪一个码书。FSVQ 在不增加比特率的情况下，可利用过去信息选择合适的码本进行编码，因而性能比同维数的无记忆 VQ 系统好，缺点是存储量增加了。

4.2　高斯混合模型

高斯混合模型（Gaussian Mixture Model，GMM）是通过若干高斯分布的加权平均来描述一个复杂分布。如果混合的高斯分布数目足够多，GMM 可以逼近任意复杂的连续分布。GMM 广泛用于说话人识别、语种方言识别和语音识别等任务。

4.2.1　高斯混合模型的基本原理

GMM 是用 k 个单高斯分布的加权线性组合来描述复杂数据的分布形式，具体概率分布模型为

$$p(x|\lambda)=\sum_{k=1}^{K}p(k)p(x|k,\lambda)=\sum_{k=1}^{K}c_k N(x|\boldsymbol{\mu}_k,\boldsymbol{\Sigma}_k) \tag{4-24}$$

式中，λ 为 GMM 模型的参数，$\lambda=(c_k,\boldsymbol{\mu}_k,\boldsymbol{\Sigma}_k)$，其中 c_k 是第 k 个高斯子分布的权重，且所有高斯子分布的权重之和为 1，即 $\sum_{k=1}^{K}c_k=1$；$\boldsymbol{\mu}_k$ 和 $\boldsymbol{\Sigma}_k$ 是第 k 个高斯子分布的均值向量和协方差阵；第 k 个高斯分布函数为

$$N(x|\boldsymbol{\mu}_k,\boldsymbol{\Sigma}_k)=\frac{1}{(2\pi)^{D/2}|\boldsymbol{\Sigma}_k|^{1/2}}\exp\{-(x-\boldsymbol{\mu}_k)^{\mathrm{T}}\boldsymbol{\Sigma}_k^{-1}(x-\boldsymbol{\mu}_k)/2\} \tag{4-25}$$

式中，D 为训练数据的维数。

下面以说话人识别为例，介绍 GMM 在识别阶段的计算过程。假设有 N 个目标说话人，每个说话人对应一个 GMM 模型，记为 $\lambda_1,\lambda_2,\cdots,\lambda_N$，有待识别语音的特征观测序列 $O=\{o_1,o_2,\cdots,o_T\}$。说话人识别的任务就是判定待识别语音来源于哪个说话人，即计算 X 在每个 GMM 模型上的后验概率，根据贝叶斯决策规则，后验概率最大的模型标号即为该语音所属的说话人类别，计算公式为

$$n^*=\underset{1\leqslant n\leqslant N}{\operatorname{argmax}}\,P(\lambda_n|O) \tag{4-26}$$

式中，n^* 表示后验概率最大的 GMM 模型的标号，即所识别出的说话人类别，而后验概率计算为

$$P(\lambda_n|O)=\frac{P(O|\lambda_n)P(\lambda_n)}{P(O)}=\frac{P(O|\lambda_n)P(\lambda_n)}{\sum_{n=1}^{N}P(O|\lambda_n)P(\lambda_n)} \tag{4-27}$$

式中，$P(\lambda_n)$ 为说话人的先验概率。一般情况下假设每个说话人的先验概率均相等，而且对于所有说话人，式（4-27）中的分母都是一致的，所以式（4-26）可以写成

$$n^*=\underset{1\leqslant n\leqslant N}{\operatorname{argmax}}\,P(O|\lambda_n) \tag{4-28}$$

这样最大后验概率准则就转化为最大似然准则。

4.2.2 期望最大化算法

GMM是一个概率模型，概率模型的参数一般通过最大似然估计（Maximum Likelihood Estimation，MLE）的方法来估计。MLE的思想是在给定训练样本集的情况下，寻找使似然函数值最大的模型参数。假设训练样本集 $X=\{x_1,x_2,\cdots,x_n\}$，则模型的似然概率可表示为

$$P(X\mid\lambda)=\prod_{n=1}^{N}P(x_n\mid\lambda) \tag{4-29}$$

模型训练的目的是寻找一组参数使似然概率的值最大，见式（4-30）

$$\lambda^*=\underset{\lambda}{\operatorname{argmax}}\,P(X\mid\lambda) \tag{4-30}$$

如果 λ 只是单个高斯分布模型，则只需要对式（4-29）的似然概率求参数的偏导数，并使之为零，就可得到模型的最优参数。但是GMM是由多个高斯分布混合而成，模型中存在一个隐含变量 z_k（z_k 表示样本由 k 个高斯子分布生成的信息），所以首先要估计隐含变量 z_k 的值，然后再用MLE估计GMM的参数，这样GMM的参数估计就变成数据缺失的MLE估计问题。对于这类问题，常用期望最大化（Expectation–Maximization，EM）算法来估计模型参数。

EM算法包括求期望（E步）和最大化参数（M步）两个关键步骤，下面简要介绍其计算过程。

E步：

假设GMM的参数 λ 已知，根据训练样本计算隐含变量 z 的后验概率，具体计算为

$$p(z_k\mid x_n)=\frac{p(z_k)p(x_n\mid z_k)}{p(x_n)}=\frac{p(z_k)p(x_n\mid z_k)}{\sum_{k=1}^{K}p(z_k)p(x_n\mid z_k)} \tag{4-31}$$

式中，$p(z_k)=c_k$；$p(x_n\mid z_k)=N(x_n\mid\boldsymbol{\mu}_k,\boldsymbol{\Sigma}_k)$；令 $\gamma(n,k)=p(z_k\mid x_n)$，则式（4-31）可以转化成

$$\gamma(n,k)=p(z_k\mid x_n)=\frac{c_kN(x_n\mid\boldsymbol{\mu}_k,\boldsymbol{\Sigma}_k)}{\sum_{k=1}^{K}c_kN(x_n\mid\boldsymbol{\mu}_k,\boldsymbol{\Sigma}_k)} \tag{4-32}$$

式中，$\gamma(n,k)$ 还可以表示当前模型参数下，第 n 个观测数据来自第 k 个高斯子分布的概率。

M步：

E步计算得到了隐含变量 z_k 的后验概率，补全了模型优化所需要的全部数据，在M步通过MLE算法重新估计模型参数，通过对式（4-24）取对数，得到对数似然函数，见

式（4-33）

$$\ln p(x\mid\lambda)=\ln p(x\mid c_k,\boldsymbol{\mu}_k,\boldsymbol{\Sigma}_k)=\sum_{n=1}^{N}\ln\left\{\sum_{k=1}^{K}c_kN(x_n\mid\boldsymbol{\mu}_k,\boldsymbol{\Sigma}_k)\right\} \tag{4-33}$$

针对式（4-33）求 $\boldsymbol{\mu}_k$ 的偏导，令导数为零，得

$$\sum_{n=1}^{N}\frac{c_kN(x_n\mid\boldsymbol{\mu}_k,\boldsymbol{\Sigma}_k)}{\sum_{k=1}^{K}c_kN(x_n\mid\boldsymbol{\mu}_k,\boldsymbol{\Sigma}_k)}\boldsymbol{\Sigma}_k(x_n-\boldsymbol{\mu}_k)=0 \tag{4-34}$$

式（4-32）代入式（4-34），整理得

$$\hat{\boldsymbol{\mu}}_k=\frac{\sum_{n=1}^{N}\gamma(n,k)x_n}{\sum_{n=1}^{N}\gamma(n,k)} \tag{4-35}$$

式中，$\hat{\boldsymbol{\mu}}_k$ 为重估得到的均值向量。同理针对式（4-33）求 $\boldsymbol{\Sigma}_k$ 的偏导，令导数为零，整理后得

$$\hat{\boldsymbol{\Sigma}}_k=\frac{\sum_{n=1}^{N}\gamma(n,k)(x_n-\boldsymbol{\mu}_k)(x_n-\boldsymbol{\mu}_k)^{\mathrm{T}}}{\sum_{n=1}^{N}\gamma(n,k)} \tag{4-36}$$

式中，$\hat{\boldsymbol{\Sigma}}_k$ 为重估的协方差矩阵。在式（4-33）加入权重系数的限制，通过拉格朗日乘子法可得：

$$\sum_{n=1}^{N}\ln\left\{\sum_{k=1}^{K}c_kN(x_n\mid\boldsymbol{\mu}_k,\boldsymbol{\Sigma}_k)\right\}+\lambda\left(\sum_{k=1}^{K}c_k-1\right) \tag{4-37}$$

式中，λ 为拉格朗日乘子，对式（4-37）求 c_k 的偏导，令导数为零得

$$\hat{c}_k=\frac{\sum_{n=1}^{N}\gamma(n,k)}{\sum_{n=1}^{N}\sum_{k=1}^{K}\gamma(n,k)} \tag{4-38}$$

重估后的 GMM 参数代入式（4-33），判别对数似然函数是否收敛，如果不收敛，则用重估的模型参数更新原参数，迭代进行 EM 算法，直到对数似然函数收敛。

在采用 EM 算法训练 GMM 模型时，还要考虑模型参数的初始化、超参数的设定和协方差异常等问题，这些因素都会影响 GMM 训练的效果，下面简要介绍这些情况和相应解决的办法。

1. GMM 参数初始化

在 EM 算法的 E 步中，假设 GMM 的参数 λ 已知，这里需要利用训练样本初始化

GMM 的参数，常用的初始化方法有 K-means 算法。首先通过无监督的方法把训练样本聚成 K 类，然后在每个聚类组内计算样本的均值和协方差作为 GMM 初始化参数，并采用每个聚类组内样本的个数与总样本数的比值作为混合权重系数的初始化参数。当训练样本较多时，也可随机选取少量样本来初始化模型的参数，降低初始化的计算复杂度。

2. GMM 超参数的选择

在 GMM 模型中，高斯子分布的个数 K 是一个超参数，一般是根据训练数据的多少设定。训练数据量少时，K 取值相应要小，避免训练不充分；训练数据量多时，K 取值相应要大。在不同的任务中，K 值的选择也不相同，如在语音识别任务中，GMM 作为单个状态的模型，如表征音素或类音素单元，K 值相对较小，而对于说话人识别任务，K 值相对较大。当然，也有研究中利用变分贝叶斯方法训练 GMM，自适应确定 K 的值。

3. GMM 的协方差异常

GMM 训练过程中，当训练数据不足或背景噪声较大时，GMM 的个别协方差矩阵元素的值非常小，这种情况常导致模型参数的似然函数出现较大偏差，从而影响系统的性能。解决的办法是在 EM 迭代训练过程中，设置协方差矩阵元素的最小门限，当协方差矩阵的元素小于门限阈值时，则用门限阈值代替当前值。门限阈值的选定与不同任务的系统相关。

4.3 隐马尔可夫模型

隐马尔可夫模型（Hidden Markov Model，HMM）作为一种经典的时间序列统计模型，在语音信号处理的各个领域都有广泛的使用。20 世纪 70 年代，Bark 和 Jelinek 把 HMM 用于语音识别研究，20 世纪 80 年代，L.R.Rabiner 和 S.Young 对 HMM 做了深入浅出的介绍，令 HMM 逐渐为广大研究人员所熟悉，进一步推动了 HMM 在语音信号处理领域的应用和发展。在深度神经网络成熟之前，HMM 一直是语音识别和语音合成等研究中核心的建模方法。下面本节首先介绍马尔可夫链的基本概念，接着导出 HMM 的概率计算、模型训练和最佳路径解码三大问题，并给出基本的解决方法，然后介绍 HMM 的结构类型，以及经典的 GMM-HMM 结构和学习方法，最后还将介绍 HMM 自适应的方法。

4.3.1 HMM 的基本概念

HMM 建立在马尔可夫链理论的基础上。马尔可夫链是马尔可夫随机过程的特殊情况，其状态和时间参数都是离散形式，马尔可夫链上 $t+1$ 时刻的状态概率只与 t 时刻的状态有关，而与 t 时刻之前的状态无关。一个马尔可夫链的概率由初始概率分布 π 和状态转移矩阵 $\boldsymbol{A}$ 确定，定义 A_{ij} 表示状态由 i 跳到 j 的概率，因此马尔可夫链的计算表示为

$$p(s_1 = s^i) = \pi_i \tag{4-39}$$

$$A_{ij}(t) = p(s_{t+1} = s^j \mid s_t = s^i), \quad 1 \leqslant t \leqslant T \tag{4-40}$$

式（4-39）中，s_1 表示初始 $t=1$ 时刻状态；s^i 表示第 i 个状态；π_i 为 i 状态的初始概率分布。式（4-40）中，s_t 表示 t 时刻状态；$A_{ij}(t)$ 表示 t 时刻从 i 状态转移到 j 状态的转移概率。如果 HMM 转移概率与时间 t 无关，即 $A_{ij}(t)$ 对所有 t 时刻都是相等的，则称该马尔可夫链为齐次马尔可夫链，齐次马尔可夫链的概率计算为

$$p(\boldsymbol{s})=\pi_{s_1}\prod_{t=1}^{T}A_{s_t s_{t+1}} \tag{4-41}$$

HMM 是马尔可夫链的扩展，该模型首先通过一个马尔可夫链生成一个状态序列，然后由该随机序列的每个状态随机生成观测值，再通过状态转移生成可见的观测序列。从以上表述可看出，HMM 是一个双随机过程：一个随机过程是马尔可夫链，其描述状态之间转移的随机性，这些状态是不可见的，因此称为“隐状态”；另一个随机过程是描述状态与观测值之间的随机性。

根据前面的讨论，HMM 可以定义为一个关于时间序列的概率模型，描述一个不可观测的隐状态序列，再由各状态序列生成可观测的随机序列。HMM 包括初始状态分布、状态转移概率以及观测概率分布，见式（4-42）

$$\lambda=(\boldsymbol{\pi},\boldsymbol{A},\boldsymbol{B}) \tag{4-42}$$

式中，$\boldsymbol{A}=\{a_{ij}\}$ 表示状态转移概率分布，若 HMM 的总状态数为 N，对于所有的 a_{ij}，$1\leqslant i,j\leqslant N$，$\boldsymbol{A}$ 表示成如下矩阵形式

$$\boldsymbol{A}=\begin{bmatrix} a_{11} & a_{12} & \cdots & a_{1N} \\ a_{21} & a_{22} & \cdots & a_{2N} \\ \vdots & \vdots & & \vdots \\ a_{N1} & a_{N2} & \cdots & a_{NN} \end{bmatrix} \tag{4-43}$$

式中，$\sum_{j=1}^{N}a_{ij}=1$，$0\leqslant a_{ij}\leqslant 1$。

$\boldsymbol{B}=\{b_i(k)\}$ 表示观测符号的概率分布，其计算公式为

$$b_i(k)=p(o_t=v_k\mid s_t=s^i),1\leqslant i\leqslant N,1\leqslant k\leqslant M \tag{4-44}$$

式中，o_t 表示 t 时刻的观测序列；v_k 表示由对应的隐状态生成的第 k 个观测符号；M 表示生成观测符号的总数；式（4-44）表示 t 时刻由状态 s^i 生成的观测值 v_k 的概率。

$\boldsymbol{\pi}=\{\pi_i\}$ 表示初始状态概率分布，π_i 表示为

$$\pi_i=p(s_1=s^i)，\quad 1\leqslant i\leqslant N \tag{4-45}$$

式中，s_1 表示初始时刻的状态，且 $\sum_{i=1}^{N}\pi_i=1$。

基于前面的定义，HMM 模型中除了初始状态分布、状态转移概率以及观测概率分布三个参数外，还包括状态数目 N 和每个状态可能输出的观测符号的数目 M 两个超参数。

HMM 工作原理如图 4-2 所示。

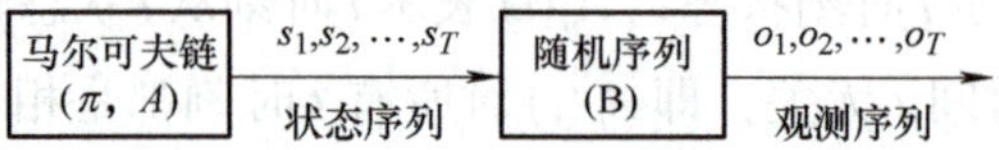

图 4-2　HMM 工作原理

4.3.2　HMM 的三个基本问题

前文介绍了 HMM 的基本概念，在实际应用中还要解决一些具体问题：已知模型的情况下，如何快速计算观测序列的概率；给定训练数据条件下，如何学习最优的 HMM 模型参数；给定观测序列和模型，如何寻找生成观测序列的最佳隐状态路径。以上介绍的就是 HMM 的三个基本问题：概率计算问题、模型训练问题和最佳路径解码问题。下面将详细介绍这三个问题，并给出解决的方案。

1. 概率计算问题

给定模型 $\lambda=(\boldsymbol{\pi},\boldsymbol{A},\boldsymbol{B})$ 和观测序列 $\boldsymbol{O}=(o_1,o_2,\cdots,o_T)$，计算观测序列 $\boldsymbol{O}$ 出现的概率 $P(\boldsymbol{O}|\lambda)$，首先设有长度为 T 的状态序列 $\boldsymbol{S}=(s_1,s_2,\cdots,s_T)$，假设观测序列由这些状态产生，然后计算状态序列和观测序列的联合概率 $P(\boldsymbol{O},\boldsymbol{S}|\lambda)$，最后对所有可能的状态序列求和得到 $P(\boldsymbol{O}|\lambda)$，具体计算过程为

$$P(\boldsymbol{O},\boldsymbol{S}|\lambda)=P(\boldsymbol{O}|\boldsymbol{S},\lambda)P(\boldsymbol{S}|\lambda) \tag{4-46}$$

式中，$P(\boldsymbol{O}|\boldsymbol{S},\lambda)$ 和 $P(\boldsymbol{S}|\lambda)$ 计算如下

$$P(\boldsymbol{O}|\boldsymbol{S},\lambda)=b_{s_1}(o_1)a_{s_1s_2}b_{s_2}(o_2)\cdots a_{s_{T-1}s_T}b_{s_T}(o_T) \tag{4-47}$$

$$P(\boldsymbol{S}|\lambda)=\pi_{s_1}a_{s_1s_2}a_{s_2s_3}\cdots a_{s_{T-1}s_T} \tag{4-48}$$

对式（4-46）所有可能的状态序列 $\boldsymbol{S}$ 求和，得到观测序列的概率 $P(\boldsymbol{O}|\lambda)$

$$\begin{aligned}P(\boldsymbol{O}|\lambda)&=\Sigma_S P(\boldsymbol{O}|\boldsymbol{S},\lambda)P(\boldsymbol{S}|\lambda)\\&=\sum_{s_1,s_2,\cdots,s_T}\pi_{s_1}b_{s_1}(o_1)a_{s_1s_2}b_{s_2}(o_2)\cdots a_{s_{T-1}s_T}b_{s_T}(o_T)\end{aligned} \tag{4-49}$$

根据以上公式直接计算概率，计算复杂度为 $O(TN^T)$，N 为总状态数，当 N=5，T=100 时，计算量为 10^{72}，计算量巨大。为了提高概率计算的效率，人们提出了前向和后向算法，下面介绍前向算法和后向算法的计算流程。

（1）前向算法流程　给定 HMM 模型 λ，定义到时刻 t 部分观测序列为 $o_1,o_2,\cdots,o_T$ 且状态为 s^i 的概率为前向概率，计算过程为

$$\alpha_t(i)=P(o_1,o_2,\cdots,o_t,s_t=s^i|\lambda)\ ,\quad 1\leqslant i\leqslant N \tag{4-50}$$

根据式（4-50）就可以递推求得前向概率 $\alpha_t(i)$ 及观测序列概率 $P(\boldsymbol{O}|\lambda)$。

1）**初值计算**，见式（4-51）

$$\alpha_1(i)=\pi_i b_i(o_1)\text{，}\quad 1\leqslant i\leqslant N \tag{4-51}$$

式中，i 表示状态的标号。

2）**递推计算**，对于 $t=1,2,\cdots,T-1$，计算过程见式（4-52）

$$\alpha_{t+1}(i)=\left[\sum_{j=1}^{N}\alpha_t(j)a_{ji}\right]b_i(o_{t+1})\text{，}\quad 1\leqslant i\text{，}\ j\leqslant N \tag{4-52}$$

3）当 $t=T$ 时，得到观测概率之和，终止计算，具体见式（4-53）

$$P(\boldsymbol{O}\mid\lambda)=\sum_{i=1}^{N}\alpha_T(i)\text{，}\quad 1\leqslant i\leqslant N \tag{4-53}$$

前向概率计算 $P(\boldsymbol{O}\mid\lambda)$ 的计算量是 $O(TN^2)$，当 N=5，T=100 时，前向算法只需要 3000 次乘法计算，计算量大大减少。前向算法过程如图 4-3a 所示。

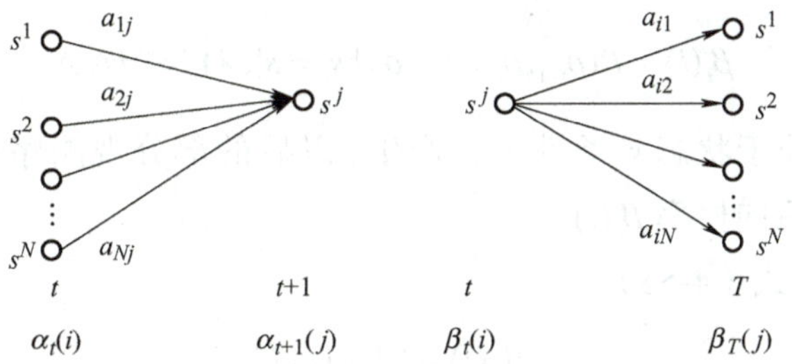

a) 计算前向算法的递推过程　　b) 计算后向算法的递推过程

图 4-3　前向、后向算法过程

例 4.1　设有缸和球的模型 $\lambda=(\boldsymbol{\pi},\boldsymbol{A},\boldsymbol{B})$，状态集和 $\boldsymbol{S}=\{s^1,s^2,s^3\}$，观测集和 $\boldsymbol{V}$={红，白}，且模型的参数如下：

$$\boldsymbol{A}=\begin{bmatrix}0.5&0.2&0.3\\0.3&0.5&0.2\\0.2&0.3&0.5\end{bmatrix}\text{，}\ \boldsymbol{B}=\begin{bmatrix}0.5&0.5\\0.4&0.6\\0.7&0.3\end{bmatrix}\text{，}\ \boldsymbol{\pi}=\begin{bmatrix}0.2\\0.4\\0.4\end{bmatrix}$$

观测序列 $\boldsymbol{O}=(o_1=\text{红},o_2=\text{白},o_3=\text{红})$，试用前向算法计算 $P(\boldsymbol{O}\mid\lambda)$ 概率。

解： 根据前向算法首先计算初值

$$\alpha_1(1)=\pi_1 b_1(o_1)=0.1;\alpha_1(2)=\pi_2 b_2(o_1)=0.16;\alpha_1(3)=\pi_3 b_3(o_1)=0.28$$

递推计算

$$\begin{aligned}\alpha_2(1)&=\left[\sum_{i=1}^{3}\alpha_1(i)\alpha_{i1}\right]b_1(o_2)=[\alpha_1(1)\alpha_{11}+\alpha_1(2)\alpha_{21}+\alpha_1(3)\alpha_{31}]\times0.5\\&=0.154\times0.5=0.077\end{aligned}$$

同理，$\alpha_2(2)=\left[\sum_{i=1}^{3}\alpha_1(i)\alpha_{i2}\right]b_2(o_2)=0.184\times0.6=0.1104$

$$\alpha_2(3)=\left[\sum_{i=1}^{3}\alpha_1(i)\alpha_{i3}\right]b_3(o_2)=0.202\times0.3=0.0606$$

$$\alpha_3(1)=\left[\sum_{i=1}^{3}\alpha_2(i)\alpha_{i1}\right]b_1(o_3)=0.08374\times0.5=0.04187$$

$$\alpha_3(2)=\left[\sum_{i=1}^{3}\alpha_2(i)\alpha_{i2}\right]b_2(o_3)=0.08878\times0.4=0.035512$$

$$\alpha_3(3)=\left[\sum_{i=1}^{3}\alpha_2(i)\alpha_{i3}\right]b_3(o_3)=0.07548\times0.7=0.052836$$

最终，$P(\boldsymbol{O}\mid\lambda)=\sum_{i=1}^{3}\alpha_3(i)=0.130218$

（2）后向算法流程　后向算法与前向算法类似，其计算过程如图 4-3b 所示。首先定义后向概率为

$$\beta_t(i)=P(o_{t+1},o_{t+2},\cdots,o_T\mid s_t=s^i,\lambda),1\leqslant i\leqslant N \tag{4-54}$$

给定模型 λ 及 t 时刻处于状态 s^i 条件下，产生 t 以后的部分观测序列 $\{o_{t+1},o_{t+2},\cdots,o_T\}$ 的概率，可以递推地求得后向概率 $\beta_t(i)$。

1）初始计算，见式（4-55）

$$\beta_T(i)=1,1\leqslant i\leqslant N \tag{4-55}$$

式中，T 表示最终时刻，此时定义所有状态的后向概率均为 1。

2）递推计算，$t=T-1,T-2,\cdots,1$，计算过程见式（4-56）

$$\beta_t(i)=\sum_{j=1}^{N}a_{ij}b_j(o_{t+1})\beta_{t+1}(i),1\leqslant i,j\leqslant N \tag{4-56}$$

3）终止

$$P(\boldsymbol{O}\mid\lambda)=\pi_{s_1}b_i(o_1)\beta_1(i) \tag{4-57}$$

后向概率计算 $P(\boldsymbol{O}\mid\lambda)$ 的计算量也是 $O(TN^2)$，与前向算法一样。

结合前面介绍的 HMM 前向和后向算法，可以组合 $\alpha_t(i)$ 和 $\beta_t(i)$ 来计算 $P(\boldsymbol{O}\mid\lambda)$，这样计算的好处是能够把不同时刻的概率计算结果保存，避免重复计算，见式（4-58）

$$P(\boldsymbol{O}\mid\lambda)=\sum_{i=1}^{N}\sum_{j=1}^{N}\alpha_t(i)a_{ij}b_j(o_{t+1})\beta_{t+1}(j),1\leqslant t\leqslant T-1 \tag{4-58}$$

2. 模型训练问题

给定一个观测序列 $\boldsymbol{O}=(o_1,o_2,\cdots,o_T)$，确定一个 $\lambda=(\boldsymbol{\pi},\boldsymbol{A},\boldsymbol{B})$，使得 $P(\boldsymbol{O}\mid\lambda)$ 的概率值最大：

$$\bar{\lambda}=\arg\max_{\lambda}P(\boldsymbol{O}\mid\lambda) \tag{4-59}$$

由于训练数据只包含长度为 T 的观测序列，没有对应的状态序列，所以 HMM 训练是针对含有隐含变量的概率模型学习问题，计算式为

$$P(\boldsymbol{O}\mid\lambda)=\Sigma_S P(\boldsymbol{O}\mid\boldsymbol{S},\lambda)P(\boldsymbol{S}\mid\lambda) \tag{4-60}$$

HMM 模型的参数学习由 EM 算法实现：

（1）E 步算法

构造辅助函数 Q 函数，初始化模型的参数

$$Q(\lambda,\bar{\lambda})=\Sigma_S\log P(\boldsymbol{O},\boldsymbol{S}\mid\lambda)P(\boldsymbol{O},\boldsymbol{S}\mid\bar{\lambda}) \tag{4-61}$$

式中，λ 是要极大化的 HMM 参数；$\bar{\lambda}$ 是 HMM 的当前估计值；$P(\boldsymbol{O},\boldsymbol{S}\mid\lambda)$ 计算如下：

$$P(\boldsymbol{O},\boldsymbol{S}\mid\lambda)=\pi_{s_1}b_{s_1}(o_1)a_{s_1s_2}b_{s_2}(o_2)\cdots a_{s_{T-1}s_T}b_{s_T}(o_T) \tag{4-62}$$

所以式（4-61）又可以表示为式（4-63）

$$\begin{aligned}Q(\lambda,\bar{\lambda})=&\Sigma_S\log\pi_{s_1}P(\boldsymbol{O},\boldsymbol{S}\mid\bar{\lambda})+\Sigma_S\left(\sum_{t=1}^{T-1}\log a_{s_t,s_{t+1}}\right)P(\boldsymbol{O},\boldsymbol{S}\mid\bar{\lambda})+\\&\Sigma_S\left(\sum_{t=1}^{T-1}\log b_{s_t}(o_t)\right)P(\boldsymbol{O},\boldsymbol{S}\mid\bar{\lambda})\end{aligned} \tag{4-63}$$

（2）M 步算法

极大化 $Q(\lambda,\bar{\lambda})$，求模型参数 $\boldsymbol{A}$、$\boldsymbol{B}$、$\boldsymbol{\pi}$。通过对式（4-63）极大化得到模型参数的更新值。由于三个参数分别在不同项中，所以可以对各项分别求极大化得到模型参数的估计值。

$$\hat{\pi}_i=\frac{P(\boldsymbol{O},s_1=s^i\mid\bar{\lambda})}{P(\boldsymbol{O}\mid\bar{\lambda})} \tag{4-64}$$

式中，s^i 表示不同的状态；N 为状态数目。

$$\hat{a}_{ij}=\frac{\sum_{t=1}^{T-1}P(\boldsymbol{O},s_t=s^i,s_{t+1}=s^j\mid\bar{\lambda})}{\sum_{t=1}^{T-1}P(\boldsymbol{O},s_t=s^i\mid\bar{\lambda})} \tag{4-65}$$

$$\hat{b}_j(k)=\frac{\sum_{t=1}^{T}P(\boldsymbol{O},s_t=s^j\mid\bar{\lambda})\boldsymbol{I}(o_t=v_k)}{\sum_{t=1}^{T}P(\boldsymbol{O},s_t=s^j\mid\bar{\lambda})} \tag{4-66}$$

式（4-64）～式（4-66）中 $\boldsymbol{I}(o_t=v_k)$ 表示只有当 $o_t=v_k$ 时，$\boldsymbol{I}$ 不为零，$1\leqslant i,j\leqslant N$，

$1 \leqslant k \leqslant M$。为了进一步简化计算，定义在给定训练序列 $\boldsymbol{O}$ 和模型 λ 时，HMM 在 t 时刻处于 i 状态的概率为

$$\gamma_t(i) = P(s_t = s^i \mid \boldsymbol{O}, \bar{\lambda}) = \frac{P(\boldsymbol{O}, s_t = s^i \mid \bar{\lambda})}{P(\boldsymbol{O} \mid \bar{\lambda})} = \frac{\alpha_t(i)\beta_t(i)}{P(\boldsymbol{O} \mid \bar{\lambda})} \tag{4-67}$$

定义 HMM 在 t 时刻处于 i 状态，$t+1$ 时刻处于 j 状态的概率为

$$\xi_t(i,j) = P(s_t = s^i, s_{t+1} = s^j \mid \boldsymbol{O}, \bar{\lambda}) = \frac{\alpha_t(i)a_{ij}b_j(o_{t+1})\beta_{t+1}(j)}{P(\boldsymbol{O} \mid \bar{\lambda})} \tag{4-68}$$

式（4-64）～式（4-66）又可以表示为

$$\hat{\pi}_i = \gamma_1(i), 1 \leqslant i \leqslant N \tag{4-69}$$

$$\hat{a}_{ij} = \frac{\sum_{t=1}^{T} \xi_t(i,j)}{\sum_{t=1}^{T} \gamma_t(i)} \tag{4-70}$$

$$\hat{b}_j(k) = \frac{\sum_{t=1, o_t = v_k}^{T} \xi_t(i,j)}{\sum_{t=1}^{T} \gamma_t(i)} \tag{4-71}$$

通过迭代以上 E 步和 M 步，保证每次迭代 $P(\boldsymbol{O} \mid \bar{\lambda}) > P(\boldsymbol{O} \mid \lambda)$，直到 $P(\boldsymbol{O} \mid \bar{\lambda})$ 收敛，此时 $\bar{\lambda}$ 即为学习到的最优模型。以上的 HMM 训练方法称为 Baum–Welch 算法（Baum–Welch algorithm）。

3. 最佳路径问题

最佳路径问题是给定观测序列 $\boldsymbol{O} = (o_1, o_2, \cdots, o_T)$ 和模型 $\lambda = (\boldsymbol{\pi}, \boldsymbol{A}, \boldsymbol{B})$，求对应的最佳状态序列路径 $S^* = (s_1^*, s_2^*, \cdots, s_T^*)$ 的问题。最佳路径问题常用 Viterbi 算法。Viterbi 算法是一种动态规划算法（Dynamic Programming，DP），计算概率最大的路径，这条路径对应一个最优的状态序列。

首先定义最佳状态序列 $S^* = (s_1^*, s_2^*, \cdots, s_t^*)$，$\varphi_t(j)$ 为局部最佳状态序列。定义 $\delta_t(j)$ 为截止到时刻 t，依照状态转移序列 $s_1, s_2, \cdots, s_t$，且 $s_t = s^i$ 时，产生出观测值 $o_1, o_2, \cdots, o_t$ 的最大概率，即

$$\delta_t(i) = \max_{s_1, s_2, \cdots, s_{t-1}} P(s_1, s_2, \cdots, s_t, s_t = s^i \mid \lambda) \tag{4-72}$$

式中，s^i 表示标号为 i 的状态，$1 \leqslant i \leqslant N$。

Viterbi 算法的计算过程如下：

1）初始化

$$\delta_1(i) = \pi_i b_i(o_1),\quad \varphi_1(i) = 0,\quad 1 \leqslant i \leqslant N \tag{4-73}$$

2）递推，$2 \leqslant t \leqslant T$

$$\delta_t(i) = \max_{1 \leqslant j \leqslant N} \delta_{t-1}(j) a_{ji} b_i(o_t) \tag{4-74}$$

$$\varphi_t(i) = \arg\max_{1 \leqslant j \leqslant N} \delta_{t-1}(j) a_{ji} \tag{4-75}$$

3）迭代终止

$$P^* = \max_{1 \leqslant i \leqslant N} \delta_T(i) \tag{4-76}$$

$$s_T^* = \arg\max_{1 \leqslant i \leqslant N} \delta_{T-1}(i) \tag{4-77}$$

4）路径回溯，确定最佳状态序列

$$s_t^* = \varphi_{t+1}(i)(s_{t+1}^*),\ t = T-1, T-2, \cdots, 1 \tag{4-78}$$

4.3.3　HMM 的结构类型

HMM 根据不同的拓扑结构和每个状态输出的概率形式可以分成不同的结构类型，下面简要介绍这些结构类型和应用场景。

1. 按 HMM 的拓扑结构分类

HMM 的拓扑结构主要有自左向右型和全连接型，自左向右型 HMM 结构状态是指按照时间顺序方向，隐状态从左边向右进行转移，也可以停留在自身状态，如图 4-4 所示。

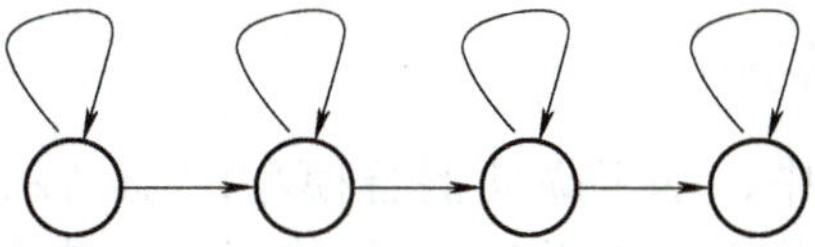

图 4-4　自左向右型 HMM 结构状态

所以自左向右型结构的状态转移矩阵 $\boldsymbol{A}$ 为上三角阵

$$\boldsymbol{A} = \begin{bmatrix} a_{11} & a_{12} & a_{13} & \cdots & a_{1T} \\ 0 & a_{22} & a_{23} & \cdots & a_{2T} \\ 0 & 0 & a_{33} & \cdots & a_{3T} \\ \vdots & \vdots & \vdots & & \vdots \\ 0 & 0 & 0 & \cdots & a_{TT} \end{bmatrix} \tag{4-79}$$

式中，T 表示终止时间，转移矩阵的最后一行，除了最后一个元素外全为零。

自左向右型 HMM 还有不同的变体，比如不同状态之间的跨越联系的结构类型，还可通过两条平行的自左向右 HMM 结构分别对序列数据中慢变成分和快变成分建模。自左向右的 HMM 结构主要用于对依时间变化的序列数据建模，所以常用于语音识别的任务中。

全连接型的 HMM，也称为各态历经 HMM，即允许一个状态可以转移到任何状态，没有时间顺序的要求，因此全连接型的HMM常用于对时间变量不敏感的语音数据建模，如文本无关的说话人识别等。

2. 按HMM的输出概率分类

根据模型输出概率分类，HMM还可以分为离散和连续两种类型。离散HMM的每一个状态输出是按观察字符离散分布的，每一次状态转移时输出的是从字符集中按照离散概率分布选择的。在语音信号处理中，连续语音信号首先按照时间序列分成若干帧，然后提取每帧的特征向量，把按时间序列排列的特征向量进行矢量量化，这样每帧语音的特征向量可以用量化后的码字符号表示。离散HMM的优点是计算简单，易于实现，但误差较大，常用于孤立词的识别。

连续HMM的每个状态的输出是连续值，常用高斯概率密度函数表示。在语音信号处理中，由于每帧语音的特征是多维的，所以连续HMM的输出概率采用多元高斯概率密度函数。又因为语音输出信号的复杂性，单高斯的分布很难描述语音的分布类型，一般采用多个高斯分布加权组合来表示输出的概率密度函数。连续HMM的优点是误差小，能更好描述语音信号的时变特点，可以用于连续语音的识别与合成，缺点是参数量大，当训练数据不充分时，模型的精度降低。

为了利用以上两种HMM结构的优点，弥补各自的缺陷，人们还提出了半连续的HMM类型。半连续HMM的每个状态输出概率分布由若干高斯分布加权组合而成，每个状态的高斯分布函数是共用的，高斯分布的权重与状态有关。半连续HMM既结合了离散HMM前端矢量量化的信息，又采用连续HMM的概率密度函数表征的特点，所以其在取得较好识别效果的同时，计算量大大降低。半连续HMM可用于大规模的连续语音识别任务。

4.3.4 GMM-HMM算法

在语音信号处理的研究中，基于高斯混合模型的隐马尔可夫模型（GMM-HMM）是一种通用的连续HMM结构类型，20世纪80年代后期，李开复在SPHINX系统中采用了GMM-HMM的结构，此后的20年时间里，这种模型框架在语音识别中一直处于主导地位。

GMM-HMM描述的是两个相互依赖的随机过程：一是隐藏的马尔可夫过程；二是可观测的过程，GMM是对状态的观测序列进行的建模。已知HMM的第i个状态产生观测值o_t的概率计算为

$$b_i(o_t)=\sum_{k=1}^{K}c_{ik}N(o_t\mid\mu_{ik},\Sigma_{ik}) \tag{4-80}$$

式中，$N(o_t\mid\mu_{ik},\Sigma_{ik})$为混合高斯分布；$c_{ik}$为每个高斯子分布的权重，$i$为状态标号，$1\leqslant i\leqslant N$，$k$为高斯子分布的标号，$K$为高斯子分布的个数。

GMM-HMM的参数包括状态先验概率、状态转移概率和状态相关的GMM模型参数组成，其中状态转移概率与HMM的计算过程一致，这里只介绍式（4-80）中对应参数的重估公式。GMM-HMM的训练也采用期望最大化算法，计算过程如下：

首先，根据HMM的前向和后向算法，定义统计量计算公式为

$$\gamma_t(j,k)=\left[\frac{\alpha_t(j)\beta_t(i)}{\sum_{j=1}^{N}\alpha_t(j)\beta_t(i)}\right]\left[\frac{c_{jk}N(o_t,\mu_{jk},\Sigma_{jk})}{\sum_{k=1}^{K}c_{jk}N(o_t,\mu_{jk},\Sigma_{jk})}\right] \tag{4-81}$$

其次，GMM–HMM 的参数更新计算为

$$\hat{c}_{jk}=\frac{\sum_{t=1}^{T}\gamma_t(j,k)}{\sum_{k=1}^{K}\sum_{t=1}^{T}\gamma_t(j,k)} \tag{4-82}$$

$$\hat{\mu}_{jk}=\frac{\sum_{t=1}^{T}\gamma_t(j,k)o_t}{\sum_{t=1}^{T}\gamma_t(j,k)} \tag{4-83}$$

$$\hat{\Sigma}_{jk}=\frac{\sum_{t=1}^{T}\gamma_t(j,k)(o_t-\mu_{jk})(o_t-\mu_{jk})^t}{\sum_{t=1}^{T}\gamma_t(j,k)} \tag{4-84}$$

式（4-82）～式（4-84）中，c_{jk} 表示和状态 s_j 关联的观察值被分配到高斯分量 k 的比重；μ_{jk} 和 Σ_{jk} 分别表示估计的高斯分量 k 的均值和方差。

4.3.5　HMM 的自适应算法

在基于 HMM 的语音识别系统中，由于数据采集场景、采集设备和采集方式等因素的影响，训练数据和测试数据在特征空间中分布不同，导致训练好的 HMM 与测试数据不匹配，识别性能下降。因此需要对模型进行自适应训练。HMM 自适应训练方法主要有数据自适应和模型自适应两大类别，其中模型自适应只需要少量测试数据，微调模型的参数，就可以提高模型对测试数据的识别性能，因此被广泛使用。模型插值算法是一种简单的模型自适应方法，计算公式为

$$\hat{\lambda}=\varepsilon\lambda+(1-\varepsilon)\lambda',\ 0\leqslant\varepsilon\leqslant 1 \tag{4-85}$$

式中，λ 和 λ' 表示两个模型参数集；ε 为插值系数，当训练数据足够多时，ε 趋于 1，即原模型 λ 更可靠，否则 ε 趋于 0，选择 λ'。

HMM 模型常用的自适应算法主要有最大后验概率估计（Maximum A Posteriori Estimation，MAP）和最大似然线性回归（Maximum Likelihood Linear Regression，MLLR），下面介绍这两种自适应方法。

1. MAP 自适应

MAP 是基于贝叶斯方法，假设待估计的模型参数为 θ，自适应数据集为 $\boldsymbol{X}$，最大后验概率准则计算为

$$\theta_{MAP} = \underset{\theta}{\operatorname{argmax}}\, p(\theta \mid \boldsymbol{X}) \propto \underset{\theta}{\operatorname{argmax}}\, p(\boldsymbol{X} \mid \theta) p(\theta) \tag{4-86}$$

式中，$p(\theta)$ 表示待适应参数的先验概率。

在 HMM 模型中，每个状态的观测概率常用 GMM 表示，一般需要对 GMM 的均值参数进行自适应训练，计算公式为

$$\hat{\boldsymbol{\mu}}_i = \frac{\sum_{t=1}^{T} \gamma_t(i) x_t + \tau_i \boldsymbol{\mu}_i}{\sum_{t=1}^{T} \gamma_t(i) + \tau_i} \tag{4-87}$$

式中，$\hat{\boldsymbol{\mu}}_i$ 为自适应后的第 i 个高斯子分布的均值向量；$\boldsymbol{\mu}_i$ 表示对应已训练模型的均值向量；τ_i 表示对应的自适应系数；$\gamma_t(i)$ 表示 t 时刻第 i 个高斯子分布的统计量。式（4-87）还可以简化成模型参数插值的形式：

$$\hat{\boldsymbol{\mu}}_i = \beta \boldsymbol{\mu}_i' + (1-\beta) \boldsymbol{\mu}_i \tag{4-88}$$

式中，$\boldsymbol{\mu}_i'$ 为自适应数据对应的均值向量；β 为自适应系数，取值在 0 到 1 之间。β 的值越大，适应后的均值向量越接近自适应数据计算得到的均值向量，否则反之。MAP 需要较多的自适应数据，当数据不断增加时，MAP 估计逐渐收敛为 ML 估计。

2.MLLR 自适应

MLLR 自适应方法是一种变换的自适应方法。变换自适应方法假设自适应后模型的参数与原模型参数之间存在函数关系，通过自适应数据估计函数的参数，即可对原模型参数进行自适应。MLLR 的主要思想是在最大似然准则的基础上估计线性回归模型的参数，进而进行自适应参数估计，见式（4-89）

$$\hat{\boldsymbol{\mu}} = \boldsymbol{A}\boldsymbol{\mu} + \boldsymbol{b} = \boldsymbol{W}\boldsymbol{\eta} \tag{4-89}$$

式中，$\boldsymbol{W} = [\boldsymbol{b}, \boldsymbol{A}]$ 为待估计的线性回归函数权向量系数；$\boldsymbol{\eta} = [1, \boldsymbol{\mu}^{\mathrm{T}}]^{\mathrm{T}}$ 为增广的均值向量。

与 MAP 自适应方法相比，MLLR 的优点是只需要少量的数据即可对模型进行自适应计算，获得线性变换矩阵 $\boldsymbol{W}$。

4.4 支持向量机

支持向量机（Support Vector Machine，SVM）是 20 世纪 90 年代逐渐成熟的机器学习方法，其本质是寻找在特征空间间隔最大的线性或非线性分类器。SVM 根植于结构风险最小化理论面向小样本数据的建模分类，能够有效克服模式识别和机器学习研究中的维数灾难和过学习等问题。深度神经网络出现以前，SVM 模型是说话人识别和语音识别任务的核心技术之一，此外 SVM 还常用于小样本量的特定语音识别任务。下面简要介绍 SVM 的基本原理和主要类型。

4.4.1 SVM 的基本原理

SVM 的理论来源可由线性可分的两类分类问题推导出来。假设存在两类线性可分数据，学习一个分类超平面把两类样本分开，对应的判别函数可以表示为

$$f(x)=\boldsymbol{w}^{\mathrm{T}}\cdot\boldsymbol{x}+b \tag{4-90}$$

式中，$\boldsymbol{w}$ 为超平面的权向量；标量 b 为偏差。$f(x)=0$ 就是学习到的超平面表达式，超平面两边分别表示不同类别。设 $f(x)>0$ 时 $\boldsymbol{x}$ 属于 +1 类，则 $f(x)<0$ 时 $\boldsymbol{x}$ 属于 −1 类。

以上所求的超平面不是唯一的，如果要求唯一的最优分类超平面，可以把两类样本分开，还要使分类间隔最大，即平行于最优分类超平面的两类边界之间的距离最大。计算任意一点 $\boldsymbol{x}$ 到超平面的距离可表示为

$$d=\frac{\left|\boldsymbol{w}^{\mathrm{T}}\cdot\boldsymbol{x}+b\right|}{\|\boldsymbol{w}\|}=\frac{y(\boldsymbol{w}^{\mathrm{T}}\cdot\boldsymbol{x}+b)}{\|\boldsymbol{w}\|} \tag{4-91}$$

式中，y 表示类别标号，$\boldsymbol{x}$ 属于 +1 类时，$y=+1$，$\boldsymbol{x}$ 属于 −1 类时，$y=-1$；$\|\cdot\|$ 表示 L_2 范数。设对于所有 $\boldsymbol{x}$ 都有 $y(\boldsymbol{w}^{\mathrm{T}}\cdot\boldsymbol{x}+b)\geqslant 1$，其中 $y(\boldsymbol{w}^{\mathrm{T}}\cdot\boldsymbol{x}+b)=1$ 表示 $\boldsymbol{x}$ 落在两类边界上，可以推出两类边界之间的距离，即两类分类间隔为 $2/\|\boldsymbol{w}\|$，通过最大化分类间隔可以学习到最优分类超平面。由于变量在分母上，为了进一步优化计算，整理后可得下面的优化目标函数

$$\min_{w,b}\frac{1}{2}\|w\|^2 \tag{4-92}$$

$$\text{s.t.}\ \ y_i(w\cdot x_i+b)\geqslant 1,\ \ i=1,2,\cdots,\ N$$

式（4-92）为带不等式约束条件的凸二次规划问题。

4.4.2 对偶优化

为了更容易求解 SVM 的原始优化问题式（4-92），一般通过求解该问题的对偶问题，利用 Lagrange 乘子法把上述优化问题转化为其对偶问题。

构建 Lagrange 函数，对上边的不等式约束的优化问题引入 Lagrange 乘子 $\alpha_i\geqslant 0$，$i=1,2,\cdots,N$，从而对应的 Lagrange 函数可写成

$$L(w,b,\alpha)=\frac{1}{2}\|w\|^2-\sum_{i=1}^{N}\alpha_i y_i(w\cdot x_i+b)+\sum_{i=1}^{N}\alpha_i \tag{4-93}$$

式中，$\alpha=(\alpha_1,\alpha_2,\cdots,\alpha_N)^{\mathrm{T}}$ 为 Lagrange 乘子向量。对上式整理后可以得到等价的对偶最优化问题

$$\min_{\alpha}\frac{1}{2}\sum_{i=1}^{N}\sum_{j=1}^{N}\alpha_i\alpha_j y_i y_j(x_i x_j)-\sum_{i=1}^{N}\alpha_i \tag{4-94}$$

$$\text{s.t.}\sum_{i=1}^{N}\alpha_i y_i = 0$$

$$\alpha_i \geqslant 0, i = 1,2,\cdots N$$

求解上述优化问题 $\alpha_i > 0$ 对应的 x_i 为支持向量（Support Vector，SV）。在实际问题中，只需要少量支持向量样本就可以构成最优分类器。

在实际的应用过程中，训练样本不能用直线完全正确划分，不是所有的训练样本都能满足约束条件 $y_i(w \bullet x_i + b) \geqslant 1$。这种情况下，需要对每个训练样本引入松弛变量因子 $\xi_i \geqslant 0$，约束条件变为

$$y_i(w \bullet x_i + b) + \xi_i \geqslant 1 \tag{4-95}$$

线性不可分的线性支持向量机的原问题表示为

$$\min_{w,b,\xi}\frac{1}{2}\|w\|^2 + C\sum_{i=1}^{N}\xi_i \tag{4-96}$$

$$\text{s.t.}\, y_i(w \bullet x_i + b), \geqslant 1 - \xi_i, i = 1,2,\cdots,N$$

$$\xi_i \geqslant 0, i = 1,2,\cdots,N$$

式中，惩罚参数 C 是一个超参数，C 越大表示对错误分类的惩罚越大。以上问题的对偶问题可表示为

$$\min_{\alpha}\frac{1}{2}\sum_{i=1}^{N}\sum_{j=1}^{N}\alpha_i\alpha_j y_i y_j(x_i \bullet x_j) - \sum_{i=1}^{N}\alpha_i \tag{4-97}$$

$$\text{s.t.}\sum_{i=1}^{N}\alpha_i y_i = 0$$

$$0 \leqslant \alpha_i \leqslant C, i = 1,2,\cdots,N$$

4.4.3 非线性 SVM

对于非线性可分的问题，通过引入非线性映射 $\phi(x): R^d \to \mathcal{H}$ 将原始特征空间中的向量 x_i 映射为高维特征空间中的向量 $\phi(x_i)$，然后在新空间中求最优分类超平面。非线性变换 $\phi(x)$ 一般比较复杂，定义一个核函数

$$K(x_i, x_j) = \phi(x_i) \bullet \phi(x_j) \tag{4-98}$$

通过原始空间的函数来实现高维特征空间的点积，而不需要显式定义映射函数。常用的核函数有：

1. 线性核函数

$$K(x,z)=x\bullet z+c \tag{4-99}$$

2. 多项式核函数

$$K(x,z)=(x\bullet z+1)^p \tag{4-100}$$

3. 高斯核函数

$$K(x,z)=\exp\left(-\frac{\|x-z\|^2}{2\sigma^2}\right) \tag{4-101}$$

经过映射后支持向量求解问题的原问题表示为

$$\min_{w,b,\xi}\frac{1}{2}\|w\|^2+C\sum_{i=1}^{N}\xi_i \tag{4-102}$$

$$\text{s.t.}\ y_i(w\bullet\phi(x_i)+b)\geqslant 1-\xi_i,i=1,2,\cdots,N$$

$$\xi_i\geqslant 0,i=1,2,\cdots,N$$

引入核函数$K(x_i,x_j)$，原问题的对偶最优化问题表示为

$$\min_{\alpha}\frac{1}{2}\sum_{i=1}^{N}\sum_{j=1}^{N}\alpha_i\alpha_j y_i y_j K(x_i\bullet x_j)-\sum_{i=1}^{N}\alpha_i \tag{4-103}$$

$$\text{s.t.}\ \sum_{i=1}^{N}\alpha_i y_i=0$$

$$0\leqslant\alpha_i\leqslant C,i=1,2,\cdots,N$$

对应的决策函数表示为

$$f(x)=\text{sgn}\left(\sum_{i=1}^{N}\alpha_i^* y_i K(x_i,x)+b^*\right) \tag{4-104}$$

4.4.4　支持向量回归

SVM 本身用于分类任务，但是其最大间隔思想同样可以用于回归任务，这种用于回归任务的 SVM 模型又称为支持向量回归（Support Vector Regression，SVR）。在回归任务中，训练数据的标签不再是离散的类别，而是连续的实数值，为了得到决策函数的系数表示，引入ε不敏感损失函数

$$|y-f(x)|_\varepsilon=\max\{0,|y-f(x)|-\varepsilon\} \tag{4-105}$$

式中，$f(x)$是回归函数；$\varepsilon \geqslant 0$。由于ε一般设置较小，所以式（4-105）的值往往不为零。因此SVR优化问题可以表示为

$$\min_{w,b} 1/2\|w\|^2 + C\sum_{i=1}^{N}|y_i - f(x_i)|_{\varepsilon} \tag{4-106}$$

式中，非负参数C反映了函数复杂性与经验损失之间的折中。SVR的学习过程与SVM类似，而且使用核函数也可以将线性的SVR推广到非线性的回归任务中。SVR具有较好的回归和预测性能，在语音信号处理中有一定的应用研究价值。

4.5 神经网络

神经网络（Neural Network，NN）或人工神经网络（Artificial Neural Network，ANN）是受生物神经网络启发而发明的神经元连接组成的网络状机器学习模型。NN具有非线性、自适应和易于实现等特点，对于复杂数据的建模有一定的优势。20世纪80年代，随着反向传播算法的提出，NN广泛应用于语音识别、说话人识别、语音编码和语音增强等领域。下面简要介绍NN的基本概念、学习方法和过拟合问题。

4.5.1 NN的基本概念

神经网络是一种模拟人脑结构的机器学习模型，人脑中神经元是最基本的信息处理单元。1943年，McCulloch和Pitts根据生物神经元的结构首次提出了M–P神经元模型，开创了NN研究先河，M–P见式（4-107）

$$y = f(\boldsymbol{w}^{\mathrm{T}}\boldsymbol{x} + b) \tag{4-107}$$

式中，$\boldsymbol{x}$为神经元的输入向量；$\boldsymbol{w}$为权向量；b是偏置；$f(\cdot)$是阶跃激活函数，输出的结果为正负号形式。由于结构简单，权重系数通过人工设定而不是学习获得，M–P神经元模型只能用于简单的逻辑计算任务。

1958年Rosenblatt提出了感知器模型，这种模型可以利用Hebb学习规则，通过迭代的方式自动调整网络参数。感知器模型的提出在神经网络历史上具有里程碑意义，标志着真正意义上神经网络模型的出现，掀起了第一次神经网络研究热潮。感知器由输入层和输出层构成，两层之间连接权重可学习改变，这类网络也称为单层神经网络。感知器本质上仍是线性模型，而且网络的容量有限，无法解决非线性分类问题，因此受到一些主流专家的批判，NN研究进入了第一次低谷时期。

4.5.2 多层感知器

20世纪80年代，随着多层感知器（Multi–Layer Perceptron，MLP）模型和误差反向传播算法（Back Propagation，BP）的提出，神经网络进入了第二次研究热潮时期。MLP的结构由输入层、输出层和隐含层构成，见图4-5。

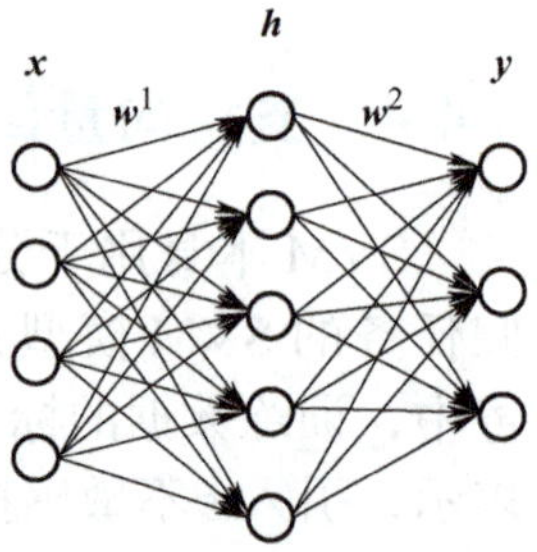

图4-5　多层感知器的结构

MLP 输入层和隐含层、隐含层和输出层之间关系为

$$\boldsymbol{h} = f((\boldsymbol{w}^1)^{\mathrm{T}}\boldsymbol{x} + b) \tag{4-108}$$

$$\boldsymbol{y} = f((\boldsymbol{w}^2)^{\mathrm{T}}\boldsymbol{h} + b) \tag{4-109}$$

式（4-108）～式（4-109）中，$\boldsymbol{w}$ 为连接权向量；$\boldsymbol{x}$ 为输入节点；$\boldsymbol{h}$ 为隐含层节点；$\boldsymbol{y}$ 为输出节点；$f(\cdot)$ 为非线性激活函数。常用的激活函数有 Sigmoid 函数、Tanh 函数和修正线性单元（Rectified Linear Unit，ReLU）函数，具体见下式：

$$\text{Sigmoid 函数：}\ \sigma(x) = \frac{1}{1+\exp(-x)} \tag{4-110}$$

$$\text{Tanh 函数：}\ \tanh(x) = \frac{\exp(x)-\exp(-x)}{\exp(x)+\exp(-x)} \tag{4-111}$$

$$\text{ReLU 函数：}\ \mathrm{ReLU}(x) = \max(0, x) \tag{4-112}$$

式（4-110）和式（4-111）中的函数都是 S 形曲线函数，二者值域范围不同，式（4-112）函数计算简单，具有单侧抑制的特性，一定程度上缓解梯度消失问题，但易出现偏置偏移，影响网络梯度下降。

MLP 具有较好的函数逼近特性，常用于非线性模式识别。20 世纪 90 年代，MLP 与 HMM 结合用于语音识别的任务，其中 MLP 的输出节点可以表示语音音素或子音素状态，后端利用 HMM 表示状态转移。但是由于训练数据稀少，结构简单，MLP 还无法表征复杂语音信号的上下文相关特征，所以无法取代当时主流的 GMM-HMM 模型。

4.5.3　误差反向传播算法

1986 年，Rumelhart 等人提出误差反向传播算法（Back Propagation，BP），这是一种基于梯度下降的网络学习方法，可以推广到其他类型 NN 的学习，截至目前深度神经网络仍然采用 BP 算法来训练模型。

下面以模式识别任务为例，介绍 MLP 的 BP 算法计算过程。假设有一组训练数据集 $\{\boldsymbol{x}_i, \boldsymbol{l}_i, 1 \leqslant i \leqslant N\}$，$\boldsymbol{x}_i$ 为输入的训练数据，$\boldsymbol{l}_i$ 为对应的类别标号，N 为数据个数，根据图 4-5，实际网络的输出为 $\boldsymbol{y}$，BP 计算过程如下：

1. 初始化网络参数

设置 MLP 各层网络节点个数、网络迭代训练次数或误差阈值，选择合适的激活函数，然后随机初始化网络权重参数 $\boldsymbol{w}$ 和偏置 b。

2. 计算输出误差

构造最小均方误差损失函数为

$$J(\boldsymbol{w}) = \frac{1}{2}\|\boldsymbol{y} - \boldsymbol{l}\|^2 \tag{4-113}$$

式中，y为网络的实际输出；l为网络的目标输出。输入训练数据x，沿 MLP 箭头方向输出y，根据式（4-113）计算y与l的误差损失函数值。如果误差小于阈值，停止训练；否则继续进行下一步计算。

3. 更新网络参数

反向更新网络参数，具体为

$$w_{t+1} = w_t + \eta \Delta w \tag{4-114}$$

式中，η为学习率；Δw计算为

$$\Delta w = -\frac{\partial J(w)}{\partial w} \tag{4-115}$$

式中，由于$J(w)$是关于w的复合函数，通过链式法则求偏导。式（4-115）结果代入（4-114），即可计算t+1 时刻更新后的权向量w_{t+1}。同理，根据这种方法更新网络偏置b。

4. 停止计算

迭代计算（2）～（3）步，当网络输出误差小于设定阈值，或迭代次数超过设定最大次数时，计算停止，输出此时的w和b为网络最优参数。

4.5.4　NN 的过拟合问题

由于 NN 模型具有较强的函数拟合能力，其在训练数据上错误率降到极低，从而导致过拟合，所以如何提高泛化能力是提高 NN 应用的关键，下面介绍 MLP 中常用的避免过拟合的方法，这些方法也可以推广到其他类型的 NN。

1. l_1范数和l_2范数正则化

l_1范数和l_2范数正则化是 MLP 训练常用的避免过拟合方法。通过在 NN 的误差损失函数中增加l_2范数正则项，可以约束网络权重参数的动态范围，有效缓解网络对噪声的过拟合现象，而增加l_2范数还可以令 NN 学习到稀疏的参数。有时还会同时使用l_1范数和l_2范数正则项，如弹性网络正则化算法。

2. 提前停止

提前停止（Early Stopping）是另一个避免 NN 过拟合的正则化方法。NN 网络具有较强的函数拟合能力，在训练集上，随着迭代次数增加，NN 训练误差曲线不断降低，但是在验证集（Validation Set）上，NN 的误差曲线先是随着迭代次数降低，但到达一定迭代次数后，误差曲线反而升高，这种现象就是过拟合。为了避免 NN 训练阶段的过拟合问题，一种有效的方法就是当 NN 在验证集上误差曲线到达升高拐点时，提前停止训练。

3. 丢弃法

丢弃法（Dropout Method）是 NN 训练中常用的避免过拟合的方法。Dropout 的基本思想是在 NN 训练阶段随机丢弃部分神经元避免过拟合，每次丢弃的神经元是随机选择的。

4.6 深度神经网络

4.6.1 浅层网络到深层网络

2006 年，Hinton 通过预训练方法解决了神经网络局部最优解问题，将神经网络的隐含层提高到 7 层，并证明这种深层的神经网络具有强大的数据表征能力，神经网络进入“深层”时代。此后，人们提出各种不同拓扑结构的深度神经网络和对应的学习方法，掀起了第三次神经网络研究热潮。

与浅层神经网络相比，深层神经网络（Deep Neural Networks，DNN）具有以下优势：强大的函数近似能力；明确的层次性学习能力，深层神经网络的底层节点提取样本的原始特征，而深层节点可以抽象出样本的语义信息和不变特征；无监督的特征表征能力，提高神经网络的应用场景。海量参数的出现推动深层神经网络从量变到质变的发展。

4.6.2 DNN 的训练

深度神经网络的概念早在 20 世纪 80 年代已出现，但是由于计算机硬件算力和数据限制，尤其是学习方法的局限，人们无法训练更多隐含层的 NN 模型。2006 年 Hinton 等提出了预训练 + 精调训练的 DNN 学习策略，具体如图 4-6 所示。

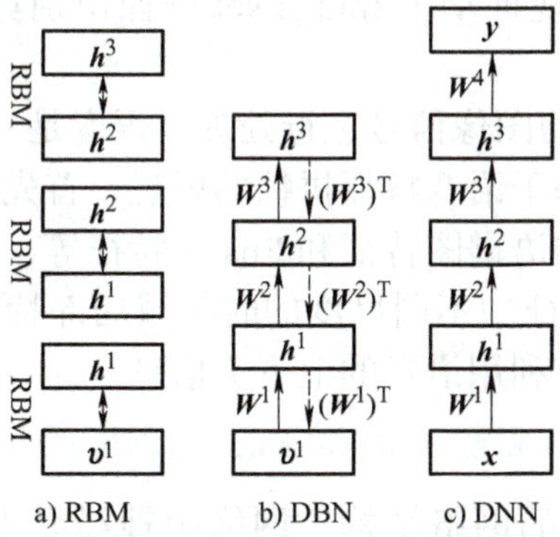

图 4-6 预训练 + 精调训练的 DNN 学习策略

首先，逐层预训练若干受限玻尔兹曼机（Restricted Boltzmann Machine，RBM），见图 4-6a，前一个 RBM 的隐含层作为下一个 RBM 的输入层，这种预训练方法可以产生较好的参数初始值，大大降低模型训练的复杂度。然后，把预训练后的 RBM 堆叠在一起，这样构成深度信念网络（Deep Belief Network，DBN），见图 4-6b。DBN 是一个生成模型，通过最隐含层可以生成可视层的样本。最后，在深度网络的最顶隐含层增加输出层，利用随机 BP 算法对网络的参数进行调优就可以得到 DNN，见图 4-6c。这种 DNN 的学习方法避免了陷入局部最优和训练时间长的缺点，加快模型的收敛速度。

DNN 的出现推动了语音信号处理进入高速发展阶段。发展初期，通过与 HMM 结合，产生了 DNN–HMM 的混合结构模型，在大词汇量连续语音的识别任务中比经典的 GMM–HMM 获得了 20% 以上的性能提升，体现了 DNN 在深层特征表征和上下文相关性建模方面远超 GMM。之后，人们在此基础上又进一步发展了端到端的语音识别模型，语音识别全面进入深度神经网络时代。此外，DNN 还在语音合成、语音增强和说话人识别等领域获得了巨大成功，语音信号处理开启了全新的局面。

4.6.3 常用的 DNN 模型

DNN 在语音识别和图像识别等领域取得突破性进展，掀起了新一轮的神经网络研究热潮。人们通过对经典神经网络结构的深度化研究，提出了各种新的深度神经网络模型，进一步推动了 DNN 在各领域技术的应用和发展，下面介绍几种常用的深度神经网络结构模型。

1. 卷积神经网络（Convolution Neural Network，CNN）

CNN 是受生物视觉上的感受野机制的启发而提出的。在视觉系统中，视网膜上的光感受器受刺激兴奋时，将神经冲动信号传到视觉皮层，但只有特定区域的刺激才能激活神经元。从结构上，CNN 是由卷积层、池化层和全连接层交叉堆叠而成；从性能上，CNN 具有局部连接、权重共享和平移不变性等特点。

早在 20 世纪 90 年代，CNN 模型已出现并推动了计算视觉和图像识别技术的发展，LeNet-5 是最早的成功应用于手写体数字识别的 CNN 结构。深度神经网络时代，人们开始对经典的 CNN 网络进行深度化研究。2012 年出现的 AlexNet 是第一个现代深度卷积网络模型，该网络在当年的 ImageNet 图像分类竞赛中取得冠军。此后 GoogLeNet、VGG 和 ResNet 等卷积网络结构的出现推动了 ImageNet 图像识别竞赛的快速发展。CNN 的原理如图 4-7 所示。

CNN 网络主要面向二维的图像信号进行处理，语音是一维信号，直接用 CNN 处理有些困难，常用的解决方案是基于语音特征拼帧的思想，首先把每帧语音特征按时间顺序拼接在一起构成二维特征，比如语谱图特征和 Fbank 特征等，然后借鉴图像处理的方法，利用 CNN 网络提取语音二维特征中不同尺度的时频域局部特征，提高时频域的细节信息对语音处理的作用，同时还可以利用语音的上下文信息。

2. 循环神经网络（Recurrent Neural Network，RNN）

RNN 是一种带记忆能力的网络结构，网络中神经元不仅可以获取前一层神经元传递的信息，而且还可以获取自身延时信息。RNN 常用于序列数据的建模。按时间展开的 RNN 结构见图 4-8。

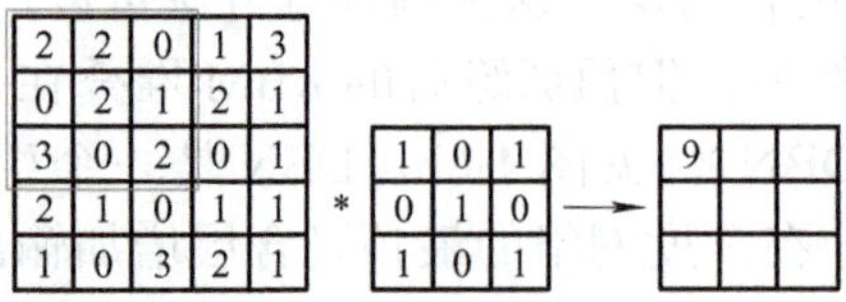

图 4-7 CNN 原理

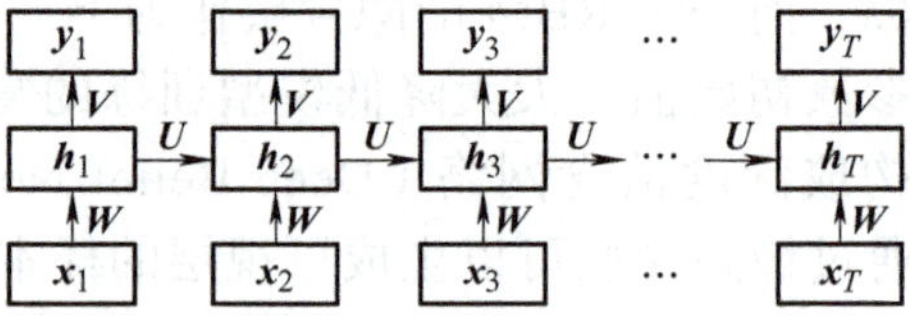

图 4-8 按时间展开的 RNN 结构

图中各隐含层节点 $\boldsymbol{h}_t$ 和 $\boldsymbol{y}_t$ 计算见式（4-116）和式（4-117）

$$\boldsymbol{h}_t = f(\mathbf{W}\boldsymbol{x}_t + b + \boldsymbol{U}\boldsymbol{h}_{t-1}), t = 1, 2, \cdots, T \tag{4-116}$$

$$\boldsymbol{y}_t = f(\mathbf{V}\boldsymbol{h}_t + c) \tag{4-117}$$

式中，$f(\cdot)$为非线性激活函数；$\boldsymbol{x}_t$、$\boldsymbol{y}_t$和$\boldsymbol{h}_t$分别表示在t时刻网络的输入、输出和隐含层的节点；$\boldsymbol{W}$、$\boldsymbol{V}$和$\boldsymbol{U}$表示网络的权重；b和c表示相应的偏置。增加中间隐含层的数量，就可以搭建深层的 RNN 网络。RNN 常用于序列到类别、序列到序列的建模和识别任务。

RNN 的参数也是通过 BP 算法来学习的，考虑序列数据的特点，常用随时间反向传播（Back-Propagation Through Time，BPTT）算法。当输入的序列较长时，BPTT 算法会出现梯度消失和梯度爆炸问题，这也是长程依赖问题。为了解决这个问题，人们提出在多个时间尺度上工作的模型，其中最有效的方法就是引入门控机制（Gating Mechanism）控制信息的累计速度，常用的门控 RNN 网络有：长短时记忆网络（Long Short-Term Memory Network，LSTM）和门控循环单元网络（Gated Recurrent Unit Network，GRU）。LSTM 通过增加输入门、遗忘门和输出门控制信息传播路径，保留有效信息的同时过滤非重要信息。GRU 网络是在 LSTM 基础上的改进，合并输入门与遗忘门为更新门，提高计算效率，节省模型训练时间，在训练数据有限的情况下，GRU 的性能更优。

虽然 RNN 网络按时间展开的拓扑结构足够长，但输入层和输出层之间只有一个隐含层，所以从这个角度来看，经典的 RNN 还属于浅层网络。为了提升 RNN 对序列深层信息的表征能力，可以通过增加 RNN 的隐含层数构造深度 RNN 网络。还有一些序列数据上下文信息具有一定的相关性，可以在前向传播的 RNN 结构中增加一个逆时间方向传播的网络层，这就是双向 RNN，其也是一种深度 RNN 网络。

因为 RNN 较适合用于语音信号的建模和处理，且语音信号是时间序列数据，因此 RNN 广泛用于语音识别、语音合成和说话人识别等任务。

3. 时延神经网络（Time-Delay Neural Networks，TDNN）

TDNN 是面向序列数据的模型，其主要特点是可以针对动态时域特征进行建模，网络隐含层的节点不仅与当前时刻的输入有关，而且还与过去时刻和未来时刻的输入有关，这样 TDNN 具有丰富的上下文信息，而非全连接的特点还进一步降低了模型的复杂度。TDNN 原理示意如图 4-9 所示。

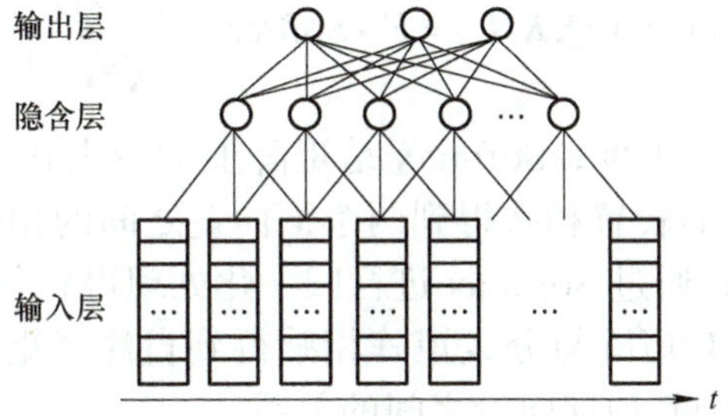

图 4-9 TDNN 原理示意

从图 4-9 可以看出，TDNN 本质上是一维的卷积网络，通过滑动卷积窗口提取上下文相关信息，捕捉序列数据的动态时域特征，而且对网络节点降采样处理，减少模型参数同时进一步提升了网络的训练效率。早在 1989 年，Alexander Waibel 等人提出用两个隐含层的 TDNN 进行音素识别，其性能较 HMM 优越。此后人们通过增加 TDNN 隐含层数提高其对序列数据的表征能力，并把 TDNN 用于语音识别、关键词识别、语音唤醒和语音合成等任务。

4.6.4 Transformer的基本概念

RNN常用于序列数据的建模，但是RNN面临的最大问题是长程依赖问题，即模型对长序列记忆能力不足。为了解决这个问题，自然语言处理领域最早提出了注意力机制的思想。以机器翻译为例，当利用模型生成目标语言的单词时，不仅要考虑前一时刻状态和已经生成的单词之间的关系，还要考虑当前生成的目标语言单词和源语言句子中哪些词更相关，这种方法就叫注意力机制（Attention Mechanism）。注意力计算公式为

$$\hat{\alpha}_n = \mathrm{att}(x_n, q), n = 1, 2, \cdots, N \tag{4-118}$$

式中，att(•)为注意力计算函数，常用的函数有加性函数、点积函数和缩放点积函数等；x_n为输入向量；q为查询向量。然后通过Softmax函数对每个输入时刻的注意力$\hat{\boldsymbol{\alpha}}_n$打分进行归一化，如下

$$\boldsymbol{\alpha}_n = \mathrm{Softmax}(\hat{\boldsymbol{\alpha}}_n) = \frac{\exp(\hat{\boldsymbol{\alpha}}_n)}{\sum_{j=1}^{N}\exp(\hat{\boldsymbol{\alpha}}_n)} \tag{4-119}$$

当关注序列的某一时刻的状态时，可以通过该状态与其他时刻状态之间的相关性（注意力）来计算，这就是所谓的自注意机制（Self-Attention Mechanism）。首先对输入的向量矩阵分解，具体计算为

$$\boldsymbol{Q} = \boldsymbol{W}^{Q}\boldsymbol{X}, \boldsymbol{K} = \boldsymbol{W}^{K}\boldsymbol{X}, \boldsymbol{V} = \boldsymbol{W}^{V}\boldsymbol{X} \tag{4-120}$$

式中，$\boldsymbol{X}$为输入向量矩阵，矩阵的每一行表示一个词嵌入向量，整个矩阵表示一个句子；创建三个权重矩阵$\boldsymbol{W}^{Q}$、$\boldsymbol{W}^{K}$和$\boldsymbol{W}^{V}$，$\boldsymbol{X}$分别乘以这些权重矩阵可以依次得到查询矩阵$\boldsymbol{Q}$、键矩阵$\boldsymbol{K}$和值矩阵$\boldsymbol{V}$。

自注意机制的计算公式为

$$\mathrm{attend}(\boldsymbol{Q}, \boldsymbol{K}, \boldsymbol{V}) = \boldsymbol{V} \cdot \mathrm{Softmax}\left(\frac{\boldsymbol{K}^{\mathrm{T}} \cdot \boldsymbol{Q}}{\sqrt{d_k}}\right) \tag{4-121}$$

式中，d_k是查询和键向量的维度；Softmax是矩阵上的最大化函数。式（4-121）中，通过查询矩阵$\boldsymbol{Q}$和键矩阵$\boldsymbol{K}$的转置相乘得到两个词向量之间的相似度；除以向量维度d_k的平方根来获得稳定的梯度；通过Softmax进行归一化处理得到分数矩阵，矩阵中每个元素在0到1的范围内；最后$\boldsymbol{V}$矩阵与分数矩阵相乘得到自注意矩阵。自注意矩阵反映了输入$\boldsymbol{X}$中每个词向量与句子中其他词向量之间的关系。

2017年Transformer架构被提出，其采用自注意（Self-Attention）进行序列到序列的学习，摒弃了循环机制，并首先在自然语言处理任务中取得巨大成功。Transformer架构包括编码器和解码器，每个模块都是由若干层堆叠而成，原始Transformer包括6个编码层和6个解码层，如图4-10所示。

Transformer是多头注意力，在多个表示向量上并行计算，计算公式如式（4-121）所示。Transformer多头注意力中，先通过线性变换将表示向量从所在的空间投影到不同的子空间，在不同子空间分别进行注意力计算，然后将计算结果进行拼接，最后再进行线性

变换，输出向量的维度与原始的表示向量维度相同。多头注意机制可以从不同侧面对单词序列进行表示。Transformer 一经提出就在机器翻译等任务中取得突破进展，成为自然语言处理的主要模型架构。语音也是序列数据，研究人员利用 Transformer 序列到序列建模的优点，开发了端到端的语音识别系统，取得了明显的改进，并把 Transformer 推广到其他语音信号处理任务中。

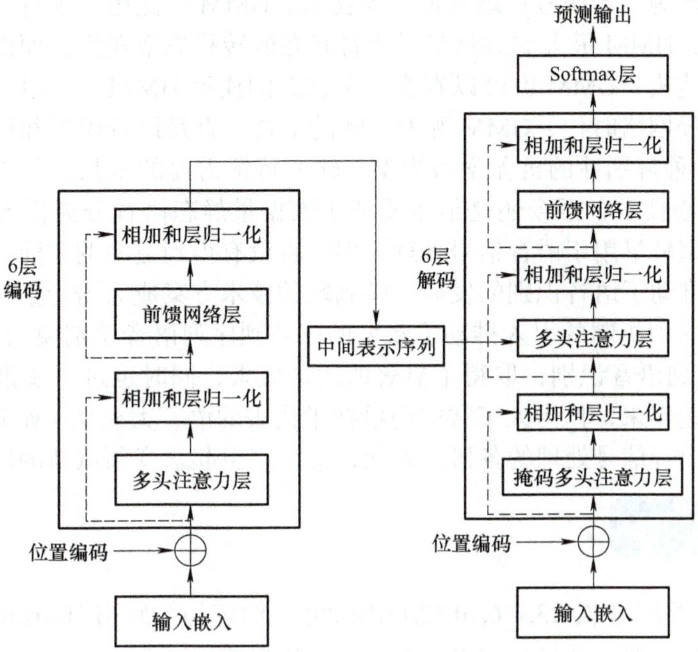

图 4-10　Transformer 架构

4.6.5　BERT 模型和 GPT 模型

Transformer 模型具有高度同质化和大规模拓展的优秀特性，同质化使其通过一个模型来执行各种不同的任务；大规模拓展能力提高其在超大规模参数模型上的学习能力。因此 Transformer 的模型可以用来作为预训练模型（Pre-Training Model，PTM），目前常用的预训练模型主要有 BERT 模型和 GPT 模型。下面简要介绍二者特点。

BERT 是 Birdirectional Encoder Representations from Transformers 的缩写，意为多 Transformer 的双向编码器的表示法。BERT 模型是基于 Transformer 的编码器，是双向的语言模型。BERT 预训练的目标是建立掩码的语言模型，通过大规模语料在基于去噪自编码器的基础上估计模型的参数，最终预测出序列中被掩码的单词。学习和预测都是非自回归过程（Non-Autoregressive Process，NAP）。

GPT（Generative Pre-Training）为生成式预训练模型，2018 年由 OpenAI 公司提出用于提升自然语言理解任务。GPT 模型是基于 Transformer 的解码器，是单向的语言模型。GPT 预训练就是语言模型化，使用大规模语料基于序列概率估计的方法进行模型参数估计。学习的目标是预测出给定单词序列中的每一个单词。学习和预测都是自回归过程（Autoregressive Process，AP）。

本章小结

本章介绍了语音信号处理中常用的建模方法，为后面具体的研究方向做一个铺垫。在语音信号处理早期建模方法中，VQ 作为一种信号压缩方法，主要用于语音编码，另一方面 VQ 也可以作为模板匹配方法广泛用于语音识别、说话人识别和语音合成等任务。在统计建模阶段，作为语音信号处理领域主流技术，HMM 广泛用于语音识别、语音合成和语音编码等任务，HMM 最大的贡献是对语音状态的转移概率建模，而语音状态的观测值概率采用 GMM 建模，GMM 也可以看作一个状态的模型 HMM，常用于说话人识别等任务。在前深度神经网络时代，GMM 和 HMM 的结合一直是语音识别和语音合成的最核心技术。SVM 是一种辨别性的机器学习模型，输入特征需要的维数，与 GMM 结合后成为说话人识别的核心技术，至今还是最重要的小数据量静态语音分类任务的后端分类器模型。神经网络模型较早用于语音信号处理，但一直没有得到更多的关注，深度神经网络技术的出现极大地推动了语音识别的发展，端到端的技术方案成为语音信号处理领域关注的重点。此后，注意力机制的引入推动了新型的序列到序列语音识别模型，引起极大关注。Transformer 应用到语音识别，取得了显著的改进效果，同时也进一步推广到语音信号处理的其他方向。近年来，作为人工智能前沿技术代表的语言大模型（如 BERT 和 GPT 等）也被逐渐引入了语音信号处理的各研究方向，最终将引起语音领域新的巨大发展。

思考题与习题

4-1 已知一维信源 $\{1,2,3,4,6,10,12,13,16,20\}$，给定初始码书 $\{14,6,10\}$，使用 LBG 算法设计一维矢量量化器，求最佳码书，并计算平均失真。

4-2 推导 GMM 参数估计的 EM 算法。

4-3 给定盒子和球组成的 HMM，$\boldsymbol{\lambda}=(\boldsymbol{A},\boldsymbol{B},\boldsymbol{\pi})$，其中

$$\boldsymbol{A}=\begin{bmatrix}0.5 & 0.2 & 0.3\\ 0.3 & 0.5 & 0.2\\ 0.2 & 0.3 & 0.5\end{bmatrix},\quad \boldsymbol{B}=\begin{bmatrix}0.5 & 0.5\\ 0.4 & 0.6\\ 0.7 & 0.3\end{bmatrix},\quad \boldsymbol{\pi}=[0.2,0.4,0.4]^{\mathrm{T}}$$

若 $T=3$，$\boldsymbol{O}$={ 红，白，红 }

1）用前向算法计算 $P(\boldsymbol{O}|\lambda)$

2）用 Viterbi 算法计算最佳路径

4-4 已知线性可分的超平面方程为 $\boldsymbol{w}^{\mathrm{T}}\boldsymbol{x}+\boldsymbol{b}=\boldsymbol{0}$，若对于训练样本集 $(\boldsymbol{x}_i,\boldsymbol{y}_i)\in D$，存在 $\boldsymbol{y}_i(\boldsymbol{x}_i+\boldsymbol{b})\geqslant 1$，其中使等号成立的样本点为支持向量，证明：两个异类的支持向量到超平面的距离之和为 $\gamma=\dfrac{2}{\|\boldsymbol{w}\|}$。

4-5 已知训练正例样本 $x_1=(1,2)^{\mathrm{T}},x_2=(2,3)^{\mathrm{T}},x_3=(3,3)^{\mathrm{T}}$，负例样本 $x_4=(2,1)^{\mathrm{T}}$，$x_5=(3,2)^{\mathrm{T}}$，试求最大间隔分类超平面和分类决策函数。

4-6 画出一个隐含层的多层感知器的基本结构，推导网络权重的学习算法，并介绍

网络学习中存在的问题及解决办法。

4-7　讨论 TDNN 为什么适用于语音数据的建模，并分析 TDNN 存在的问题。

4-8　讨论 TDNN 和 CNN 之间的联系和区别。

4-9　编程实现 LBG 算法，并以一段语音作为训练数据设计一个 16 码字的矢量量化器，分析误差情况。

4-10　已知数据由两个二维的高斯分布生成，分布的均值向量分别为 $\boldsymbol{\mu}_1=(1,1)^{\mathrm{T}}$ 和 $\boldsymbol{\mu}_2=(-1,-1)^{\mathrm{T}}$，协方差阵分别为 $\boldsymbol{\Sigma}_1=\begin{bmatrix}3 & 0\\0 & 1\end{bmatrix}$ 和 $\boldsymbol{\Sigma}_2=\begin{bmatrix}1 & 0\\0 & 1\end{bmatrix}$，两个高斯分布的权重分别为 $\pi_1=0.7$ 和 $\pi_2=0.3$。根据以上分布参数，编程生成 500 个数据，利用 EM 算法训练一个二维的 GMM 模型，对比 GMM 的参数与生成模型的参数。

参考文献

[1]　鲍长春 . 数字语音编码原理 [M]. 西安：西安电子科技大学出版社，2007.

[2]　LAWRENCE R，RONALD W S. 数字语音处理理论与应用 [M]. 刘加，张卫强，何亮，等译 . 北京：电子工业出版社，2016.

[3]　韩纪庆，张磊，郑铁然 . 语音信号处理 [M]. 3 版 . 北京：清华大学出版社，2019.

[4]　胡航 . 现代语音信号处理理论与技术 [M]. 北京：电子工业出版社，2023.

[5]　赵力 . 语音信号处理 [M]. 3 版 . 北京：机械工业出版社，2016.

[6]　RABINER L，JUANG B H.Fundamentals of Speech Recognition[M].Upper Saddle River：Prentice-Hall，1993.

[7]　洪青阳，李琳 . 语音识别：原理与应用 [M]. 北京：电子工业出版社，2020.

[8]　俞栋，邓力 . 解析深度学习：语音识别实践 [M]. 俞凯，钱彦旻，等译 . 北京：电子工业出版社，2016.

[9]　李航 . 机器学习方法 [M]. 北京：清华大学出版社，2022.

[10]　王东 . 机器学习导论 [M]. 北京：清华大学出版社，2021.

[11]　邱锡鹏 . 神经网络与深度学习 [M]. 北京：机械工业出版社，2020.

[12]　GOODFELLOW I，BENGIO Y，COURVILLE A. 深度学习 [M]. 赵申剑，黎彧君，符天凡，等译 . 北京：人民邮电出版社，2017.

[13]　ROTHMAN，D. 大模型应用解决方案 [M]. 叶伟民，译 . 北京：清华大学出版社，2024.

第 5 章 语音编码和质量评估

导读

语音编码（Speech Coding）是利用信号的冗余度和人耳听觉感知特性，在保证听觉感知质量的前提下，对语音信号进行压缩的技术。语音编码的目的是占用尽可能少的通信容量，传送尽可能高质量的语音信号。本章首先介绍了概率密度函数和波形量化技术，包括：均匀量化、非均匀量化及矢量量化。其次，介绍了基本的比特分配技术和熵编码。随后，通过举例的方式分别介绍了波形编码、参数编码以及混合编码技术，同时也简要介绍了变速率编码和神经网络语音编码。最后，从客观评估和主观评估两个方面介绍了语音编码的主要质量评价方法。

本章知识点

- 标量量化和矢量量化
- 熵编码
- 波形编码
- 参数编码
- 混合编码
- 变速率编码
- 神经网络语音编码
- 编码器主要属性
- 质量评估

5.1 量化和熵编码

波形量化和熵编码是对语音信号进行编码时涉及的关键技术，本节将详细介绍波形量化和熵编码算法。波形量化的理论大约在五十年前就已确立。根据量化时是否使用过去的采样信息，波形量化可以分为无记忆量化和有记忆量化。脉冲编码调制（Pulse Code Modulation，PCM）是一种对模拟波形进行离散时间、离散幅度量化的无记忆量化方法。而差分脉冲编码调制（Differential Pulse Code Modulation，DPCM）、增量调制

（Delta Modulation，DM）和自适应差分脉冲编码调制（Adaptive Differential Pulse Code Modulation，ADPCM）等方法均使用到历史信息，是有记忆的量化方法。此外，根据步长或量化级是否均匀，波形量化可以分为均匀量化和非均匀量化。量化间隔均匀的量化为均匀量化，量化间隔不均匀的量化为非均匀量化。

根据量化方式，波形量化也可分为标量量化和矢量量化（Vector Quantization，VQ）。在标量量化中，每个采样点被单独量化。标量量化方法包括 PCM、DPCM、DM 及 ADPCM 等。在矢量量化中，多个采样点构成一个矢量，然后在矢量空间进行联合量化，从而压缩数据而不损失多少信息。典型的矢量量化方案有：全搜索矢量量化器（Full-Search Vector Quantization，FSVQ）、树搜索矢量量化器（Tree-Search Vector Quantization，TSVQ）、分裂矢量量化器（Split Vector Quantization，SVQ）等。

在语音编码中，量化与熵编码技术和比特分配模块结合使用以提高编码效率。DPCM 和 ADPCM 等技术通过利用语音信号的相关性来消除冗余，而熵编码则不同，它利用了符号出现的不确定性来进行压缩。熵是度量随机变量不确定性的物理量。给定两个随机变量 x 和 y，以及两个随机事件 A 和 B。对于随机变量 x，假设事件 A 的发生概率为 $p_x(A)=0.5$，事件 B 的发生概率为 $p_x(B)=0.5$。而对于随机变量 y，事件 A 和事件 B 发生的概率分别为 $p_y(A)=0.9999$ 和 $p_y(B)=0.0001$。可见，随机变量 x 发生事件 A 和 B 的不确定性很高，很难预测事件 A 或 B 发生的可能性。相反，对于随机变量 y，事件 A 发生的概率要远大于事件 B 发生的概率。因此，相对于随机变量 x 来说，随机变量 y 的不确定性更小，即，随机变量 x 的熵更大。在熵编码中，根据每个符号出现的频率（不确定性），将信息映射成码流。代表性的熵编码方法包括：哈夫曼编码（Huffman Coding）、Rice 编码、Golomb 编码、算术编码（Arithmetic Coding）和 Lempel-Ziv 编码。这些熵编码方法能够从码流中完美地重建原始信号，也被称为无噪声编码方法。

本节将详细介绍概率密度函数、标量量化、矢量量化和熵编码。

5.1.1　概率密度函数

概率密度函数（Probability Density Function，PDF）是统计学中描述随机变量的概率分布的函数，可以用来描述连续型随机变量各个取值的概率分布情况。本节讨论用概率密度函数来描述随机过程。这种方法用于推导不同量化方案的量化噪声。一个随机过程可以用概率密度函数 $p(x)$ 来表征。$p(x)$ 是一个非负函数，其满足如下性质：

$$
\begin{cases}\int_{-\infty}^{+\infty} p(x)\mathrm{d}x = 1 \\ \int_{x_1}^{x_2} p(x)\mathrm{d}x = P(x_1 < X \leqslant x_2)\end{cases} \tag{5-1}
$$

如式（5-1）所示，概率密度函数描述了随机变量的取值在某个范围内的概率分布情况。在整个取值范围内，概率密度函数的面积等于 1。$P(x_1 < X \leqslant x_2)$ 表示随机变量 X 在 x_1 到 x_2 范围内的概率。

随机变量 X 的均值和方差定义为

$$
\mu_x = E[X] = \int_{-\infty}^{+\infty} xp(x)\mathrm{d}x \tag{5-2}
$$

$$\sigma_x^2 = E[(x-\mu_x)^2] = \int_{-\infty}^{+\infty}(x-\mu_x)^2 p(x)\mathrm{d}x \tag{5-3}$$

式（5-2）中的期望是通过加权平均或在遍历性假设下作时间平均来得到的。概率密度函数在设计信号量化器时很有用，可以用来确定最优量化级的分配。

5.1.2　标量量化

标量量化是将连续信号转换为离散信号的技术，其原理是将输入信号的幅值范围划分为多个互不相交的区间，每个区间对应一个输出值。量化过程就是将输入信号的幅值连续性映射到若干个离散的符号。量化时将输入信号与预定的区间边界进行比较，判别待量化信号属于哪个区间，并输出该区间的某个值作为重建值。重建值与原始输入值之间的差异即为量化误差。标量量化分为均匀量化和非均匀量化。

1. 均匀量化

均匀量化（Uniform Quantization）是把输入信号的幅值范围等间隔分割的量化方式。进行均匀量化时，首先，给定量化的位数为 N（bit），量化级数为 2^N，信号的幅度范围为 $-x_{\max}$ 至 $x_{\max}$。其次，计算最大值 $(x_{\max})$ 和最小值 $(-x_{\max})$ 之间的差值，并将这个差值除以量化级数得到量化间隔（即量化步长）

$$\Delta = \frac{2x_{\max}}{2^N} \tag{5-4}$$

再次，量化过程中，连续信号的幅度范围被分割成 2^N 个等间隔的区间，通常每个区间的中间值被定义为该区域内的量化值。最后，对每个区间进行量化操作，将信号的幅度映射到相应的离散值上。图 5-1 给出了一段曲线均匀量化示例。

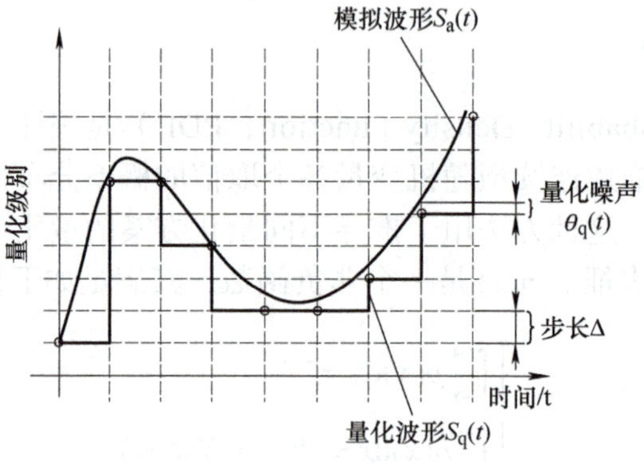

图 5-1　曲线均匀量化示例（量化位数 N=3bit，量化级数 2^N=8）

均匀标量量化的性能可以用信噪比（Signal to Noise Ratio，SNR）来描述。假设量化噪声 e_q 具有均匀的概率密度函数，即

$$p_{e_q}(e_q) = \frac{1}{\Delta}, -\frac{\Delta}{2} \leqslant e_q \leqslant \frac{\Delta}{2} \tag{5-5}$$

则量化噪声的方差为

$$\sigma_{e_q}^2 = \frac{\Delta^2}{12} = \frac{x_{\max}^2 2^{-2N}}{3} \tag{5-6}$$

因此，如果输入信号是有边界的，则每增加 1bit，噪声方差就会减少至 1/4。换句话说，均匀量化的信噪比每比特大约提高 6dB，即

$$\mathrm{SNR}_{\mathrm{un}} = 6.02N + K \tag{5-7}$$

式中，$\mathrm{SNR}_{\mathrm{un}}$ 的单位为 dB；系数 K 是一个常数，用于计算步长和负载系数。

2. 非均匀量化

在均匀量化中，量化级数和量化步长都是确定的，量化噪声也是确定的，与信号电平大小无关。这样当信号小时信噪比也小，因此，均匀量化对于小输入信号不利。为了克服均匀量化的缺点，引入了非均匀量化的概念。非均匀量化是在输入信号的动态范围内量化步长不相等的量化方式。非均匀量化中根据信号幅度的不同取值区间来确定量化步长。对于取值小的区间，选用小的量化步长；相反，对于取值大的区间，选择大的量化步长。这样非均匀量化在小信号范围内提供了较多的量化级，而在大信号范围内提供了较少的量化级，可有效降低信号取值较小的区间信号的量化误差。非均匀量化有助于改善小信号的量化信噪比，在保证一定精度的情况下，用更少的比特数来表示信号，从而实现对信号的高效编码和传输。

非均匀量化器使用非均匀步长对波形进行量化。图 5-2 给出了一条曲线的非均匀量化示例。非均匀量化器的量化步长可根据信号幅度的统计结构来确定。通过对信号的幅度进行非线性划分，更加精细地对信号进行量化，从而在保证一定感知精度的情况下，减少了对信号的表示所需的比特。如图 5-3 所示，非均匀量化有三个步骤：压缩、均匀量化和扩张。对于抽样值，首先进行压缩，再对压缩以后的数据进行均匀量化。压缩过程对弱小信号有比较大的放大倍数（增益），而对大信号的增益却比较小。抽样信号经过压缩后波形发生了变形，大幅度部分的信号没有得到多少增益，而小幅度部分的信号得到了放大。相当于，大幅度的信号被压缩。对压缩后的信号进行均匀量化，相当于对抽样信号进行了非均匀量化。压缩时通常采用对数式压缩，广泛采用的两种对数压缩律是 μ 压缩律和 A 压缩律。中国、欧洲各国采用 A 压缩律，美国、日本和韩国等少数国家和地区采用 μ 压缩律。

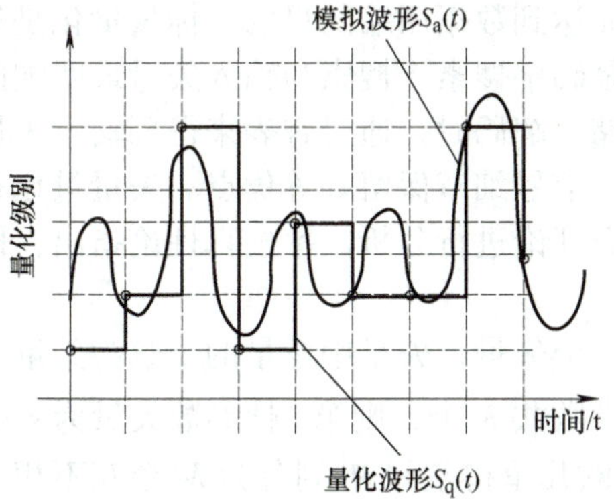

图 5-2　非均匀量化示例（量化位数 N=3bit，量化级数 2^N=8）

图 5-3　非均匀量化的步骤

A 压缩律计算公式为

$$|g(s)|=\begin{cases}\dfrac{A|s/s_{\max}|}{1+\ln A}, 0<|s/s_{\max}|<\dfrac{1}{A}\\[2ex] \dfrac{1+\ln(A|s/s_{\max}|)}{1+\ln A}, \dfrac{1}{A}\leqslant|s/s_{\max}|<1\end{cases} \tag{5-8}$$

式中，s 为输入信号，$s_{\max}$ 为输入信号的最大值，即 $|s/s_{\max}|$ 为归一化的输入信号的绝对值；$g(\cdot)$ 是非线性映射函数，将非均匀步长映射到均匀步长；A 为压缩系数，反映了压缩程度。当 A=1 时，$|g(s)|=|s/s_{\max}|$，无压缩，A 取值越大，在小幅度信号的斜率越大，对小信号的增益越大，对提高小信号的信噪比越有利。

类似地，μ 压缩律计算公式为

$$|g(s)|=\frac{\ln(1+\mu|s/s_{\max}|)}{1+\ln(1+\mu)}, 0\leqslant|s/s_{\max}|\leqslant 1 \tag{5-9}$$

式中，μ 为压缩系数，$\mu=0$ 时，相当于无压缩，μ 取值越大，在小幅度信号的斜率越大，即对小信号的信噪比提高越大。A 和 μ 的取值不同，压缩特性也不同，实际处理中实现这样的函数规律非常复杂，通常利用若干折线来近似对数的压缩特性。在实用中，A 选择 87.6，A 压缩压缩律特性可以用 13 折线来近似；μ 选择 255，μ 压缩压缩律特性可以用 15 折线来近似。这两种压缩律的原理类似，对于小振幅信号，映射几乎是线性的；而对于大振幅信号，压缩则是对数级的。这两种压缩律都能提高量化后的信噪比，尤其是对于小振幅信号。对压缩后的信号再进行均匀量化，就相当于对原始抽样信号进行非均匀量化。在解码端，使用与非线性映射函数相对应的扩展函数 $g^{-1}(\cdot)$ 来恢复信号。

5.1.3　矢量量化

矢量量化（Vector Quantization，VQ）通过将若干个标量数据组构成一个矢量，然后在矢量空间整体量化，从而达到数据压缩的目的。标量量化是矢量量化在维数为 1 时的特例。矢量量化的基本问题是码字搜索，搜索与输入矢量最匹配的码字，将该码字的索引代替输入矢量进行传输与存储。解码时，通过查表来得到输入矢量的最匹配码字。矢量量化具有压缩率高、解码简单、信号细节保留好等优点。矢量量化是一种限失真编码，其原理可用信息论中的率失真函数理论进行分析。率失真理论指出，即使对无记忆信号，矢量量化编码也优于标量量化。

若干个标量数据组成一个矢量，矢量中标量的个数为矢量维数。如，在语音信号处理中，某一帧中提取的信号参数共 K 个，则第 i 帧参数矢量为 $\boldsymbol{s}_i=[s_i(0),s_i(1),\cdots,s_i(K-1)]$。$\boldsymbol{s}_i$ 是一个 K 维矢量。把 K 维欧几里得空间 $\boldsymbol{R}^k$ 划分为 M 个互不相交的子空间，这些子空间称为胞腔。每一个子空间有一个代表矢量 $\boldsymbol{Y}_m=[Y_m(0),Y_m(1),\cdots,Y_m(K-1)]$，则 M 个子空间的代

表矢量集合为 $\boldsymbol{Y}=[\boldsymbol{Y}_1,\boldsymbol{Y}_2,\cdots,\boldsymbol{Y}_M]$。$\boldsymbol{Y}$ 称为码书或码本，$\boldsymbol{Y}_m$ 称为码矢或码字，M 为码本长度或码本尺寸。

图 5-4 给出了一个矢量量化的流程。图中给出一个 K 维矢量量化器和码本。输入是第 i 帧参数矢量为 $\boldsymbol{s}_i$。码本 $\boldsymbol{Y}$ 分别位于量化器和解码器的存储器中。图 5-5 给出了矢量量化示意（二维）。

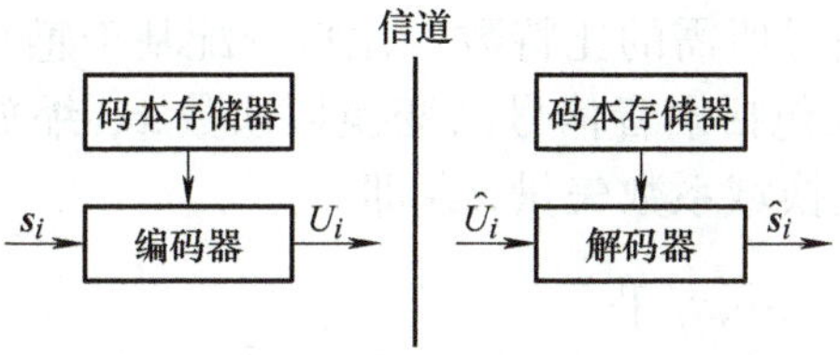

图 5-4　矢量量化的流程

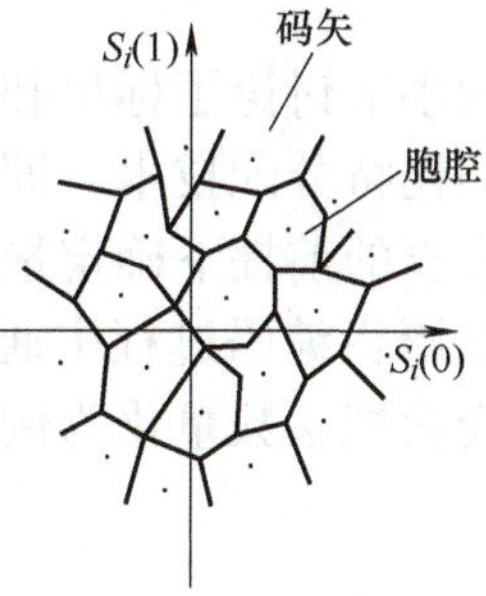

图 5-5　矢量量化示意（二维）

矢量量化器的工作原理为：将输入矢量 $\boldsymbol{s}_i$ 与每个码字 $\boldsymbol{Y}_m(m=1,2,\cdots,M)$ 进行比较，选择合适的失真度准则来搜索与输入矢量最接近的码字。最常用的失真度是均方误差，其计算公式为

$$\varepsilon(\boldsymbol{s}_i,\boldsymbol{Y}_m)=\frac{1}{K-1}\sum_{k=1}^{K-1}(\boldsymbol{s}_i(k)-\boldsymbol{Y}_m(k))^2 \tag{5-10}$$

输入矢量均方误差最小的码字的索引即为量化索引，计算公式为

$$i_{\mathrm{VQ}}=\underset{m}{\operatorname{argmin}}\,\varepsilon(\boldsymbol{s}_i,\boldsymbol{Y}_m) \tag{5-11}$$

码字搜索是矢量量化中的一个最基本问题，矢量量化过程实际上就是一个搜索过程，其中最常用的搜索方法是全搜索算法和树搜索算法。全搜索算法与码本生成算法是基本相同的，在给定速率下其复杂度随矢量维数成指数形式增加，全搜索矢量量化器性能好但复杂度高。在矢量量化中，每个样本的比特数为

$$B=\frac{1}{K}\log_2 M \tag{5-12}$$

一般来说，在每个样本比特数小于或等于 1 时，矢量量化的优势体现得更明显。标量量化是维数为 1 的矢量量化。一个 K 维最佳矢量量化器的性能总是优于 K 个最佳标量量化器。在相同的编码速率下，矢量量化的失真要小于标量量化的失真；类似地，在相同的失真条件下，矢量量化所需的码率要远低于标量量化。

码书的设计是矢量量化的关键问题，其设计过程也称为“训练”或“学习”过程。应用聚类算法，按照一定的失真度准则，对训练数据进行分类，把训练数据在多维空间划分成以码字为中心的胞腔。常用的是 LBG（Linde-Buzo-Gray）算法，其算法思想是：首先，确定码字数 M，随机选择 M 个码字，将其作为初始码本；其次，将每个码字周围的矢量聚类，形成 M 个集合，每个集合中的矢量与对应的码字距离最小；再次，根据这些

集合中的矢量重新得到各集合新的码字，如果每个集合的新码字与原来的码字变化不大（即训练收敛），则完成码书的训练；否则，重复上述过程直到满足收敛条件，最终得到生成的码书。LBG 算法实现简单，因此备受关注。虽然它是局部最优的，但因为每次迭代时，确定每个聚类需要将每个输入矢量与码本中的所有码字进行比较，因此，训练速度慢。

5.1.4 比特分配算法

上述两小节讨论了标量和矢量量化算法，并未强调量化级数如何确定。在本节将介绍一些基本的比特分配技术，即如何确定每帧分配的比特数量。比特分配算法用以在尽可能减少听觉失真的前提下确定量化每帧语音信号所需的比特数。比特分配基于感知规则或频谱特征，在语音编码过程中通常量化的参数包括语音信号的变换域系数 $\boldsymbol{x}$、缩放因子和误差等。以变换域系数量化为例进行说明，变换域系数矢量 $\boldsymbol{x}$，即

$$\boldsymbol{x}=[x_1,x_2,\cdots,x_{N_\mathrm{f}}]^\mathrm{T} \tag{5-13}$$

式中，x_i 是语音信号变换域系数，$i=1,2,\cdots,N_\mathrm{f}$；$N_\mathrm{f}$ 表示变换系数的个数。假设可用于量化变换域系数的总位数为 N。比特分配算法的目标是找到一种最佳分配方法，将可用的 N 位分配给各个变换域系数，从而使失真度 D 最小。其中，失真度 D 的计算公式为

$$D=\frac{1}{N_\mathrm{f}}\sum_{i}^{N_\mathrm{f}}E[(x_i-\hat{x}_i)^2] \tag{5-14}$$

式中，x_i 和 $\hat{x}_i$ 分别表示第 i 个未量化和已量化的变换域系数；$E[\bullet]$ 是计算数学期望。假设分配给第 i 个变换域系数 x_i 的比特数为 n_i，则

$$\sum_{i}^{N_\mathrm{f}}n_i\leqslant N \tag{5-15}$$

如果 x_i 是均匀分布的，那么可以对所有变换域系数分配相同的比特数，即

$$n_i=\left[\frac{N}{N_\mathrm{f}}\right],\forall i\in[1,N_\mathrm{f}] \tag{5-16}$$

然而，在实际应用中，变换域系数 $\boldsymbol{x}$ 的概率分布可能并不均匀。因此，对大幅度和小幅度的变换域系数使用相同数量的比特数进行量化，可能会导致对较小幅度信号量化需要使用额外比特。此外，在这种情况下，对于给定的 N，失真 D 可能会非常高。

5.1.5 熵编码

熵编码（Entropy Encoding）是一种基于数据统计特性的无损数据压缩方法。其核心思想是根据信号符号出现的概率，为各符号分配不同长度的码字，以实现数据的高效压缩。在对语音编码时，需要考虑的是表示语音样本所需的最小比特数的理论限制。香农在其通信数学理论中指出对信息进行编码所需的最小比特数由熵所决定。熵原本是热力学中用来度量热力学系统无序性的一种物理量。香农在他所创建的信息论中将熵引入到信息的

度量，提出了信息熵的概念。信息量是用来衡量信息多少的一个测度。一条信息的不确定性越大，信息量越大；反之，信息量就越小。这里的不确定性可以理解为预测某个随机事件出现的难度，这与该事件发生的概率相关。因此，评估信息量的大小，实质上转化为对不确定性大小的度量。

输入信号的熵定义如下，设 $\boldsymbol{x}=[x_1,x_2,\cdots,x_L]$ 是长度为 L 的输入信号矢量，p_k 是信号矢量中元素可能取值集合 $\boldsymbol{V}=[v_1,v_2,\cdots,v_K]$ 中的第 k 个元素出现的概率。这样，熵 $H_e(\boldsymbol{x})$ 为

$$H_e(\boldsymbol{x})=-\sum_{k=1}^{K}p_k\log_2 p_k \tag{5-17}$$

熵是随机变量不确定性的度量。例如，假设要编码的输入比特流为 $\boldsymbol{x}$=[4,5,6,6,2,5,4,4,5,4,4]，即，L=11，取值集合 $\boldsymbol{V}=[2,4,5,6]$。取值集合中各元素的概率分别为 $\left[\frac{1}{11},\frac{5}{11},\frac{3}{11},\frac{2}{11}\right]$，$K$ =4。这样，熵 $H_e(\boldsymbol{x})$ 可以通过下式计算：

$$\begin{aligned}H_e(\boldsymbol{x})&=-\sum_{k=1}^{K}p_k\log_2 p_k\\&=-\left(\frac{1}{11}\log_2\frac{1}{11}+\frac{5}{11}\log_2\frac{5}{11}+\frac{3}{11}\log_2\frac{3}{11}+\frac{2}{11}\log_2\frac{2}{11}\right)\\&\approx 1.7\end{aligned} \tag{5-18}$$

例 5.1　有八名游泳选手 $[x_1,x_2,x_3,x_4,x_5,x_6,x_7,x_8]$ 参加比赛，他们获胜的概率分别为 $\left[\frac{1}{2},\frac{1}{4},\frac{1}{8},\frac{1}{16},\frac{1}{64},\frac{1}{64},\frac{1}{64},\frac{1}{64}\right]$。宣布获胜者的信息熵可计算为

$$\begin{aligned}H_e(\boldsymbol{x})&=-\sum_{k=1}^{8}p_k\log_2 p_k\\&=-\left(\frac{1}{2}\log_2\frac{1}{2}+\frac{1}{4}\log_2\frac{1}{4}+\frac{1}{8}\log_2\frac{1}{8}+\frac{1}{16}\log_2\frac{1}{16}+\frac{4}{64}\log_2\frac{1}{64}\right)\\&=2\end{aligned} \tag{5-19}$$

式中，$H_e(\boldsymbol{x})$ 单位为 bit。

根据例 5.1，对各位运动员分别进行均匀编码和与获胜概率相关联的熵编码（采用概率越大比特数越小的编码方式），信息的编码示例如表 5-1 所示。表 5-1 中给出的熵编码示例的平均长度为 2bit，而均匀编码的长度为 3bit。可见，熵编码比均匀编码方式使用的比特数要少。

表 5-1　信息的编码示例

游泳运动员	获胜概率	均匀编码	熵编码
x_1	1/2	000	0

（续）

游泳运动员	获胜概率	均匀编码	熵编码
x_2	1/4	001	10
x_3	1/8	010	110
x_4	1/16	011	1110
x_5	1/64	100	111100
x_6	1/64	101	111101
x_7	1/64	110	111110
x_8	1/64	111	111111

在语音编码中，统计熵本身并不能很好地衡量压缩性，还必须考虑其他一些因素，如量化噪声、掩蔽阈值以及掩蔽效应，才能达到高效压缩。语音信号可压缩性的理论极限是在心理声学分析和统计熵的基础上得出的，被称为感知熵。熵编码目标是为每条信息构建一个编码集合，使编码具有唯一可解码性、无前缀性和最优性，即提供最小冗余编码。代表性的熵编码方法有哈夫曼编码（Huffman Coding）、Rice 编码和算术编码。

1. 哈夫曼编码

哈夫曼编码是一种可变字长编码方式，基于字符出现的概率，通过使用不同长度的二进制码来表示不同的字符，以达到数据压缩的目的。因为设计简单、压缩效果好，哈夫曼编码被广泛应用于语音、音频和视频编码。哈夫曼编码基于字符出现的频率来分配编码，出现频率高的字符使用较短的二进制码，而出现频率低的字符则使用较长的二进制码，从而使得编码后的二进制码流最短。哈夫曼编码被认为是最有效的压缩方法，前提是通过使用一组出现频率与输入符号频率相匹配的特定符号来设计编码。帧长较短的音频信号的概率密度函数更适合用高斯分布来描述，而音频的长时间概率密度函数则可以用拉普拉斯或伽马密度来描述。因此，根据高斯或拉普拉斯分布设计的哈夫曼编码可以为音频编码提供最小冗余熵编码。此外，根据符号频率的不同，还可采用一系列哈夫曼编码表进行熵编码，如在 MPEG-1 Layer-III 中就采用了 32 个哈夫曼编码表。

哈夫曼树的构建是进行哈夫曼编码的关键。哈夫曼树是带权路径长度最短的树，权值较大的结点离根较近。哈夫曼树称为最优二叉树，构造哈夫曼树的基本步骤如下：首先，统计原始数据中每个字符的出现频率；其次，按照出现频率由大到小的顺序，对每个字符进行排序，将每个字符视为一个节点，形成一个节点集合；再次，选取出现频率最小的两个节点，并将它们作为一个新节点的左右子节点，新节点的频率为这两个子节点频率之和；随后，更新节点集合，用新节点替换原来两个子节点，并对新集合中的节点重新排序；再次，重复上述步骤，直到更新后的节点集合中只包含一个节点，此节点即为哈夫曼树的根节点。最后，在构建好哈夫曼树后，根据每个字符在树中的位置来分配编码。从根节点到各左右子节点的路径（左子节点为 0，右子节点为 1）就构成了各字符的哈夫曼编码。基于哈夫曼树的构建，哈夫曼编码分为如下几个步骤：

1）遍历原始数据，统计每个字符的出现频率。

2）根据字符出现频率构造哈夫曼树。

3）根据哈夫曼树生成每个字符的哈夫曼编码，利用编码和字符，构建哈夫曼编码表。

4）使用哈夫曼编码表对数据进行编码，将每个字符替换为对应的哈夫曼编码。

5）在解码端，通过查询哈夫曼编码表，解码压缩数据恢复原始数据。

例 5.2　输入信号 $\boldsymbol{x}=[4,5,6,6,2,5,4,4,1,4,4]$，取值集合 $\boldsymbol{V}=[0,1,2,3,4,5,6,7]$。这里，$L=11, K=8$，概率 $\boldsymbol{p}=[p_1,p_2,\cdots,p_K]=\left[0,\frac{1}{11},\frac{1}{11},0,\frac{5}{11},\frac{2}{11},\frac{2}{11},0\right]$。

图 5-6 描述了例 5.2 的哈夫曼编码过程。首先，输入符号（即“1”“2”“4”“5”“6”）按概率升序排列；然后，将概率最小的两个符号（“1”和“2”）组合成一棵二叉树。左边的树表示“0”，右边的树表示“1”。将前两个节点的概率相加，就得到了新节点的概率（2/11）。上述过程一直持续到使用完所有输入符号节点为止。最后，通过读取树上的比特位，为每个输入符号生成哈夫曼编码。例如，输入符号“1”的哈夫曼编码为“0000”。由此产生的哈夫曼比特映射如表 5-2 所示。

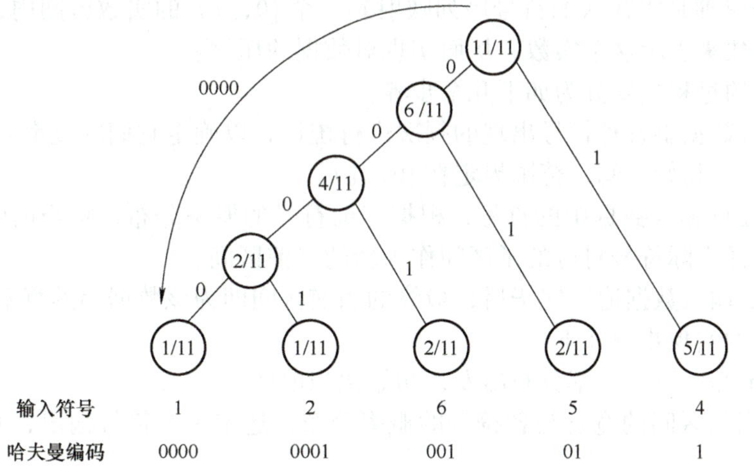

图 5-6　哈夫曼编码过程

表 5-2　哈夫曼比特映射

输入符号	概率	哈夫曼编码
4	5/11	1
5	2/11	01
6	2/11	001
2	1/11	0001
1	1/11	0000

2. Rice 编码

Rice 编码是一种无损压缩的编码方法，能够利用数据的统计特性来实现高效压缩。Rice 编码可以根据数据的分布特性调整编码参数，以实现好的压缩性能。Rice 编码将输入数据分为两部分：一部分是数据的符号（正号或负号），另一部分是数据的绝对值（正整数）。将正整数序列划分为两个部分：前缀和后缀。具体来说，对于待编码的正整数 n，Rice 编码的步骤如下：

1）计算前缀：确定一个 k 值，使得所有待编码的正整数 n 都能用 k 个比特表示其最高有效位，通常 2^k 要小于或等于序列中的最大整数。

2）编码后缀：将正整数 n 右移 k 位所得结果为后缀部分，即整数 n 除以 2^k 的商值。

3）拼接前缀和后缀形成编码码字。

与编码过程相反，解码时，首先通过前缀确定 k 值，然后根据 k 值和后缀恢复出原始整数 n。

3. 算术编码

算术编码（Arithmetic Coding）是一种无损数据压缩方法，与哈夫曼编码不同，算术编码将整个输入的符号序列编码为一个数，而不是将消息分割为符号并对每个符号进行编码。算术编码原理是将输入的符号序列映射到一个 [0，1）的实数区间内，然后使用足够长的二进制小数来表示这个实数，从而实现对数据的压缩。

算术编码的过程主要分为如下几个步骤：

1）对输入数据里各种符号出现的频次进行统计，以确定它们的概率分布。

2）设定一个初始区间，范围界定在 [0，1)。

3）逐个处理输入数据中的符号，根据当前符号的概率分布，将当前区间划分为若干个子区间，选择实际符号对应的子区间作为新的当前区间。

4）当全部输入数据遍历完毕后，最终的当前区间即为该数据串的算术编码形式。

算术解码的实现步骤如下：

1）从算术编码以及概率分布出发，初始化当前区间。

2）按照当前区间的宽度与各符号的概率分布，选定一个符号输出，并据此更新当前区间。

3）重复步骤 2）直到当前区间的长度足够小或输出完所有符号。

5.2 波形编码

波形编码是语音编码中的一个重要概念，它直接针对语音信号的时域波形进行处理和压缩。这种编码方法力求在有限的带宽和存储资源下，尽可能真实地再现原始语音信号的波形特征，从而保持较好的语音质量。在波形编码中，通过对语音信号本身或某些中间信号（如预测误差信号或子带信号）的样本进行（固定或自适应）量化来降低比特率。波形编码的优点在于简单直观且能够保持语音的自然度和完整性，尤其适合于高质量语音应用，如高清语音通话。然而，其缺点是编码速率高，相对于参数编码，波形编码可能不够高效，没有充分利用语音信号的内在结构特性。尽管如此，在具备足够带宽资源的场景下，波形编码仍然是保证语音质量的一个可靠选择。本节重点介绍三种典型的波形编码方法：脉冲编码调制（Pulse Code Modulation，PCM）、差分脉冲编码调制（Differential Pulse Code Modulation，DPCM）和自适应差分脉冲编码调制（Adaptive Differential Pulse Code Modulation，ADPCM）。

5.2.1　脉冲编码调制

脉冲编码调制是一种最简单、应用范围最为广泛的波形编码方法，常用于模拟信号向数字信号的转换，对于现代通信、语音 / 音频录制以及数字信号处理领域具有深远的影响。自应用以来，脉冲编码调制不仅成为数字通信系统的基础，也是理解现代数字信号处理原理的关键所在。

脉冲编码调制的核心在于将连续变化的模拟信号转换为一连串离散的数字信号，这一过程分为三个关键步骤：采样、量化和编码。首先，采样过程按照预定的频率从模拟信号中提取离散时刻的样本值，为了能确保无失真地重建原信号，遵循奈奎斯特采样定理，采样频率至少为信号最高频率的两倍。随后，在量化阶段，将每个采样点的连续幅度值映射到有限数量的离散量化级别上，使采样值在幅度取值上离散化，变为取值状态有限的离散信号。量化过程中引入了一定程度的误差，即量化噪声。最后，在编码阶段，将这些离散的量化值转换为二进制数字序列，便于存储和传输。在解码端，通过译码、低通平滑滤波等操作将离散数字信号变换为模拟信号。PCM 的工作原理如图 5-7 所示。

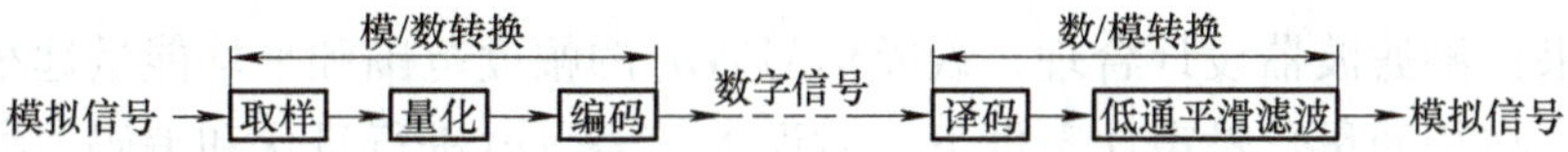

图 5-7　PCM 的工作原理

在 PCM 中，通过对每个采样点独立进行采样、量化和编码，从而将模拟信号转换成二进制数字信号，编码过程并不考虑相邻采样样本之间的相关性。因此，PCM 编码速率较高。尤其是在信号变化较为平缓或存在大量冗余信息的情况下，这种编码方式并不高效。

5.2.2　差分脉冲编码调制

差分脉冲编码调制是一种有效的信号编码方法，特别适用于语音和视频数据的压缩。它是脉冲编码调制技术的一种改进形式，通过利用信号的时间相关性来减少编码所需的比特数，从而达到更高的数据压缩率。

在传统的 PCM 中，信号每个样本都被独立编码为一个固定的比特数。而 DPCM 则采用了一种预测机制，它首先预测下一个信号样本的值，然后仅对实际样本值与预测值之间的差值（即预测误差）进行编码和传输。这样做的依据是连续的信号样本之间往往存在较强的相似性或相关性，尤其是在语音和视频信号中，相邻时刻的信号变化相对平缓，即通过利用相邻样本之间的相关性来消除语音波形中的冗余。最简单的形式是，发送器只对连续采样之间的差值进行编码，接收器通过求和的方式来恢复各时刻信号。

在进行 DPCM 编码时，假定 n 时刻的语音信号 $s(n)$ 可以由过去的 p 个时刻信号的线性组合所预测，预测信号 $\check{s}(n)$ 由下式计算：

$$\check{s}(n)=\sum_{i=1}^{p}\alpha_i s(n-i) \tag{5-20}$$

式中，α_i 为预测系数；p 为预测阶数。

对式（5-20）两边进行 z 变换可得

$$\check{S}(z)=S(z)\sum_{i=1}^{p}\alpha_i z^{-i}=S(z)A(z) \tag{5-21}$$

式中，$A(z)$ 是个全零点的预测滤波器，其计算公式为

$$A(z)=\sum_{i=1}^{p}\alpha_i z^{-i} \tag{5-22}$$

在 n 时刻实际值和预测值的误差计算为

$$e(n)=s(n)-\check{s}(n)=s(n)-\sum_{i=1}^{p}\alpha_i s(n-i) \tag{5-23}$$

对式（5-23）两边进行 z 变换可得

$$E(z)=S(z)-\check{S}(z)=S(z)(1-A(z)) \tag{5-24}$$

根据式（5-24）可以发现，让语音信号 $s(n)$ 通过预测滤波器 $1-A(z)$ 可以得到预测误差 $e(n)$。如果预测滤波器设计合理，误差信号 $e(n)$ 的幅度范围和平均能量远小于语音信号 $s(n)$。因此，在相同量化噪声比条件下，对误差信号 $e(n)$ 进行量化和编码，编码所需比特数将远小于语音信号 $s(n)$，达到数据压缩的效果。基于此思路，DPCM 编码方法流程如图 5-8 所示。$\check{s}'(n)$是过去时刻信号预测得到的当前时刻语音信号值。预测误差 $e(n)$ 的量化信号为 $e_q(n)$，$e_q(n)$ 传输到解码端。量化后的预测误差 $e_q(n)$，利用式（5-24）可以合成包含量化误差的语音信号 $s'(n)$ 及预测语音信号$\check{s}'(n)$。预测信号和语音信号计算公式为：

$$\check{s}'(n)=\sum_{i=1}^{p}\alpha_i s'(n-i) \tag{5-25}$$

经信道干扰，解码端接收到的预测误差信号为 $\hat{e}_q(n)$。如图 5-8b 所示，利用式（5-24）将接收到的预测误差信号 $\hat{e}_q(n)$ 结合预测滤波器 $1-A(z)$ 合成解码语音信号 $\hat{s}_q(n)$。在没有信道误差的情况下，$\hat{s}_q(n)=s'(n)$。

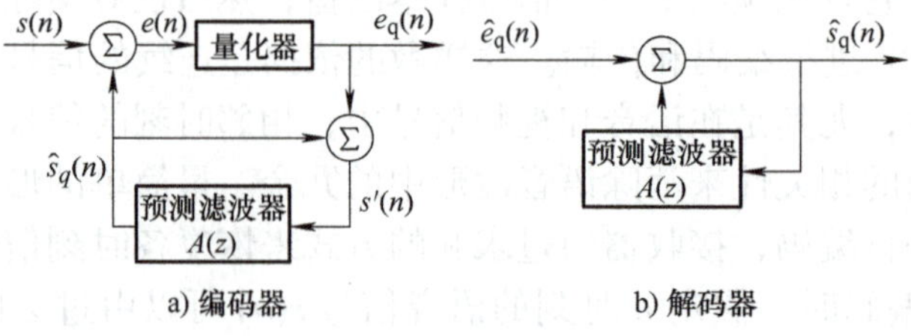

图 5-8　DPCM 编码方法流程

预测系数 α_i 通常通过求解自相关方程来确定：

$$r_{ss}(m)-\sum_{i=1}^{p}\alpha_i r_{ss}(m)=0 \tag{5-26}$$

式中，$r_{ss}(m)$ 是语音信号 $s(n)$ 的自相关，$m=1,2,\cdots,P$。

5.2.3 自适应差分脉冲编码调制

DPCM 编码质量的提升，核心在于缩小预测误差，即取决于预测精度。基于前面所介绍的 DPCM 基本理论，其采用固定预测系数的预测模型，当输入的语音信号存在动态变化时，难以持续保持最小预测误差。为克服此问题，可引入两种改进策略：①自适应调整预测系数，确保预测机制能灵活适应，持续接近最优预测效果；②结合自适应量化策略，针对预测偏差（即误差信号）实施量化过程的智能化调整，从而进一步降低编码速率。这种采用自适应调整预测系数及自适应量化技术的 DPCM 称为自适应差分脉码调制（ADPCM）。ADPCM 一般分为前馈型 ADPCM 和反馈型 ADPCM 两种。前馈型 ADPCM 的编码器原理如图 5-9 所示。与图 5-8 相比较可见，前馈型 ADPCM 的核心部分与 DPCM 相同，但是 $A(z)$ 的系数受自适应逻辑控制。同时，前馈型 ADPCM 能够根据信号的动态特性自动调整量化步长，这意味着在信号变化剧烈的部分，量化间隔会变小，以保留更多的细节；而在信号较为平缓的部分，则加大量化间隔，减少数据量。这种自适应性使得前馈型 ADPCM 能够在保持较高语音质量的同时，有效降低所需的编码速率，尤其适用于中低比特率的通信系统。

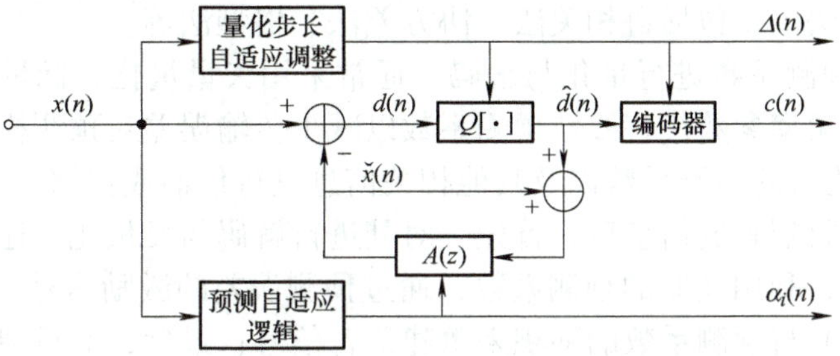

图 5-9 前馈型 ADPCM 编码器原理

5.3 参数编码

与波形编码不同，参数编码器不直接对波形进行编码，而是通过对语音信号进行参数化建模，并对模型参数进行编码，来实现数据压缩的效果。其目标是在尽量少的比特率下高效地表示语音信号。语音参数编码主要包含对语音信号的分析、特征提取和量化等步骤。编码前，需对语音信号进行时域分析或频域分析，其中，时域分析关注语音信号随时间的变化情况，而频域分析则关注语音信号在频域的分布特征。结合时频域分析，可以提取语音信号的特征，如基频、共振峰、线性预测系数、线谱频率等参数。与波形编码不同的是，精确再现信号并不是参数编码器的主要目标，因此，合成语音信号的感知质量无法通过客观的失真测量（如信噪比）来量化。在 2.4kbit/s 的比特率下，参数编码器可产生清晰易懂的合成语音。本节主要介绍两种应用广泛的参数编码方式：线性预测编码（Linear Predictive Coding，LPC）和正弦变换编码。

5.3.1　线性预测编码

线性预测编码基于全极点语音生成模型，其最简单的变体是 LPC 声码器。LPC 声码器基于“二元激励”这一假设条件：浊音部分的语音通过间隔为基音周期的脉冲序列作为激励，而清音部分则采用白噪声序列作为激励。基于此，LPC 声码器只需对 LPC 参数、基音周期、增益值以及清浊音信息进行编码，从而大幅压缩了语音数据的传输大小。通常，LPC 声码器在未发声帧中使用预测器或滤波器阶数较低的合成滤波器，以降低平均比特率。LPC 声码器的基本结构如图 5-10 所示。

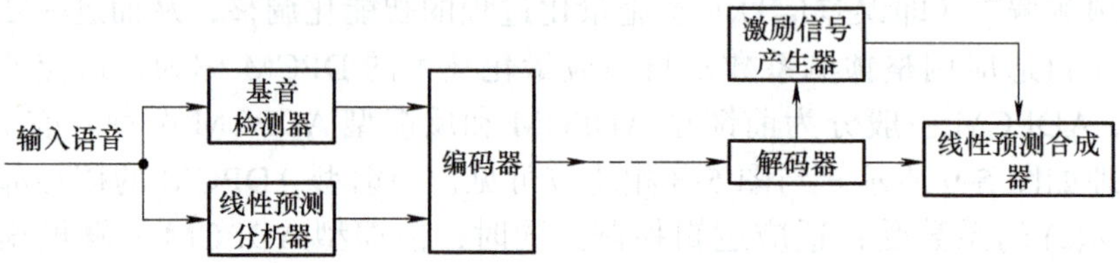

图 5-10　LPC 声码器的基本结构

LPC 编码主要包括以下几个步骤：

1）对输入语音信号进行预处理，包括预加重、分帧、加窗等操作。

2）在每帧内，基于线性预测原理，计算预测系数，构建语音信号的线性预测模型。预测系数的求解方法主要包括自相关法、协方差法、格型法等。

3）对求得的预测系数进行量化与编码，通常采用矢量量化、标量量化等策略来减少码率，或选用线谱频率参数代替线性预测系数以减少传输误差对预测模型的影响。

4）将量化编码后的预测系数以及其他相关信息进行传输或存储。

在解码端，接收到码流信息后，首先，对其进行解码与反量化，还原出预测系数及其他相关信息；其次，利用还原的预测系数，通过预测误差的激励信号（如白噪声或经过处理的原始语音信号）与预测系数的乘积来重建语音信号；最后，对重建后的语音信号进行后处理，以改善解码语音质量。

5.3.2　正弦变换编码

正弦变换编码（Sinusoidal Transform Coding，STC）最早是由美国麻省理工学院（MIT）林肯实验室的 McAulay 和 Quatieri 提出的。其基本原理是将语音信号分解为一系列正弦波分量的叠加，并通过提取这些正弦波分量的频率、幅度和相位等参数来进行编码。这些参数可以采用峰值检测算法从信号的时频谱中获得。在解码端，利用这些参数重新合成正弦波分量，从而还原出原始的语音信号。编解码的过程主要包含以下几个步骤：

1）对输入的语音信号进行预加重、分帧等预处理。

2）利用时频变换方法，将语音信号从时域转换到频域，获取频谱特征。

3）从频谱中提取出主要正弦波分量，检测各分量的频率、幅度和相位等参数信息。

4）将提取出的参数进行量化、编码。

5）在接收端，利用解码参数合成各正弦波分量，并通过时频反变换得到解码的语音信号。

为了防止帧间块效应，在正弦编码中利用叠接相加的方式进行帧边界平滑，保证解码语音信号的连续性。

在正弦编码前需要确定需编码的信息以及正弦波的参数范围，包括幅度、频率和相位等参数的取值范围以及编码精度等。当 STC 被用于低速率语音编码时，正弦波的频率被限制在基音频率的整数倍上，分析端仅对正弦波的幅度信息进行编码和传输，不考虑语音与音频信号在发声模型、频谱能量分布、有效带宽等方面的差异，而正弦波的相位信息可在合成端生成，这样有效地降低了编码速率，但合成语音的质量也有所降低。正弦编码过程如图 5-11 所示。

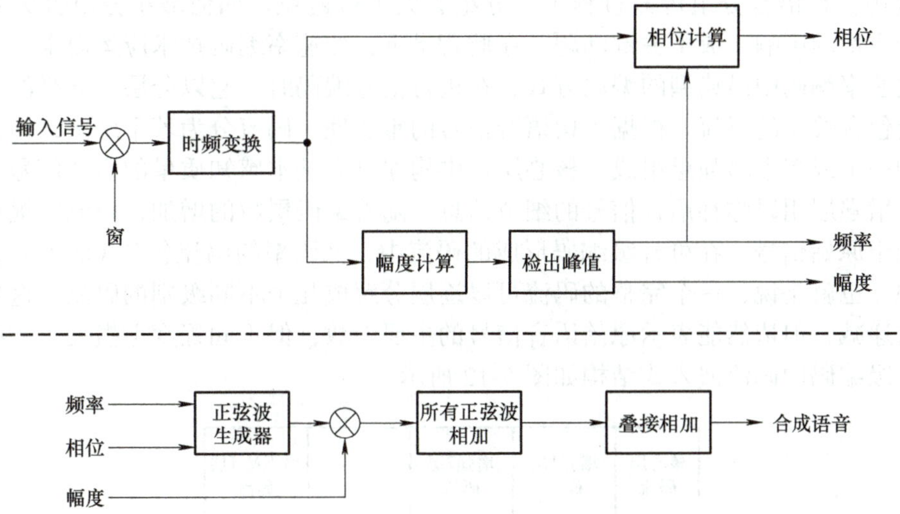

图 5-11　正弦编码的基本结构

5.4　混合编码

混合编码融合了波形编码和参数编码方法的优势。传统的波形编码虽然能解码高质量的语音信号，但是压缩比率较低；而参数编码压缩比率高，但合成语音质量相对较差。这种矛盾促使人们寻求一种既能保持高质量又能实现高压缩比率的编码方法。

在混合编码中，首先完成语音信号的参数建模，这可以通过线性预测技术提取声道参数，或者采用其他参数化方法来实现。随后，将原始信号与参数合成信号之间的误差进一步进行编码，通过适当增加编码速率，来提高整体编码质量。这种方法融合了波形编码和参数编码的优势，打破了它们之间的界限。代表性的混合编码方法有：码激励线性预测（Code Excited Linear Prediction，CELP）、多脉冲激励线性预测编码（Multi-Pulse Linear Predictive Coding，MP-LPC）、共轭结构代数码激励线性预测编码（Conjugate Structure Algebraic Code Excited Linear Prediction，CS-ACELP）、混合激励线性预测编码（Mixed

Excitation Linear Prediction，MELP）等。以 CELP 为例，这一技术是对线性预测编码的进一步拓展，它引入了合成分析的思路，在编码过程中，通过最小化重建语音与原始语音之间的均方误差，来搜索最理想的激励信号。在通过线性预测来获得声道参数的同时，CELP 还使用一种包括多种标准激励矢量的码书作为激励参数。每执行一次编码，都在这个码书中搜索一个与之匹配度最高的激励矢量，而该矢量的编码值就是这个序列在码书中的序号。除了语音编码，混合编码方法也适用于处理各类乐器信号的编码，因为它可以灵活地结合激励与滤波器模型，处理不同类型的声音混合而成的音频信号。

5.5 变速率编码

伴随网络技术的快速发展，以分组交换为基础的 IP（Internet Protocol）电话得到了广泛的应用。在语音分组传输过程中，分组丢失不可避免，如何减小分组丢失对解码端合成语音质量的影响，成了关键问题。在此背景下，变速率编码技术应运而生。可升级编码属于变速率编码中最典型的编码方式，在进行信号编码时，它以分层、分级的方式形成具有嵌套包含关系的码流。根据重构语音信号的重要性，码流分为若干层次，通常由一个核心层和一个或多个增强层组成。核心层提供构建具有基本感知质量的语音信号的主要参数信息，增强层用以弥补语音信号的细节信息。随着编码层数的增加，码流所提供的信息逐渐接近于原始信号。在可升级编码形成的码流中，低码率的码流包含（嵌入）在高码率的码流中。也就是说，一个完整的码流可以逐层分解成几个不同级别的码流，这些码流的码率逐次递减，但依然能表示原始语音信号的主要参数，但不同程度上损失了一些细节信息。可升级编码的码流嵌入式结构如图 5-12 所示。

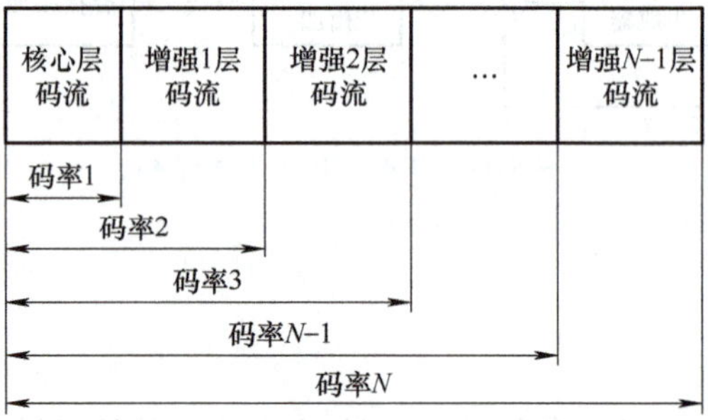

图 5-12 可升级编码的码流嵌入式结构

在通信过程中，若信道容量足够，传输高速率码流，在接收端可以恢复较高的或事先设定的任意速率的语音信号质量；当遇到不同程度的网络拥塞时，根据信道编码协议，码流中非核心码元被逐层丢弃，在接收端，低速率的合成语音提供可接受的语音质量，保证解码语音信号的连续性，避免了因为出现信号突然中断而给听者带来的不适。这种嵌入式的码流结构不仅可以有效地解决由分组丢失所引起的合成语音质量下降问题，而且可以提供多种编码速率，以适应不同种类的通信终端。可升级编码在实现上分为带宽分级和量化精度分级。带宽分级模式主要是通过扩展语音信号的频带宽度来逐级提高质量；量化精度分级是将语音信号以不同编码速率和量化精度进行压缩传输，通过依次增加分级信息来提高对语音信号的量化精度，达到逐级提升编码质量的效果。

2006 年国际电信联盟电信标准部（International Telecommunications Union–Telecommunication Standardizations Sector，ITU–T）制定了名为“兼容 G.729 的 8–32kbit/s 码率的可升级宽带语音和音频编码器”的可升级语音编码标准 G.729.1。其编码对象为窄带和宽带语音与音频信号，它采用了嵌入式的 CELP 编码技术、时域频带扩展（Time–Domain Band–Width Extension，TDBWE）和基于时域混叠抵消（Time–Domain Aliasing Cancellation，TDAC）的预测变换编码，实现了码流的嵌入式结构。G.729.1 编码器产生的码流有嵌入式结构，包含了 12 个嵌套的码率层。其中，第 1 层为核心层，编码速率为 8kbit/s，采用与 G.729 编码器相同的编码方法，实现了与 G.729 编码器的兼容。第 2 层为窄带增强层，在第一层码流基础上另外增加了 4kbit/s 的码率。第 3 层到第 12 层是宽带增强层，每层均在前一层基础上增加 2kbit/s 的码率。G.729.1 编码原理如图 5-13 所示。

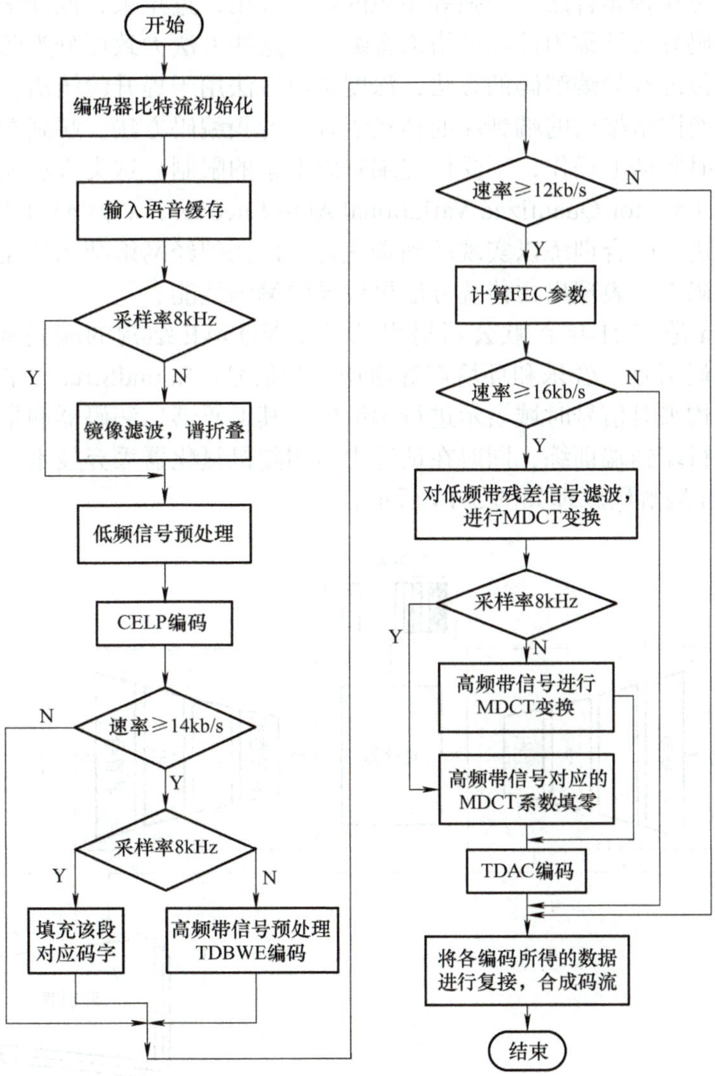

图 5-13　G.729.1 编码原理

输入的16kHz采样的宽带信号通过一个正交镜像滤波器组（Quadrature Mirror Filter，QMF）分解成低、高频两个8kHz采样的窄带信号，分别表示原始信号0～4kHz和4～8kHz频段的信息。低频子带信号经截止频率为50Hz的高通滤波后，送入嵌入式CELP编码模块，经参数求取及量化、感知加权技术、单位脉冲响应计算、目标矢量计算、自适应码书搜索、核心层增益量化、开环基音分析、核心层固定码书搜索、增强层固定码书搜索、增益量化等操作，生成核心层及增强1层的码流。对高频子带信号进行TDBWE编码，通过编码表征时域包络和频域包络的参数信息构成了增强2层的码流。对低频子带信号编码残差和高频子带信号进行TDAC编码形成增强3层到增强11层的码流信息。

5.6　神经网络语音编码

随着深度学习在音频合成、增强等领域的广泛应用，近年来，深度学习也被引入语音编码中，这类编码方法被称为神经网络语音编码。这些方法大致可分为两类：一种是结合深度学习技术和传统音频编解码的方法，深度学习方法用于提升传统语音编码质量；另一种是基于深度神经网络架构的端到端的神经语音与音频编码方法。端到端的编解码方法直接在时域波形或时频谱上操作，不受传统编解码框架的限制。这类方法通常借助矢量量化变分自动编码器（Vector Quantized Variational Auto Encoder，VQVAE）结构，对编码器、解码器和量化器进行联合训练以实现端到端优化。依托神经网络结构的建模能力，端到端的神经编码在低码率下表现出比传统方法更优异的编码性能。

SoundStream是2021年谷歌公司提出的基于VQVAE结构的端到端音频编解码器。该编码器能够编码语音、音乐和环境声等通用音频信号。SoundStream采用带有可扩展量化模块的卷积架构来对信号时域表示进行编解码。其编码器、解码器和量化器通过结合重构和对抗损失进行端到端训练，同时在训练中运用随机量化器丢弃技术，以支持不同的码率。SoundStream编解码原理如图5-14所示。

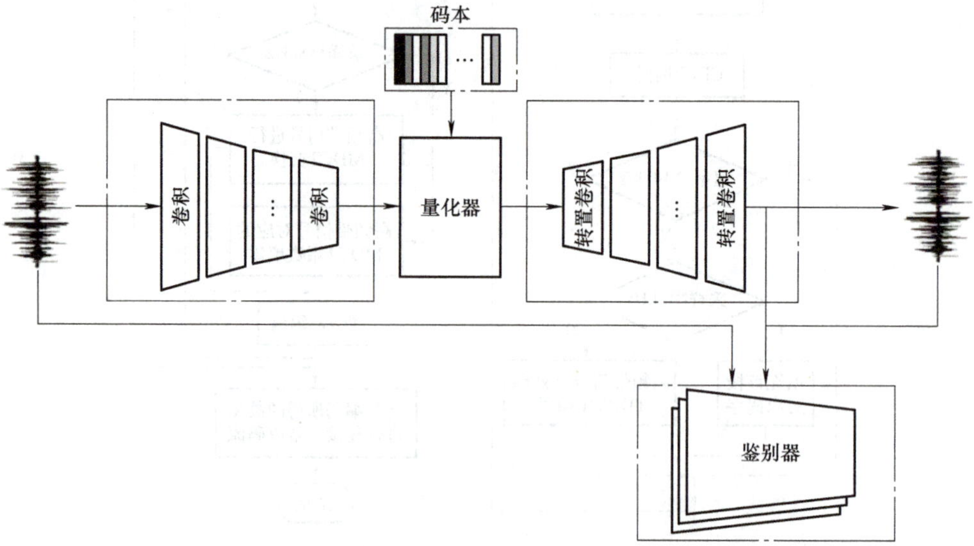

图5-14　SoundStream编解码原理

SoundStream 基于 VQVAE 架构，将音频信号的时域表示输入神经网络编码器，然后使用残差矢量量化获取音频信号的压缩离散表示。在解码端，神经网络解码器则根据此压缩表示来重建音频信号。SoundStream 主要由编码器、解码器和量化器三部分组成，每一部分都经过了端到端的训练。SoundStream 通过训练一个鉴别器来计算对抗性和重建损失函数的组合，使解码信号接近原始信号，提供高感知质量的解码信号。

图 5-15 是 SoundStream 中使用的残差矢量量化。残差矢量量化，也称为多级矢量量化，它通过多个级联的量化器对编码器输出的特征进行量化。残差矢量量化中，每个量化器对前一个量化器的量化残差进行再次量化，由此得到一组由粗到细的编码特征表示。此外，在训练中，残差矢量量化结合随机量化器丢弃技术，使解码器能够处理不同量化程度的特征，实现单一编解码器模型能够匹配不同码率的可扩展性编码。

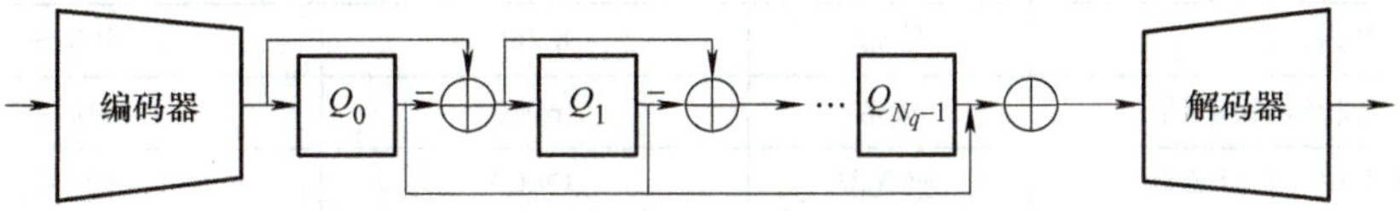

图 5-15　SoundStream 中使用的残差矢量量化

如图 5-15 所示，通过级联 N_q 层矢量量化器形成多级矢量量化结构。将神经网络编码器编码得到的压缩表示构建为输入矢量，输入矢量经过第一个矢量量化器进行量化，同时计算量化残差；然后，量化残差被接下来的 N_q-1 个矢量量化器迭代量化。残差矢量量化的层数 N_q 决定了计算复杂度和编码效率。通常情况下，对于量化器每个码本中固定的矢量数目 N，矢量量化器的层数决定了最终的码率。矢量量化模块与编解码器联合训练，原则上应为每个目标码率训练不同的编解码器模型。由于在 SoundStream 中引入了可扩展的编解码模型，在不增加存储模型参数内存的前提下，实现了多个码率的编解码。其中，采用随机量化器丢弃的训练方法来实现码率的可扩展性，为多码率的切换和控制提供了一种可行的解决方案。

随机量化器丢弃的训练算法描述如下：对于训练量化器时的每个输入样本，在 1 到 N_q 之间随机采样一个整数 m，并使该样本在编码量化过程中仅通过前 m 层矢量量化器，从而使模型的解码器在解码 N_q 范围内的所有目标码率时都具有良好的鲁棒性，无需对编码器或解码器进行结构调整来适应不同的码率。在推理阶段，则根据所需的码率来确定 m 的值，即可完成指定码率下的信号编码。

5.7　编码器主要属性

语音编码器的基本属性主要包括：编码速率和带宽。语音编码研究的基本问题就是在给定码率和带宽的前提下，如何有效去除冗余信息并获得尽可能好的编码质量。

5.7.1　带宽

根据实际应用场景不同，编码器所处理的信号有效带宽也各不相同，当前编码算法处理的语音与音频信号的带宽主要分为：窄带、宽带、超宽带和全带四类。表 5-3 给出了目前国际标准中语音与音频信号常用的带宽、采样频率以及应用领域。其中，窄带信号主要用于传统的电话语音传输，其频带范围为 300 ～ 3400Hz，该频段保留了影响可懂度和语句理解力的主要特征，但表征特定清音、爆破音以及说话人特征的信息有所缺失。宽带信号的频带范围为 50 ～ 7000Hz，相较于窄带信号，宽带信号具有良好的语音可懂度和说话人辨识度。由于 7000Hz 以上频率成分能够反映语音与音频信号的透明度和表现力，ITU–T 定义频带范围在 50 ～ 14000Hz 的信号为超宽带信号。全带信号是采样率为 48kHz 或 44.1kHz 的频带范围在 20 ～ 20000Hz 的语音与音频信号，这个频段是人耳听觉系统所能感知的范围。

表 5-3　语音与音频信号常用的带宽、采样频率以及应用领域

应用领域	带宽类型	采样频率 /Hz	频率范围 /Hz
电话语音	窄带	8000	300 ～ 3400
电话会议及可视电话	宽带	16000	50 ～ 7000
音视频会议、移动音频	超宽带	32000	50 ～ 14000
激光唱片（CD）	全带	44100	20 ～ 20000
数字广播及数字磁带		48000	20 ～ 20000

5.7.2　编码速率

编码速率反映了语音信号的压缩程度，一般用比特 / 秒（bit/s）来度量，表示编码时每秒所使用到的比特数。根据编码速率不同，编码器分为高速率编码器、中速率编码器和低速率编码器，具体划分方式如图 5-16 所示。

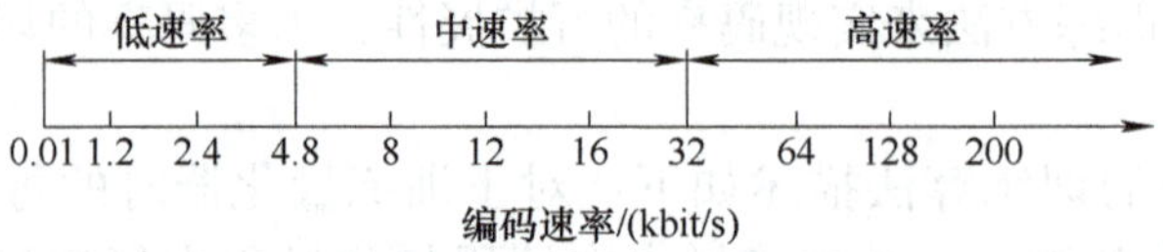

图 5-16　语音编码速率划分

编码速率高于 32kbit/s 的称为高速率语音编码，通常情况下多采用波形编码方法，典型的有 64kbit/s 脉冲编码调制和 32kbit/s 自适应差分脉冲编码调制。以及基于子带编码思路的 G.722 编码标准，其码率为 48kbit/s、56kbit/s、64kbit/s，主要应用于高清语音通信，特别是 VoIP 中。

编码速率在 4.8 ～ 32kbit/s 之间的称为中速率语音编码，多采用混合编码方式，典型的有 ITU–T 于 1996 年公布的 8kbit/s 的 CS–CELP 和采用代数码激励线性预测（ACELP）技术的 G.729 编码标准。

编码速率低于 4.8kbit/s 的称为低速率语音编码，多采用参数编码方法，低速率编码器主要用于保密通信。如码率为 2.4kbit/s 的混合激励线性预测编码器（Mixed Excitation Linear Prediction，MELP）和线性预测编码器 LPC–10。

与这些固定速率的语音频编码标准相对应的是变速率编码算法，如 ITU–T 2006 年制定的可升级语音编码标准 G.729.1 可支持 8kbit/s、12kbit/s、14kbit/s、16kbit/s、18kbit/s、

20kbit/s、22kbit/s、24kbit/s、26kbit/s、28kbit/s、30kbit/s、32kbit/s 等 12 个码率，2008 年制定的窄带 / 宽带嵌入式变速率语音和音频编解码标准 G.718 可支持 8kbit/s、12kbit/s、16kbit/s、24kbit/s、32kbit/s 共 5 个码率。与固定速率编码不同，可升级编码方案通常要综合原始信号和传输信道的情况，来自适应地确定编码模式和编码速率，以提高信道使用效率。

5.8　质量评估

语音编解码器中各部分都基于感知模型，针对听觉感知质量进行优化。实际上，即便经过了多级感知优化，也不能保证编解码器的输出语音质量是最优的。因为感知模型都不可避免地存在偏差，无法涵盖人类听觉感知的所有方面。因此，编解码器感知质量的评估工作就显得尤为重要了，它在语音编解码器的设计过程中占据着不可或缺的地位。好的质量评估方法有利于促进语音编码器的开发。

衡量语音编码器质量的最终标准是使用者的体验。这一质量水平既包含声学层面上的感知质量也包含用户体验方面的质量，具体如下：

1）语音质量是指信号在声学层面上的感知质量，评价内容包括：

① 噪声级——语音信号被认为具有的噪声量（实际上不相关的噪声）。

② 失真度——描述语音信号部分被破坏的程度（实际上相关的噪声）。

③ 可懂度——可以理解语音信号含义的程度。

④ 相似度——描述语音信号与原始信号的接近程度。

2）互动和交流质量是动态互动方面的质量体验，主要评价内容包括：

① 延迟——指从说话者一端的语音事件到接收端感知到该事件之间的延迟。既包括语音编解码器的算法延迟，也包括网络和传输延迟等；

② 回声——是近端扬声器的声音在远端扬声器重放时可能产生的反馈回路，远端麦克风再次拾取，从而在近端重放。

上述内容说明质量一词所包含的属性范围广泛。本节主要关注声音信号的感知质量或语音质量的评价。

如前所述，人是语音编码器的最终服务对象，因此人也是语音编码器质量的最终评判者。以听众为测试主体的质量评价实验，因存在预算高、耗时长且测试烦琐等问题，在实际应用中受到各种限制。因此，为了更便捷、有效地对编码质量进行评估，国内外研究者相继开发了多种客观质量评价方法。尽管针对客观质量评价的研究在过去几十年中取得了长足发展，但选用测听者进行的主观质量评估仍然是语音质量评价的最重要的方式。在接下来的两小节中，将介绍语音质量的主观和客观质量评估方法。

5.8.1　主观评价

主观评测通过邀请测听者对编码器处理后的解码信号进行测听打分，根据主观听觉感受对编码质量进行评估。测听者分为普通测听者和专家测听者。普通测听者未经任何测听训练，可以代表普通用户的感受。但是，选用普通测听者进行语音质量评估，其给出的评价结果随机，既不准确，也不一致。为了提高使用普通测听者的质量评测的准确性，解决办法就是加大测听者的数量。这类评价方式耗时长、测试过程烦琐、测试结果易受测试条件所影响，但是能准确地反映出编码器的主观听觉质量，测试很有价值。在制定新的语音编码标准时，必须对一些候选标准进行评估，而唯一公正可靠的方法就是组织广泛的普通测听者进行性能评估。

另外一类主观评测方式是选用经过准确性和一致性训练的专家测听者。通常语音编码算法的研究者本身可视为专家听者，因为他们需要定期进行非正式测试，以确定自己的算法是否运行良好，有充足的时间在算法开发过程中训练学习。专家测听者是经过正式或非正式训练的听者，选用这类测听者进行性能评估能获得很高的准确性和一致性。当然，专家测听者也受到各自专业领域的限制，在性能评测时会出现一些评分偏差。如，某位测听者是韵律检测方面的专家，那么他通常会对语料中的韵律检测的误差非常敏感；而另一位专门研究丢包掩蔽的听者则会对丢包掩蔽方面的问题进行更准确的评估，而对音高估计方面的偏差感知不敏感。此外，如果测听者的母语为中文，那么他就会对中文语料的评估更为准确，而在评价其他语种的语料时，可能会忽略相应语言的音调、可懂度等方面的错误。

在许多情况下，专家测听者更实用，他们能给出一致而准确的答案，因此选用少量听者（如：10 ～ 20 人）就足以做出相对可靠的质量评估。在以下两种情况下，专家测听者尤为重要。

1）对于使用近乎透明的编解码器进行的性能测试；

2）在开发过程中快速测试语音编解码器的个别功能。

在其他情况下，一般来说，通常更倾向于选用普通测听者进行更大规模的质量评估测试。最常用的专家测听者的测试方法是带有隐藏参考和锚点的多重刺激（Multiple Stimuli with Hidden Reference and Anchors，MUSHRA）测试。针对语音与音频主观评测，ITU–T 给出了多项标准，分别介绍如下：

1. ITU–T P.800

1996 年 8 月 30 日 ITU–T 发布了名为“传输质量的主观判定方法”的 P.800 标准。它是普通测听者对语音编解码评测的行业标准方法，在语音编解码器的标准化过程中经常使用。该标准是对电话传输系统中声音质量主观评价的一个概述，既可用于语音编码模块的评测，也可用于语音增强等其他方法的评测。P.800 标准中主观的评价方法就是测听者通过听觉感受来评价语音质量的好坏，并进行打分，选用的评分标准是 MOS（Mean Opinion Score）分。MOS 分数主观评判标准如表 5-4 所示，分值范围为 1 ～ 5 分，分数越高表示语音质量越好。在语音通信中，MOS 分大于或等于 4.0 时，认为是质量比较好的语音，接近于透明信道编码。MOS 分数在 3.5 左右时，称作通信质量，此时可以满足多数语音通信系统的要求。MOS 分数在 3.0 以下时，称为合成质量，即声码器所能达到的合成语音的质量，有很好的可懂度，但语音的自然度稍差。

表 5-4　MOS 分数主观评判标准

MOS 分	质量等级	失真感觉
5	优	察觉不到
4	良	稍有察觉

（续）

MOS 分	质量等级	失真感觉
3	中	有察觉且稍觉可厌
2	差	能明显察觉到
1	坏	不可忍受

P.800 标准对语音质量主观评价的测试方法、测试条件、测试语料库及测试人员都做了详细规定，其他主观测试应遵循该标准。同时，该标准给出了绝对等级测试、降质等级测试和比较等级测试等方法的操作流程。在大多数情况下，建议采用绝对等级测试（Absolute Category Rating，ACR）进行测试，即要求测听者对听到的单个语音测试样本根据 5 级评分标准进行评级。在失真等级测试（Degradation Category Rating，DCR）中，要求听音者以一个原始语音为参考标准，来评价测试语音相对原始语音的质量下降程度，并根据 5 级量表对测试语音的失真程度进行评级，这个分数称作 DMOS 分（Degradation Mean Opinion Score）。另一种方法是比较等级测试（Comparison Category Rating，CCR），与 DCR 测试方案相类似，区别是 CCR 测试中原始语音与被测语音的播放顺序随机，测听者通过判断先后两次听到的语音的听觉质量进行打分。打分等级为：很好（3）、好（2）、略好（1）、大致相同（0）、略差（–1）、差（–2）、很差（–3），这个分数被称为 CMOS 分（Comparison Mean Opinion Score）。

2. ITU–T P.835

2003 年 ITU–T 发布的名为“评估包括噪音抑制算法在内的语音通信系统的主观测试方法”的 P.835 标准是另一种针对普通测听者的主观测试方法。与 P.800 相比，P.835 的应用更为具体，它主要用于对包含噪声抑制的系统的评估。将噪声抑制或语音增强包括在内，目的是获得比 P.800 的 CCR 更详细的对系统增强性能的评估。

P.835 规定的测试方法是一种绝对质量评价方法，测评过程中不提供参考信号，只测听处理后信号。测听者对测试样本在信号质量、背景质量和整体质量三个方面进行评估。每种测试样本只播放一次，即不允许重复样本。对于样本的评测采用与 P.800 类似的 5 级评分法。

3. ITU–R BS.1534（MUSHRA）

2003 年 ITU–R 发布了名为“带有隐藏参考和锚点的多重刺激”（MUSHRA）的 BS.1534 标准。这个标准主要用于音频信号的质量评估，同时也适用于对语音信号的评估。顾名思义，MUSHRA 方法用于对多种参考方法同时进行评测，而诸如 P.800 的比较类评测方法只能测试两种编码方法的语音质量。

在 MUSHRA 评测中，除原始音频和被测音频信号之外，还包括一个隐藏参考项（Hidden Reference）和一个锚信号（Anchor）。在评测时，被测信号、隐藏参考项和锚信号被随机排序，并与已知原始信号进行对比。隐藏参考项与原始信号相同，被随机混入测试音频信号中进行评测，如果对隐藏参考项的评价值超过了原始信号，则表明这个测听者给出的评价分数可能不太可靠。锚信号是测试信号集中质量最差的信号，它通过将原始信号进行低通滤波而得到，具有明显的感知失真，被用作评价结果的最低值。在测试中加入参考项和锚信号，是为了使得不同测听者的评价分数趋于统一，使评测的相对尺度尽可能接近绝对尺度，用以将人为因素对评价的影响降至最低。与 P.800 不同的是，MUSHRA 评测得到的是绝对分数，其分数及对应听觉质量如表 5-5 所示。

表 5-5　MUSHRA 分数及对应听觉质量

质量评价	分数
优秀	80 ～ 100
良好	60 ～ 80
一般	40 ～ 60
较差	20 ～ 40
很差	0 ～ 20

在 MUSHRA 评测中，测听者可以重复播放音频样本，并在各样本间进行切换。通过多次测听和比较，便于测听者发现、分析和评估不同音频样本质量间的差异。虽然这种测听方式与现实生活中的聆听场景不一致，但这种灵活的测听方式能提高评价结果的准确性。

5.8.2　客观评价

主观评测是依赖于测听者的感知、经验和情感对不同编码方法进行性能评价，是首选的评价方式。但是，主观评测通常需要大量的测听者参与其中，在人员、测试场地、测试设备、测试的组织和管理方面需要大量投入，使得主观评测的预算相对较高。此外，测听者的筛选、测试的准备、测试的执行及测试结果的收集和分析均需要花费大量的时间，使得主观评测的耗时相对较长。因此客观评价方式就显得尤为重要了。客观评价是通过计算语音信号的各种参数指标来进行量化评估的方法。与主观评测相比，客观评测具有速度快、效率高、可重复性好、评价科学、不受个人主观因素影响等优势，被广泛应用于语音编码技术的研发和标准化等场景。针对语音与音频客观评测，ITU–T 制定了多项国际标准。

1. ITU–T P.862

ITU–T 在 2001 年制定了名为“语音质量感知评估（Perceptual Evaluation of Speech Quality，PESQ）”的标准 P.862，该标准是为自动评估电信系统中的语音质量而制定的。PESQ 是一种客观语音质量评估算法，模拟了人类听觉系统对语音质量的感知，用于量化语音信号在传输或编码过程中引入的失真，并提供一个数值评分来表示语音质量。PESQ 主要用于对电话网络和语音编解码器进行端到端语音质量评估，它旨在对语音信号进行客观的质量评估，测试结果以 MOS 分形式给出。

PESQ 算法通过模拟人类听觉系统对语音信号的感知过程，来对语音信号进行质量评估，其主要处理流程如下：

1）对输入的原始语音信号和解码语音信号进行预处理，如滤波、采样率转换、能量水平调整等。

2）考虑到编码及传输过程中存在着延迟，PESQ 算法中需要对原始语音信号和解码语音信号在时间上进行对齐，以确保两个信号在时间上同步。

3）选用时频变换方法，将时域的原始语音信号和解码语音信号转换为频域信号，以便在频域进行分析。

4）根据人类听觉系统的特性，对频域信号进行感知加权，突出对语音质量影响较大的频段。

5）计算感知加权后的原始语音信号和解码语音信号之间的差异，量化解码语音信号的失真程度。

6）将计算出的失真度量映射到一个与 MOS 分相对应的数值范围，得到评价的输出值，用以衡量解码语音质量。

PESQ 算法能够模拟人类听觉系统对语音质量的感知，提供客观、可重复的语音质量评价结果，适用于多种语音编码算法的评价，具有广阔的应用范围。此外，还可以快速地对不同编码算法进行性能评测。但是，PESQ 算法主要关注语音信号的失真程度，而对其他影响语音质量的因素（如背景噪声、回声等）的评估能力有限。PESQ 算法虽然能够模拟人类听觉系统的感知过程，但与真实的人类听觉感知仍然存在一定差异。

2. ITU–T P.863（POLQA）

P.860 系列语音客观感知质量评测的最近版本是 ITU–T 在 2011 年制定的名为“感知客观听音质量评估（Perceptual Objective Listening Quality Analysis，POLQA）”的标准 P.863。POLQA 是以 PESQ 为基础，引入了超宽带模式，并支持从窄带（300 ～ 3400Hz）到超宽带（50 ～ 14000Hz）的语音质量评估。它能对语音信号进行客观的质量评估，测试结果以 MOS 分形式给出。其工作原理是原始信号（也叫参考信号）和编码后信号进行时间对齐，以补偿传输网络中由于延迟、抖动和编码而带来的小幅时移。该模型将两个对齐和过滤后的信号转换到频率响度域来计算失真。计算两个信号的差值，并推导出声音差值。声音差异随时间累积，最后生成平均 MOS 分数。需要注意的是，POLQA 不适用于对音乐或其他非语音信号进行评测。

3. ITU–R 建议 BS.1387（PEAQ）

针对音频信号的客观质量评估，国际电信联盟无线电通信组（ITU–Radiocommunications Sector，ITU– R）在 2001 年制定了名为“客观感知音频质量评估方法（Perceptual Evaluation of Audio Quality，PEAQ）”的标准 BS.1387。它按照 ITU–R 的标准 BS.562 中的 5 级标准来评估信号质量。PEAQ 在计算过程中考虑了人耳的听觉掩蔽效应，从待测信号和原始信号中提取感知特征，从而通过神经网络对衰减进行评估。神经网络旨在模拟主观听者的认知评估过程，最终，计算出客观差异等级（Objective Difference Grade，ODG）作为评价结果。ODG 分数区间为 [–4，0]，用以反映待测信号和原始信号的差异程度。ODG 分数及其含义如表 5-6 所示。需要指出的是，评测时 ODG 分数通常作为相对质量参考。

表 5-6　ODG 分数及其含义

ODG 分数	音频损伤程度
0.0	损伤不可察觉（Imperceptible）

（续）

ODG 分数	音频损伤程度
-1.0 ～ -0.1	损伤可察觉，但不讨厌（Perceptible but not annoying）
-2.0 ～ -1.1	稍讨厌（Slightly annoying）
-3.0 ～ -2.1	讨厌（Annoying）
-4.0 ～ -3.1	非常讨厌（Very annoying）

4. 短时客观可懂度

短时客观可懂度（Short-Time Objective Intelligibility，STOI）是一个客观的语音可懂度评估指标。它通过计算语音信号的时域和频域特征之间的相关性来预测语音的可理解程度。对于语音信号中的一个词的判断，只有能听懂和不能听懂两种结果，可以认为可懂度是二值的，所以 STOI 的取值范围为 0 到 1，代表词被正确理解的百分比，分数越高可懂度越高，数值为 1 时表示语音能够完全被理解。STOI 适用于评估噪声环境下的语音可懂度改善效果。STOI 的计算方法涉及求取原始信号和受损信号之间的平均短时子带线性相关系数，并基于该系数来量化处理信号的受损情况。STOI 被广泛应用于语音编码、语音增强、声源分离和语音识别等领域。

5. 语音质量虚拟客观测听者

语音质量虚拟客观测听者（Virtual Speech Quality Objective Listener，ViSQOL）是一种基于机器学习的语音质量评价方法，多用于对 48 kHz 采样信号的评估，可以处理单通道和多通道输入信号。ViSQOL 是一种侵入式的感知质量度量方法，它通过比较待测信号与原始信号的频谱相似性程度来得到平均意见分。它主要用于客观评估不同编码、压缩或传输后的信号与原始信号之间的质量差异。ViSQOL 基于大量主观评价数据，构建了一个深度学习模型。其工作原理是将原始信号和处理后信号转化为特征向量，然后计算两者之间的距离（通常是曼哈顿距离）。这个距离越小，表示处理后的信号质量越高。相比于传统的客观质量评估方法，ViSQOL 能更好模拟人类听觉系统的感知特性，因此在评估复杂场景下的音质时，表现更为出色。

本章小结

本章对语音编码进行了详细介绍。首先介绍了概率密度函数、波形量化、比特分配技术和熵编码。随后，介绍了波形编码、参数编码、混合编码、变速率语音编码和神经网络语音编码，并分析了各类编码方法的特点。最后，从客观评估和主观评估两个方面介绍了语音编码的主要质量评价方法。

思考题与习题

5-1　简述非均匀量化的流程。

5-2　简述矢量量化的流程。

5-3　设想一个简单的天气预报系统，该系统需要通过电子邮件向用户发送未来一周每天的天气预报信息。为了节省存储空间和传输带宽，系统决定采用熵编码对天气状况信息进行编码。天气状况被简化为四种可能：晴天（Sunny）、多云（Cloudy）、雨天（Rainy）和雪天（Snowy）。过去一年的数据统计显示，晴天、多云、雨天、雪天出现的概率分别为 0.5、0.3、0.1、0.1。请计算这个天气预报系统的天气状况总信息熵。

5-4　简要说明 DPCM 工作流程。

5-5　简要说明 ADPCM 工作流程。

5-6　简要说明 LPC 声码器的基本原理及其主要特性。

5-7　请画出正弦编码的基本原理方框图。

5-8　分析波形编码、参数编码和混合编码各自的优缺点。

5-9　调研现有的混合编码方法，并选其中一种进行分析，描述其编解码原理。

5-10　列出主要的语音质量的主观评价指标和客观评价指标各 3 种，并分别介绍其应用场景。

5-11　在给定数据集 V=[0,1,2]，输入数据流为 $\boldsymbol{x}$=[1,0,2,1,0,1,2,1,0,2,0,1,1]，试：

1）编写一个程序来计算输入数据流 $\boldsymbol{x}$ 的熵 $H_e(x)$。

2）编写一个程序计算输入数据流 $\boldsymbol{x}$ 中每个符号出现的概率 p_i，$i \in V$。

5-12　假设已知一段语音信号的频谱数据，数据中包含了不同频率出现的频次统计信息。编写一个程序，根据这些频率统计信息生成哈夫曼树，并完成编码过程，输出编码后的结果字符串。

任务描述：给定一个字典 freq_dict，其中键为频率值，值为该频率在语音数据中出现的次数。例如：freq_dict={‘50’：3，‘100’：7，‘150’：12，‘200’：5} 表示频率 50Hz 出现了 3 次，100Hz 出现了 7 次，依此类推。

问题介绍：请编写一个函数 huffman_encode（freq_dict），该函数应该完成以下任务：

1）根据 freq_dict 创建一个优先队列（最小堆），其中元素为元组（频率出现次数，频率值），用于构建哈夫曼树；

2）构建哈夫曼树；

3）生成哈夫曼编码表，键为频率值，值为该频率对应的哈夫曼编码（二进制字符串）；

4）返回一个编码后的字符串，该字符串由上述频率值按原顺序经哈夫曼编码后的二进制串拼接而成，无须间隔符。

参考文献

[1]　鲍长春 . 数字语音编码原理 [M]. 西安：西安电子科技大学出版社，2007.

[2]　鲍长春 . 低比特率数字语音编码基础 [M]. 北京：北京工业大学出版社，2001.

[3]　吴家安 . 现代语音编码技术 [M]. 北京：科学出版社，2007.

[4]　张雪英，贾海蓉 . 语音与音频编码 [M]. 西安：西安电子科技大学出版社，2011.

[5]　杨行俊，迟惠生，等 . 语音信号数字处理 [M]. 北京：电子工业出版社，1995.

[6]　赵力 . 语音信号处理 [M]. 3 版 . 北京：机械工业出版社，2016.

[7]　胡航 . 现代语音信号处理 [M]. 北京：电子工业出版社，2014.

[8] 贾懋珅 . 超宽带嵌入式语音与音频编码研究 [D]. 北京：北京工业大学，2010.
[9] 李伟，王鑫 . 音频音乐与计算机的交融：音频音乐技术 [M]. 2 版 . 上海：复旦大学出版社，2022.
[10] 赵晓群 . 数字语音编码 [M]. 北京：机械工业出版社，2007.
[11] 王炳锡 . 语音编码 [M]. 西安：西安电子科技大学出版社，2002.
[12] 王炳锡，王洪 . 变速率语音编码 [M]. 西安：西安电子科技大学出版社，2004.
[13] 张雄伟，陈亮，杨吉斌 . 现代语音处理技术及应用 [M]. 北京：机械工业出版社，2003.
[14] 韩纪庆，张磊，郑铁然 . 语音信号处理 [M]. 3 版 . 北京：清华大学出版社，2019.
[15] 拉宾纳，谢佛 . 语音信号数字处理 [M]. 朱雪龙，等译 . 北京：科学出版社，1983.
[16] 李海婷，范睿，朱恒，等 . 最新的 ITU-T 嵌入式变速率语音编码关键技术 [J]. 电声技术，2006，30（11）：50–55；58.
[17] 辛杰 . 嵌入式变速率宽带语音编解码关键技术研究 [D]. 北京：北京工业大学，2009.
[18] SPANIAS A，PAINTER T，ATTI V. Audio signal processing and coding[M]. New York：John Wiley & Sons，2006.
[19] ZEGHIDOUR N，LUEBS A，OMRAN A，et al. Soundstream：An end–to–end neural audio codec[J]. IEEE/ACM Transactions on audio，speech，and language processing，2021，30：495–507.
[20] RU J，WANG L，JIA M，et al. Neural audio coding with deep complex networks[J]. Journal of physics：Conference series，2024，2759（1）：012005.
[21] ANDREW H，JAN S，ANIL C K，et al. ViSQOL：An objective speech quality model[J]. EURASIP Journal on audio，speech，and music processing，2015（13）：1–18.
[22] MATTEO T，THORSTEN K，JÜRGEN H. Objective measures of perceptual audio quality reviewed：An evaluation of their application domain dependence[J]. IEEE/ACM Transactions on audio，speech，and language processing，2021，29：1530–1541.

第 6 章　语音识别

导读

语音识别（Automatic Speech Recognition，ASR）是一种将人类语音转换为文本或机器可理解指令的技术。ASR 旨在通过使用音频处理、机器学习和深度学习等算法，实时或离线地将语音信号转化为文字信息。语音识别技术不仅在日常生活中为人们提供了极大的便利（如智能助手、语音搜索和语音输入等），还在医疗、教育、交通和工业自动化等领域有着广泛的应用前景。

本章知识点

- 模版匹配方法
- 统计概率模型方法
- 端到端语音识别方法

语音识别（Automatic Speech Recognition，ASR）源于对语音智能交互的迫切需求。自从人类能够制造与运用各种机器以来，人们便渴望让机器理解人类语言，并根据口头指令执行任务，实现人机间的顺畅交流。语音识别作为一项前沿技术，致力于让机器能够准确辨识和理解语音信号，进而将其转化为相应的文本或指令，从而满足人类与机器间的高效交流需求。

随着信息技术的快速发展，语音识别技术已逐渐成为人机交互中不可或缺的一环。作为一种将人类语音转换为文本或命令的技术，语音识别系统主要由声音采集设备、前端处理、声学模型、语言模型、搜索算法和文本输出等多个模块组成。具体而言，声音采集设备一般为话筒或麦克风，用于采集用户的语音信号。前端处理则对采集到的声音信号进行降噪、去除回声等预处理工作。声学模型使用机器学习算法对语音信号进行特征提取和建模，从而实现将声音信号转换为音素序列的功能。语言模型则基于统计学方法和自然语言处理技术，对各种语言的语法和词汇进行建模，提高识别准确度。搜索算法则通过动态规划等算法对所有可能的文本结果进行排名和筛选，从而得出最终的结果。文本输出则将最终结果以文本形式输出给用户。根据处理流程和功能需求，可以将语音识别分为训练与识别两个阶段。在训练阶段，通过大量的语音数据让系统学习语音信号与对应文本之间的映射关系，构建出精确的声学模型和语言模型；在识别阶段，系统接收到待识别的语音信号后，会将其转换为声学特征，并利用之前训练的模型对这些特征进行解码，从而找到最可能的文本序列作为识别结果。训练与识别的整个过程实现了从语音到文本的自动转换。

语音识别按照不同的角度、不同的应用范围、不同的性能要求会有不同的系统设计和实现，也会有不同的分类。按照所识别的单位，语音识别可以分为孤立词（字）识别与连续词识别。孤立词识别要求说话人每次只说一个词（字）、一个词组或一条命令让识别系统识别。例如：一个使用语音进行家电控制的孤立词语音识别系统，可以识别用户发出的诸如“开”“关”“请打开”等词条。近年来，随着语音识别研究的不断发展，连续词识别已渐趋成熟，并逐渐成为语音识别研究及实用系统的主流。连续词识别表示对连接有序的一个词语、或者一句话、甚至是一段话进行识别。目前，连续词识别已广泛应用于语音输入、电话语音自动应答、语音控制等领域。且随着深度学习技术的发展，连续词识别的性能已经得到了很大的提升。然而，由于连续词识别比较复杂，成本比较高，所以它并不适用于所有的应用。如果在一个利用语音进行命令控制的操作系统中，命令词组非常简单、固定，那么孤立词的识别就更为合适。此时，使用孤立词可以把整个语音识别系统设计得十分轻巧，以便操作。

自 1952 年贝尔实验室成功研发了首个特定说话人的孤立数字识别系统以来，语音识别的研究历程可划分为三个主要阶段。第一阶段，自 20 世纪 50—90 年代，语音识别领域尚处探索初期，主要依赖于模板匹配方法进行语音识别。通过与预先训练的模板进行比对，成功实现了语音识别。这一阶段主要聚焦于孤立词的识别，为后续发展奠定了坚实基础。第二阶段，自 20 世纪 80 年代至 21 世纪初，以隐马尔可夫模型（Hidden Markov Model，HMM）为核心的概率统计模型成为语音识别主流方法，该方法显著提高了识别精度，至今仍是该领域学习和研究的重要基础。自 21 世纪起，语音识别进入第三阶段，深度学习的崛起为其带来了革命性进展。借助神经网络对复杂模型和海量数据的处理能力，语音识别取得了显著成果，并展现出优异的识别效果和系统稳定性。

基于前述的语音识别三个发展阶段，可以将语音识别方法划分为三类：模板匹配方法，统计概率模型方法，以及端到端语音识别方法。本章将依次对模板匹配方法、统计概率模型方法、端到端语音识别方法进行详细介绍。

6.1　模版匹配方法

模板匹配方法是一种基于预先存储的参考模板与输入语音信号进行相似度比较的技术。在训练阶段，系统将每个词的发音特征存储为模板；在识别阶段，将输入的语音信号与这些模板进行比对，找到最相似的模板作为识别结果。模板匹配方法简单直观，适用于孤立词识别。典型的模板匹配方法包括矢量量化（Vector Quantification，VQ）技术与动态时间规整（Dynamic Time Warping，DTW）技术。

6.1.1　矢量量化技术

矢量量化技术是一种重要的信号压缩方法。它基于块编码规则，以实现连续信号到数字信号的转化，具有压缩比大、解码简单且能够很好地保留信号细节的优点。20 世纪 70

年代末，Buzo 等人创新性地提出了矢量量化技术，并成功应用于实际场景中。目前，矢量量化作为一种极其重要的压缩方法，广泛应用于语音编码、语音识别和合成、图像压缩等领域。

在语音识别中，矢量量化技术主要适用于孤立词的识别。假定语音识别任务中输入为某一个词或字的语音，表示为一组 K 维矢量 $\boldsymbol{X}=[\boldsymbol{x}_1,\boldsymbol{x}_2,\cdots,\boldsymbol{x}_T]$。其中，$T$ 表示输入语音被分为了 T 帧，第 i 帧可表示为 $\boldsymbol{x}_i=[x_{i,1},x_{i,2},\cdots,x_{i,K}],i=1,2,\cdots,T$。

对于使用矢量量化进行语音识别而言，首先需要生成码书。依次对词汇表中的每个词或字进行训练语音采集，生成码书为 $\boldsymbol{Y}=[\boldsymbol{y}_1,\boldsymbol{y}_2,\cdots,\boldsymbol{y}_J]$。其中，$J$ 表示总共能识别的词的个数，即词汇表中词的个数；$\boldsymbol{y}_j=[y_{j,1},y_{j,2},\cdots,y_{j,K}]$ 是码书中的码字或码矢，代表第 j 个词。每个词的码字可以通过该词对应的训练语音分帧求特征，并对所有帧的特征求平均得到。

接着进行量化：对于输入语音 $\boldsymbol{X}$ 的第 i 个矢量 $\boldsymbol{x}_i$，量化时会在码书 $\boldsymbol{Y}$ 中找到一个与 $\boldsymbol{x}_i$ 最接近的码字 $\boldsymbol{y}_j$，此时可以用 $\boldsymbol{y}_j$ 来近似表示 $\boldsymbol{x}_i$。

针对整个输入特征序列 $\boldsymbol{X}$，这个过程可以表示为

$$Q(\boldsymbol{X})=\underset{\boldsymbol{y}_j\in\boldsymbol{Y}}{\operatorname{argmin}}\frac{1}{T}\sum_{i=1}^{T}d(\boldsymbol{x}_i,\boldsymbol{y}_j) \tag{6-1}$$

式中，$d(\boldsymbol{x}_i,\boldsymbol{y}_j)$ 是 $\boldsymbol{x}_i$ 和 $\boldsymbol{y}_j$ 之间的某种距离度量（如欧氏距离）；$Q(\boldsymbol{X})$ 是 $\boldsymbol{X}$ 的量化值，也就是 $\boldsymbol{X}$ 对应的语音识别的结果。总的来说就是将需要进行识别的序列与码书中的码字进行对比，找到匹配度最高的码字，即为识别结果。

矢量量化技术用于语音识别能够降低数据存储和传输成本，但会导致语音信号的精度损失，影响识别准确性；同时，该技术对训练数据的依赖性强，固定的码本难以适应语音信号的动态变化，且对噪声干扰的鲁棒性较差。

6.1.2 动态时间规整技术

模版匹配法语音识别还有一种是直接通过语音序列的比较进行匹配，即将测试的语音序列和真实标签序列进行相似度比较。可以采用欧氏距离计算输入语音序列与真实标签序列之间的相似度，以相似度衡量两段语音是否表示同一个词，进而实现语音识别。如图 6-1 所示，当用欧氏距离来比较两个序列时，序列与序列之间的每一个点按顺序建立一对一的对应关系，根据点与点之间的对应关系计算其欧氏距离作为两个时间序列之间的相似度。然而，由于语音信号具有相当大的随机性，即使同一个人在不同时刻所讲的同一句话、发的同一个音，也不可能具有完全相同的时间长度，发音有快有慢。因此，在进行模板匹配时，这些时间长度的变化会影响测度的估计，从而降低识别准确率。

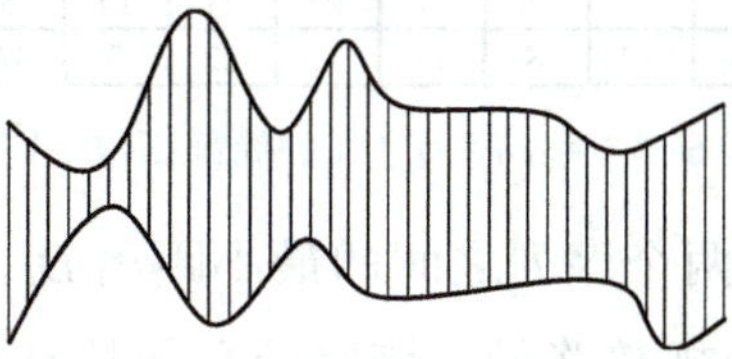

图 6-1 两个序列间的欧氏距离

从图 6-1 可以看到，考虑发音持续时间的不同，要比较这两个序列的相似度时，向下凸起的点、向上凸起的点应该相互对应起来比较，但显然，欧氏距离这种按顺序点对点计算相似度的方法没有考虑发音持续时间不同的影响。

针对该问题，日本学者应用动态规划的思想，提出了著名的动态时间规整算法（Dynamic Time Warping，DTW）。DTW 抛开了欧氏距离的限制，旨在寻找一个连续的包含两个序列中所有点互相对应的一个匹配关系。通过动态地调整序列的时间轴（即伸长或缩短序列中的部分），使得规整后的路径能够最佳地匹配两个序列的形状，从而计算出它们之间的相似度。如图 6-2 所示，规整后的路径是两个序列经过时间规整后对应的最佳匹配路径，反映了两个序列之间的相似程度和对齐方式，被称为规整路径。

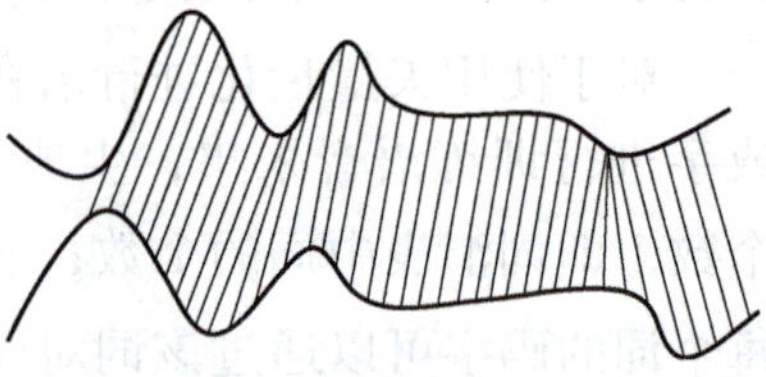
图 6-2　使用 DTW 规整两个时间序列

从图 6-2 可以看到，使用 DTW 能将两个时间序列重新进行对齐。具体而言，假设有两个序列 $\boldsymbol{a}=(a_1,a_2,\cdots,a_N)$ 和 $\boldsymbol{b}=(b_1,b_2,\cdots,b_M)$，这两个序列的长度可能不同，即 $N\neq M$。首先，使用不同类型的距离计算两个序列元素之间的局部距离。最常用的距离计算方法为欧氏距离，即两个元素值之间的绝对距离。如下列公式所示：

$$d_{i,j}=\left|a_i-b_j\right| \tag{6-2}$$

式中，$d_{i,j}$ 表示 $\boldsymbol{a}$ 中第 i 个元素和 $\boldsymbol{b}$ 中第 j 个元素的距离，$1\leqslant i\leqslant N$，$1\leqslant j\leqslant M$，所有的 $d_{i,j}$ 组成 N 行 M 列的矩阵 $\boldsymbol{d}$，称为局部距离矩阵。

从局部距离矩阵开始，使用动态规划算法和以下优化准则来确定序列之间的最小距离：

$$D_{i,j}=d_{i,j}+\min(D_{i-1,j},D_{i,j-1},D_{i-1,j-1}) \tag{6-3}$$

式中，$D_{i,j}$ 是子序列 $(a_1,a_2,\cdots,a_i)$ 和 $(b_1,b_2,\cdots,b_j)$ 之间的最小距离。此时的规整路径为：从 $(1,1)$ 到 (i,j) 的最佳匹配路径。

举例来说，假定有两个序列：$\boldsymbol{a}$=(3,−13,14,−7,9,−2)，$\boldsymbol{b}$=(−2,10,−10,15,−13,20,−5,14,2)。首先计算两个序列之间的局部距离矩阵 $\boldsymbol{d}$，如图 6-3 所示，矩阵中每个元素即为序列相应位置元素之间的欧氏距离。

	−2	10	−10	15	−13	20	−5	14	2
3	5	7	13	12	16	17	8	11	1
−13	15	23	3	28	0	33	8	27	15
14	16	4	24	1	27	6	19	0	12
−7	5	17	3	22	5	27	2	21	9
9	11	1	19	6	22	11	14	5	7
−2	0	12	8	17	11	22	3	16	4

图 6-3　两个序列之间的局部距离矩阵 $\boldsymbol{d}$

接着使用式（6-3），计算两个序列之间的最小距离 $D_{i,j}$，得到规整路径，如图 6-4 所示。图中箭头连接的路径即为规整路径，该路径必须从 $(1,1)$ 开始，到 (N,M) 结束。最终

$D_{N,M}$ 的值即是最佳匹配路径所对应的两个序列的匹配距离。

	−2	10	−10	15	−13	20	−5	14	2
3	5	12	25	37	53	70	78	89	90
−13	16	28	15	43	37	70	78	15	104
14	32	20	39	16	43	43	62	62	74
−7	37	37	23	38	22	49	45	66	71
9	48	38	42	29	44	33	47	50	57
−2	48	50	46	46	40	55	36	52	54

图 6-4　$D_{i,j}$ 组成的矩阵（箭头所示为规整路径）

DTW 算法有两个条件，以确保其快速收敛：

1）单调性：路径永远不会返回，这意味着用于穿过序列的索引 i 和 j 永远不会减少。

2）连续性：路径逐步前进，i 和 j 在一个步长上最大增加 1 个单位。

使用 DTW 进行语音识别时，假定真实标签序列为 $(\boldsymbol{R}_1,\boldsymbol{R}_2,\cdots,\boldsymbol{R}_M)$，$\boldsymbol{R}_m$ 表示第 m 帧的语音特征矢量。输入测试语音序列为 $(\boldsymbol{T}_1,\boldsymbol{T}_2,\cdots,\boldsymbol{T}_N)$，$\boldsymbol{T}_n$ 表示第 n 帧语音特征矢量。$d_{n,m}$ 表示测试序列中第 n 帧特征与真实标签序列中第 m 帧之间的欧氏距离。DTW 算法用于语音识别时的原理如图 6-5 所示。从 (1,1) 开始，到 (N,M) 结束，箭头连接的路径为规整路径。

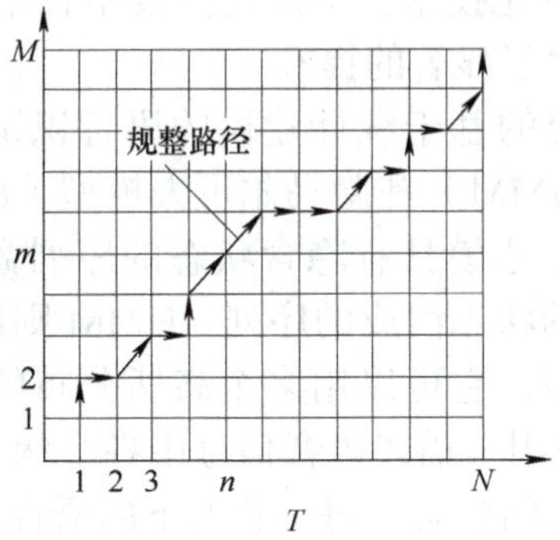

图 6-5　DTW 算法用于语音识别时的原理

DTW 算法分两步进行：一是计算两个序列各帧之间的距离，即求出帧局部距离矩阵；二是在帧局部距离矩阵中找出一条最佳路径。搜索最佳路径时，搜索从 (1,1) 点出发，且在搜索中，点 (n,m) 只能由 $(n-1,m)$ 、$(n,m-1)$ 或 $(n-1,m-1)$ 到达。即 (n,m) 一定选择这三个距离中的最小者所对应的点作为其前续格点，此时路径的累积距离为

$$D_{n,m}=d_{n,m}+\min(D_{n-1,m},D_{n,m-1},D_{n-1,m-1}) \tag{6-4}$$

从 (1,1) 点出发，反复递推，直到点 (N,M) 便可以得到最优路径。此时 $D_{N,M}$ 就是最佳匹配路径所对应的匹配距离。

在进行语音识别时，将测试语音与所有参考模板进行 DTW 匹配，具有最小匹配距离 $\min(D_{N,M})$ 所对应的参考模板即为识别结果。

DTW 虽然能有效解决发音长短不一的模板匹配问题，但其缺点也不容忽视。DTW

的运算量较大，对端点检测的准确性要求极高，识别性能过分依赖于端点检测的准确性。同时，DTW 技术还较为依赖说话人，不同说话人的语音特征差异可能导致识别效果下降。此外，当处理两个长度差异较大的序列时，DTW 可能需要修改序列长度以进行比对，这可能导致较大的误差。因此，虽然 DTW 技术在某些场景下具有优势，但仍需针对其缺点进行改进和优化。

6.2 统计概率模型方法

统计概率模型方法是一种基于概率统计的语音识别技术，旨在利用大量的语音数据训练声学模型和语言模型，以实现语音识别。统计概率模型方法能够处理发音变体、噪声干扰等复杂情况，广泛应用于现代语音识别系统中。经典的用于语音识别的统计概率模型方法包括基于 GMM–HMM（Gaussian Mixture Model–Hidden Markov Model）的语音识别方法和基于 DNN–HMM（Deep Neural Network–Hidden Markov Model）的语音识别方法。

6.2.1 基于 GMM–HMM 的语音识别方法

自 20 世纪 80 年代开始，HMM 的融入为语音识别领域带来了革命性的突破。相较于传统的模板匹配方法（矢量量化技术、动态时间规整技术），基于 HMM 的语音识别技术在精确度和稳定性方面均取得了显著的提升。

GMM–HMM 是一种传统的基于统计建模的语音识别模型，其结合了高斯混合模型（Gaussian Mixture Model，GMM）和隐马尔可夫模型（Hidden Markov Model，HMM）。HMM 是一种统计模型，用于建模具有隐含状态的序列数据。在语音识别中，语音信号可以被看作是由一系列离散的状态组成的序列，HMM 则用来描述这些状态之间的转移概率。GMM 则是一种概率模型，它可以用多个高斯分布的混合来近似任意复杂的概率分布。在语音识别中，GMM 被用来描述语音信号中各个状态产生观察值的概率分布。通过将语音信号建模为一系列隐含的状态，每个状态下的语音信号又被建模为一个高斯混合模型，从而捕捉语音信号中的复杂变化。

使用 GMM–HMM 模型进行语音识别的流程如图 6-6 所示，首先对连续语音提取 MFCC（Mel–Frequency Cepstral Coefficients）特征。随后，使用 GMM 将特征对应到状态这个最小单位。然后，通过状态获得音素，音素再组合成单词。最后将单词串起来变成句子。

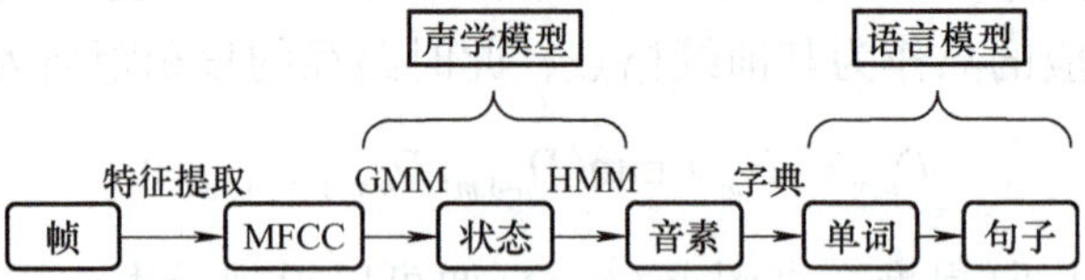

图 6-6　GMM–HMM 模型进行语音识别的流程

下面将对 GMM–HMM 用于孤立词语音识别和连续词语音识别的方法进行介绍。

1. 孤立词语音识别

对孤立词进行语音识别时，要为每个词训练一个 GMM–HMM 模型。使用 HMM 对语音序列进行建模，如图 6-7 所示。其中，s_I 为开始状态，s_E 为结束状态，s_1、s_2、s_3 为中间状态。除了开始和结束之外的状态，其他状态都有两种转移选择，要么转向自己，要么转向下一个状态。

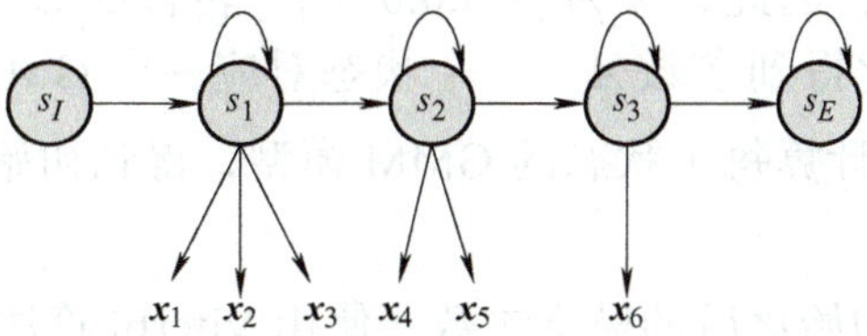

图 6-7　使用 HMM 对语音序列进行建模

以图 6-7 中的 3 个中间状态为例，该模型生成 $\boldsymbol{X}=(\boldsymbol{x}_1,\boldsymbol{x}_2,\cdots,\boldsymbol{x}_6)$ 的概率为：

$$P(\boldsymbol{X}|\boldsymbol{w})=P(\boldsymbol{x}_1|s_1)P(s_1|s_1)P(\boldsymbol{x}_2|s_1)P(s_1|s_1)P(\boldsymbol{x}_3|s_1)\times$$
$$P(s_2|s_1)P(\boldsymbol{x}_4|s_2)P(s_2|s_2)P(\boldsymbol{x}_5|s_2)P(s_3|s_2)P(\boldsymbol{x}_6|s_1)$$

需要进行学习的参数为：

1）a_{ij}：$P(s_i|s_j)$，即状态转移概率，表示状态 s_j 转到状态 s_i 的概率。

2）$b_j(\boldsymbol{x}_t)$：$P(\boldsymbol{x}_t|s_j)$，即发射概率，表示状态 s_j 产生语音特征 $\boldsymbol{x}_t$ 的概率。

$b_j(\boldsymbol{x}_t)$ 由高斯混合模型建模，如式（6-5）所示，由每个高斯模型产生 $\boldsymbol{x}_t$ 的概率 $N(\boldsymbol{x}_t;\boldsymbol{u}_{jm},\boldsymbol{\Sigma}_{jm})$ 乘以该高斯模型所占的比重 c_{jm} 再进行累加得到，其中 M 为高斯模型的个数。

$$b_j(\boldsymbol{x}_t)=\sum_{m=1}^{M}c_{jm}N(\boldsymbol{x}_t;\boldsymbol{u}_{jm},\boldsymbol{\Sigma}_{jm}) \tag{6-5}$$

孤立词 GMM-HMM 模型训练时，流程如图 6-8 所示，具体训练步骤如下：

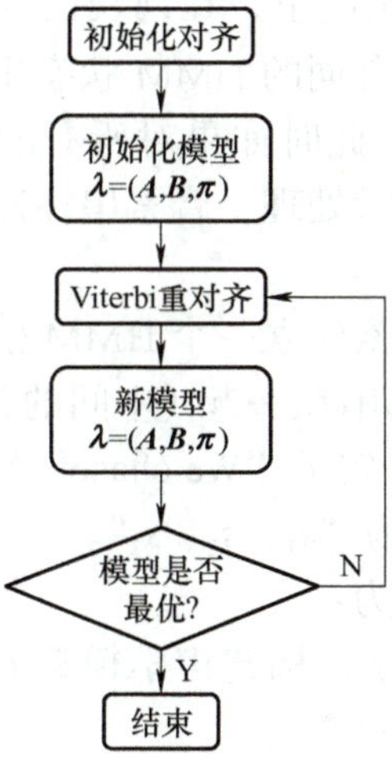

图 6-8　孤立词 GMM-HMM 模型训练流程

1）初始化对齐：将训练语音的每一帧按时间顺序和 HMM 的状态对齐。例如可以按时间顺序均匀分配，以图 6-7 为例，$\boldsymbol{x}_1$、$\boldsymbol{x}_2$ 对应状态 1；$\boldsymbol{x}_3$、$\boldsymbol{x}_4$ 对应状态 2；$\boldsymbol{x}_5$、$\boldsymbol{x}_6$ 对应状态 3。

2）初始化模型：根据步骤（1）的对齐结果，得到模型参数 $\boldsymbol{A}$、$\boldsymbol{B}$、$\boldsymbol{\pi}$。因为刚开始在状态 1 的概率是 100%，因此，$\boldsymbol{\pi}$ 为 $[1,0,0,0,\cdots]$。转移次数 / 总转移次数 = 转移概率，即初始转移概率 a_{ij}，由此得到参数 $\boldsymbol{A}$。一个状态对应一个 GMM 模型，所以可以用这个状态对应的若干帧数据来计算每个状态的 GMM 模型，得到初始均值和方差，以计算参数 $b_j(\boldsymbol{x}_t)$，即参数 $\boldsymbol{B}$。

3）重新对齐：根据初始化后的模型参数，使用 Viterbi 算法进行重新对齐。

4）迭代：根据新的对齐结果，计算新的转移概率和发射概率，更新模型参数。然后根据模型参数，又可以使用 Viterbi 算法寻找最优路径，得到新的对齐。如此循环迭代直到收敛，则 GMM-HMM 模型训练完成。

在利用 GMM-HMM 进行孤立词识别时，首先需要用每个词的训练语音训练得到该词的 GMM-HMM 模型。对于给定的测试语音 $\boldsymbol{X}_{\text{test}}$，用前后向算法计算每个词的模型产生 $\boldsymbol{X}_{\text{test}}$ 的概率，然后取概率最大对应的词为识别出的结果。

2. 连续词语音识别

使用 GMM-HMM 模型进行连续词语音识别时，目的为构建一个判别模型 $P(\boldsymbol{y}\mid\boldsymbol{X})$，其中 $\boldsymbol{X}$ 是语音特征矢量，$\boldsymbol{y}$ 是其对应的句子。训练目标为最大化 $P(\boldsymbol{y}\mid\boldsymbol{X})$；识别时希望能找到 $\underset{\boldsymbol{y}}{\operatorname{argmax}}\, P(\boldsymbol{y}\mid\boldsymbol{X})$。对于 $P(\boldsymbol{y}\mid\boldsymbol{X})$ 的建模通常会使用贝叶斯公式将其转换为

$$P(\boldsymbol{y}\mid\boldsymbol{X}) \approx P(\boldsymbol{X}\mid\boldsymbol{y})P(\boldsymbol{y}) \tag{6-6}$$

要使上式达到最大，必须使 $P(\boldsymbol{X}\mid\boldsymbol{y})P(\boldsymbol{y})$ 最大。$P(\boldsymbol{X}\mid\boldsymbol{y})$ 是给定句子 $\boldsymbol{y}$ 时特征矢量序列 $\boldsymbol{X}$ 出现的概率，为声学模型。$P(\boldsymbol{y})$ 是句子 $\boldsymbol{y}$ 出现的概率，与语音特征矢量无关，由语言模型决定。

构建声学模型 $P(\boldsymbol{X}\mid\boldsymbol{y})$：理想情况下，在词表比较小的时候，可以对每个词进行一个 HMM 建模，而后将整个句子中所有词的 HMM 状态串起来，作为一个超长的 HMM。但在真实场景中，词表往往很庞大，此时如果对所有的词建模，HMM 模型将非常多。所以，一般都是将句子转成音素串进行处理，音素串往往会小很多，这样对每个音素建模较为简便。

在连续语音场景中，为每个音素建立一个 HMM 模型，将句子转为音素串之后，将句子中所有音素对应的 HMM 状态都串在一起（中间的开始和结束状态会去掉），成为一个超长的HMM模型。如图6-9所示，句子“We chase”转为音素串为“/w/ /iy/ /ch/ /ey/ /s/”，每个音素为 3 状态的 HMM，表示为“s_1、s_2、s_3”。

连续词训练和推理的整体思路为：

1）训练阶段：对于所有的句子，构建声学模型 $P(\boldsymbol{X}\mid\boldsymbol{y})$，最大化每个句子的语音特征序列的似然概率。

2）推理阶段：给定一段音频特征 $\boldsymbol{X}_{\text{test}}$，用构建好的声学模型和语言模型，得到识别出的句子 $\underset{\boldsymbol{y}}{\operatorname{argmax}}\, P(\boldsymbol{y}\mid\boldsymbol{X}_{\text{test}})$。

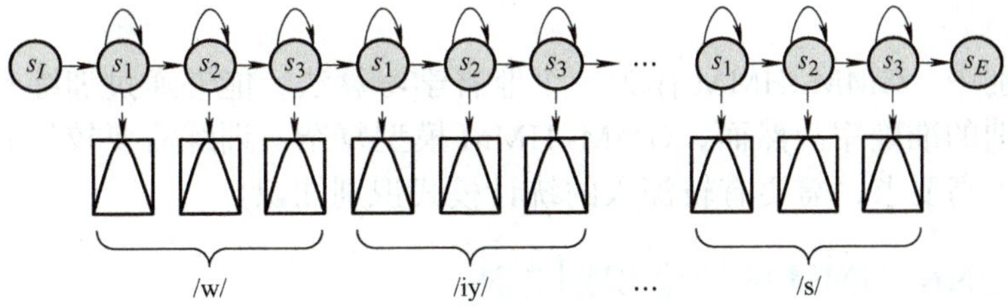

图 6-9 "We chase"对应的音素组成的超长 HMM 模型

具体而言：

连续词 GMM–HMM 模型训练：连续词训练方式与孤立词的训练类似。首先将句子中每一个词转换成音素；然后构建成超长的 HMM 模型，当成一个 HMM 模型来处理；随后使用 EM（Expectation–Maximization）等算法，计算参数 a_{ij} 与 $b_j(\boldsymbol{x}_t)$；最后重复整个流程，直至模型收敛。与孤立词训练时的不同之处在于，对连续词训练时，一次可对多个 HMM 模型进行并行训练。

连续词推理：从音素到句子要经过"音素→词→句子"的两层识别传递。为了更好地明白原理，假设之前构建和训练的都是针对每个词的 HMM 模型，因此只需要经过"词→句子"的一层识别传递即可，一般通过语言模型进行。

假设词表中只有"left""right""up""down"这四个词，识别过程如图 6-10 所示。从图 6-10 可以看到，训练好的模型对所有词进行并行识别。在孤立词识别过程中，如果到达了结束状态，则识别结束；但在连续语音识别时，如果到达了结束状态，还要继续识别下一个词，即在图里表示为循环。

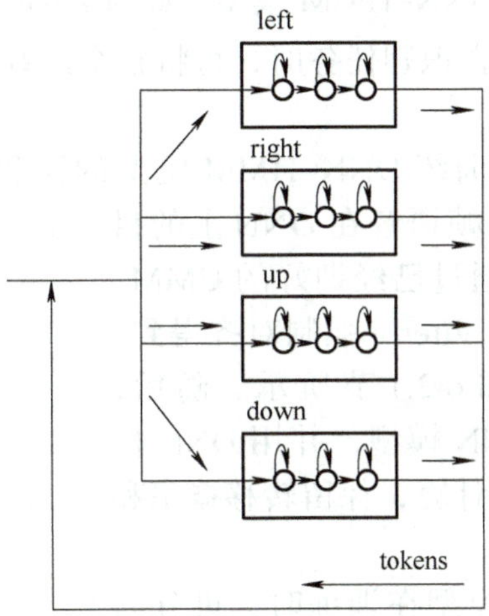

图 6-10 "left""right""up""down"识别过程

在每个 HMM 内部，采用维特比算法，使用动态规划，在每个时刻对于每个状态选择一条最大概率的路径。因为是并行的，所以在某个时刻，可能同时会有多个词到达结束状态，即输出一段已识别出的句子（路径），然后再将这个输出进行下一个词的识别。

对以音素建模的模型进行语音识别时，需要多加一层"音素→词"的传递，通过发音词典即可完成。

在语音识别中，GMM–HMM 作为一个监督学习算法，能够通过训练数据学习到发音模型，提高识别的准确率。然而，GMM–HMM 模型复杂，训练需要较长时间，且对参数调整和优化有较高要求，需要有较深入的统计模式识别知识。

6.2.2 基于 DNN–HMM 的语音识别方法

GMM–HMM 能够有效地捕捉语音信号的时序特性，在语音识别领域得到了广泛的应用。然而，GMM–HMM 为生成模型，不是判别模型，难以捕捉和利用不同发音之间的区别，导致识别性能受限。随着深度学习的兴起，研究人员使用 DNN 代替 GMM，以进行发射概率的建模，构建了 DNN–HMM 声学模型框架，大大提高了语音识别准确率。

在 6.2.1 节中介绍道，GMM 的作用在于给出单个音素状态 s 产生某一语音帧 $\boldsymbol{x}_t$ 的发射概率 $P(\boldsymbol{x}_t|s)$。在 DNN–HMM 模型中，使用 DNN 代替 GMM 计算发射概率 $P(\boldsymbol{x}_t|s)$。通过观察大量的语音帧及其对应的音素状态标签（标签由 GMM–HMM 模型标注），DNN 可以在输入语音帧 $\boldsymbol{x}_t$ 时，给出 $\boldsymbol{x}_t$ 对应某一音素状态 s 的概率 $P(s|\boldsymbol{x}_t)$，再通过贝叶斯公式转换得到 $P(\boldsymbol{x}_t|s)$，即：

$$P(\boldsymbol{x}_t|s)=\frac{P(\boldsymbol{x}_t,s)}{P(s)}=\frac{P(s|\boldsymbol{x}_t)P(\boldsymbol{x}_t)}{P(s)} \tag{6-7}$$

式中，$P(\boldsymbol{x}_t)$ 为语音帧 $\boldsymbol{x}_t$ 出现的概率（一般认为是个常数）；而 $P(s)$ 为状态 s 出现的概率，可以从大量样本中统计得到。由此，便得到了 GMM 的输出 $P(\boldsymbol{x}_t|s)$ 与 DNN 的输出 $P(s|\boldsymbol{x}_t)$ 的关系。在保证 GMM–HMM 的其他模块不变的同时，用 DNN 代替 GMM 来产生发射概率 $P(\boldsymbol{x}_t|s)$，以得到 DNN–HMM 模型，此时 DNN 可以看作一个状态分类器。

将 DNN–HMM 应用于语音识别任务时，可将整个语音识别过程分为训练与推理两个阶段。

DNN–HMM 训练阶段：训练 DNN–HMM 模型的流程如图 6-11 所示。训练 DNN–HMM 之前，需要先得到每一帧语音在 DNN 上的目标输出值（标签）。标签可以通过已经训好的 GMM–HMM 模型在训练语料上进行 Viterbi 强制对齐得到。其中，GMM–HMM 的训练如 6.2.1 节所示。随后，利用标签和输入特征训练 DNN 模型，并用 DNN 模型替换 GMM 进行观察概率的计算，保留转移概率和初始概率等其他部分。

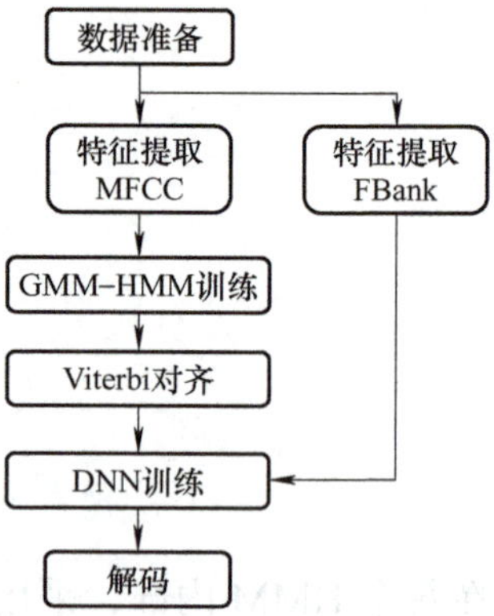

图 6-11 训练 DNN–HMM 模型的流程

具体而言，DNN–HMM 模型在训练时，可分为三个步骤：

1）基于 GMM–HMM 使用 Viterbi 对齐得到标签：使用 6.2.1 节中介绍的方法训练 GMM–HMM 模型。训练好 GMM–HMM 后，使用 Viterbi 进行解码，获取最优路径。获得最优路径的同时得到了对齐，即哪一帧属于哪个状态。

2）构建 DNN-HMM：使用 DNN 替代步骤 1）中已完成训练的 GMM-HMM 中的 GMM。同时，所有音素的 HMM 共用一个 DNN，DNN 的输出节点数必须和 HMM 的状态数一样。构建 DNN-HMM 模型如图 6-12 所示。其中，“转换”方框表示使用式（6-7）将 DNN 输出的概率，即将输入语音帧 $\boldsymbol{x}_t$ 对应某一音素状态 s 的概率 $P(s|\boldsymbol{x}_t)$，转换为 $P(\boldsymbol{x}_t|s)$。

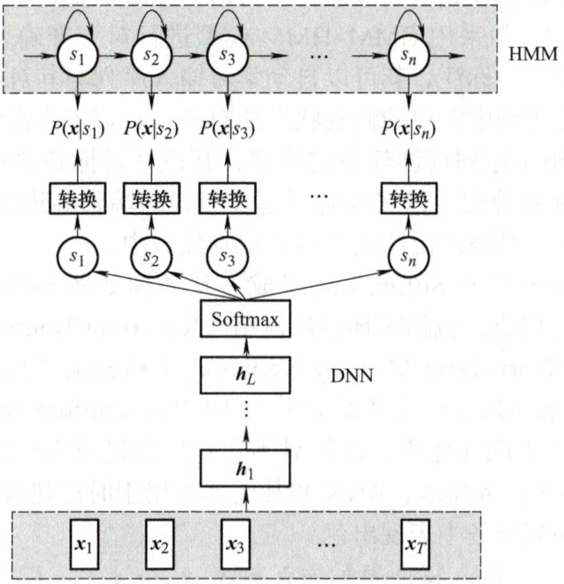

图 6-12　DNN-HMM 模型

3）训练 DNN：输入序列为 $\boldsymbol{X}=(\boldsymbol{x}_1,\boldsymbol{x}_2,\cdots,\boldsymbol{x}_T)$，使用梯度下降法进行训练。具体而言：使用构建好的 DNN，输入为 $\boldsymbol{X}$。首先经过 DNN 将序列逐帧进行分类，产生一个输出；随后与该帧的标签对比计算交叉熵损失；接着进行反向传播，更新网络参数；最后进行迭代训练，直至模型收敛，得到的 DNN 作为计算发射概率的模型。HMM 的转移概率和初始概率保持和 GMM-HMM 一致。

DNN-HMM 推理阶段：与 6.2.1 节中介绍的推理过程类似，使用已训练完成的 DNN-HMM 模型，给定输入测试语音序列为 $\boldsymbol{X}_{\text{test}}$，寻找输出概率最大的路径 $\boldsymbol{y}^*$，如下列公式所示。

$$\boldsymbol{y}^* = \underset{\boldsymbol{y}}{\operatorname{argmax}}\, P(\boldsymbol{X}_{\text{test}}|\boldsymbol{y})P(\boldsymbol{y}) \tag{6-8}$$

6.3　端到端语音识别方法

传统语音识别模型包括声学模型、发音词典和语言模型三大组件，每个组件均需单独学习和训练。相比之下，端到端机制无须依赖发音词典和语言模型，便能实现语音到文本的直接转录，显著简化了模型训练流程。目前，流行的端到端语音识别技术主要有基于连接时序分类（Connectionist Temporal Classification，CTC）、递归神经网络转换器（RNN-

Transducer，RNN-T）、LAS（Listen、Attention、Spell）以及联合 CTC-注意力模型的方法。

6.3.1 连接时序分类模型

对于 DNN-HMM 模型而言，通常选取帧级别的交叉熵函数作为损失函数对 DNN 模型进行更新，这个过程需要预先对训练语料进行语音帧级别到音素状态的对齐。准确的对齐需要烦琐的人工标注，但采用 GMM-HMM 模型进行对齐准确率并不高。CTC 模型不需要对数据进行对齐和一一标注，其可以自动学习输入序列与其对应标签序列之间的对齐关系，摆脱了传统语音识别中需要的帧到状态的对齐，实现了语音识别的端到端建模。

CTC 模型是一种用于序列标注任务的模型，其设计目标是通过学习如何对输入序列中的每个时间步进行标签分配，以实现对不定长序列的端到端建模。由于 CTC 模型结构简单、性能优异等特点，其被广泛应用于语音识别任务中。

CTC 模型由 Encoder 层和 Softmax 层组成，其结构如图 6-13 所示。其中，Encoder 层通常由深度学习网络构成，包括循环神经网络（Recurrent Neural Network，RNN）、长短时记忆网络（Long Short-Term Memory Network，LSTM）、门控循环单元网络（Gated Recurrent Unit Network，GRU）或者最近广泛应用的 Conformer 等。这些网络结构用于对输入序列进行特征提取和建模，以便对不定长序列进行端到端的学习。选择合适的 Encoder 组成成分取决于任务需求，RNN 和其变体适用于时序建模，Conformer 则以其并行计算的优势在许多序列任务中表现出色。

由图 6-13 可以看到，输入特征表示为 $\boldsymbol{X}=(\boldsymbol{x}_1,\boldsymbol{x}_2,\cdots,\boldsymbol{x}_T)$，$T$ 表示 $\boldsymbol{x}$ 被分成了 T 帧。$\boldsymbol{X}$ 经过 Encoder 层得到序列 $\boldsymbol{h}$，序列 $\boldsymbol{h}$ 经过 Softmax 层后得到概率 $P(\boldsymbol{y}|\boldsymbol{X})$，$\boldsymbol{y}$ 为输出标签序列。对于给定的输入特征 $\boldsymbol{X}$ 及对应的输出标签序列 $\boldsymbol{y}$，由于不需要预先对齐，所以 CTC 会考虑序列 $\boldsymbol{X}$ 和 $\boldsymbol{y}$ 之间所有可能的对齐方式。如图 6-14 所示是输入为 6 帧的语音和输出标签为“cat”的一种可能的序列对齐方式。

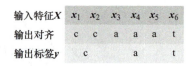

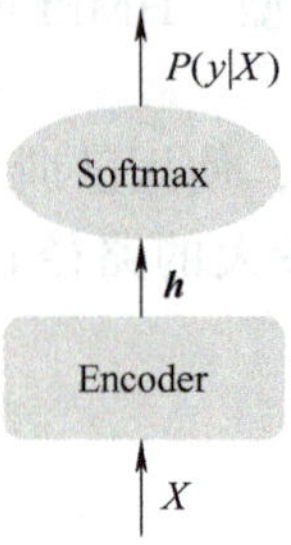

图 6-13 CTC 模型结构

输入特征X	x_1	x_2	x_3	x_4	x_5	x_6
输出对齐	c	c	a	a	a	t
输出标签y	c			a		t

图 6-14 一种可能的序列对齐方式

这种对齐方式有以下两个问题。

1）在实际应用中，每一帧的输入并不一定都会有对应的输出。

2）无法生成带有连续重复标签的输出序列（如英文单词“hello”中连续的两个“l”）。

为了解决这两个问题，CTC 在预先规定的输出标签集合 A 外，引入了输出标签 blank，它表示输出为空，总的输出标签集合为 $A'=A\cup\{\text{blank}\}$。A' 上长度为 T 的所有序列的集合

表示为 A'^{T}。图 6-15 展示了这种序列转换方式，即一种多对一的映射关系：$B: A'^{T} \rightarrow A^{\leqslant T}$，$B$ 表示一种映射，箭头表示从某一个集合映射到另一个集合。

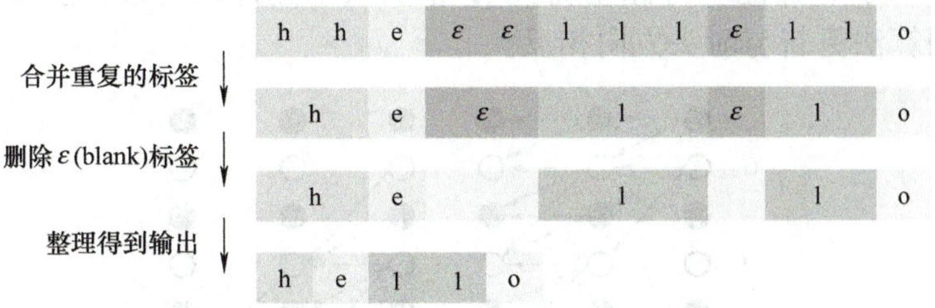

图 6-15　CTC 序列映射

把 CTC 中一种可能的对齐方式被称为路径 π，路径 π 的长度与输入特征 $\boldsymbol{X}$ 一致，为 T。因此，CTC 模型中，给定输入序列 $\boldsymbol{X}$，输出序列为 $\boldsymbol{y}$ 的条件概率为所有可能路径的概率之和：

$$P(\boldsymbol{y}|\boldsymbol{X}) = \sum_{\pi \in B^{-1}(\boldsymbol{y})} P(\pi \mid \boldsymbol{X}) \tag{6-9}$$

式中，B^{-1} 表示 B 的逆映射。

对于长度为 U 的输出序列 $\boldsymbol{y}$，可以通过在标签的开头、中间和结尾插入任意数量的空标签，扩展得到长度为 U' 的序列 $\boldsymbol{y}' = (\epsilon, y_1, \epsilon, y_2, \cdots, \epsilon, y_U, \epsilon)$。CTC 有类似于 HMM 模型的前向－后向算法，可用于高效地计算条件概率 $P(\boldsymbol{X} \mid \boldsymbol{y})$。其前向－后向算法为：

1. 前向算法

定义在 t 时刻时，输出子序列 $\boldsymbol{y}'_{1:s}$ 的概率为前向变量：

$$\alpha(t,s) = P_t(\boldsymbol{y}'_{1:s} \mid \boldsymbol{X}) \tag{6-10}$$

式中，$t = 1,2,\cdots,T$，$s = 1,2,\cdots,U'$。公式如下：

$$\alpha(t,s) = \begin{cases} P^t_{y'_s}[\alpha(t-1,s-1) + \alpha(t-1,s)], \boldsymbol{y}'_s = \text{blank}, \boldsymbol{y}'_{s-2} = \boldsymbol{y}' \\ P^t_{y'_s}[\alpha(t-1,s-2) + \alpha(t-1,s-1) + \alpha(t-1,s)], \text{其他} \end{cases} \tag{6-11}$$

式中，$P^t_{y'_s}$ 表示 t 时刻输出 $\boldsymbol{y}'$ 中的第 s 个元素 $\boldsymbol{y}'_s$ 的概率。

2. 后向算法

相对地，定义从 $t+1$ 时刻开始，输出子序列 $\boldsymbol{y}'_{s+1:U'}$ 的概率为后向变量：

$$\beta(t,s) = P_t(\boldsymbol{y}'_{s+1:U'} \mid \boldsymbol{X}) \tag{6-12}$$

式中，$t = 1,2,\cdots,T$，$s = 1,2,\cdots,U'$。递归公式如下：

$$\beta(t,s) = \begin{cases} \beta(t+1,s)P^{t+1}_{y'_s} + \beta(t+1,s+1)P^{t+1}_{y'_{s+1}}, \boldsymbol{y}'_s = \text{blank}, \boldsymbol{y}'_{s+2} = \boldsymbol{y}'_s \\ \beta(t+1,s)P^{t+1}_{y'_s} + \beta(t+1,s+1)P^{t+1}_{y'_{s+1}} + \beta(t+1,s+2)P^{t+1}_{y'_{s+2}}, \text{其他} \end{cases} \tag{6-13}$$

图 6-16 表示了标签为“*CAT*”的前后向算法路径。图中实心圆的表示 blank，此时不能进行“跨标签跳跃”，只能“自跳”或“下一跳”；空心圆的表示实际标签，此时既能“自跳”或“下一跳”，也能“跨标签跳跃”；箭头表示允许的转移。前向算法更新与箭头方向一致，后向算法更新与箭头方向相反。

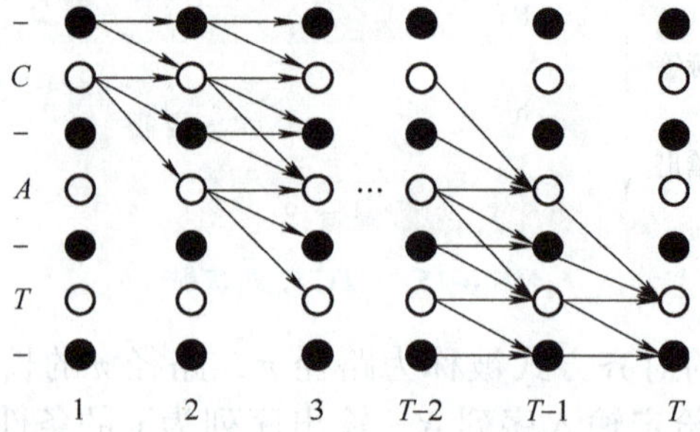

图 6-16　标签为“*CAT*”的前向后向算法路径

最终，CTC 建模的条件概率 $P(y|X)$ 可以通过前后向变量得到：

$$P(y|X)=\sum_{i=1}^{U'}\alpha(t,s)\beta(t,s) \tag{6-14}$$

式中，$t=1,2,\cdots,T$。

根据 $P(y|X)$ 可以得到模型的损失函数，通过对损失函数进行求导并计算梯度，实现梯度回传，以更新模型的参数。接着进行迭代训练，直至模型收敛。

解码：解码方法在 CTC 语音识别中起着关键作用，它能够根据前向和后向算法的输出，找到最可能的标签序列，从而实现语音识别任务的转录。常用的解码方法包括 CTC 贪婪搜索、CTC 波束搜索、CTC 前缀束搜索等。

CTC 模型的解码：对于输入序列 $\boldsymbol{X}_{\text{test}}$，经过 L 层 Encoder 后得到 $\boldsymbol{X}_{\text{test}\_L}$，选取概率最大的标注序列 $\boldsymbol{y}$，用公式表示为

$$\boldsymbol{y}^*=\underset{\boldsymbol{y}}{\operatorname{argmax}}\,P(\boldsymbol{y}\,|\,\boldsymbol{X}_{\text{test}\_L}) \tag{6-15}$$

CTC 贪婪搜索是输出概率最高的路径 $\boldsymbol{\pi}^*$。$\boldsymbol{\pi}^*$ 与真实标注序列中概率最大的 $\boldsymbol{y}^*$ 相对应。

$$\boldsymbol{y}^*\approx B(\boldsymbol{\pi}^*) \tag{6-16}$$

$$\boldsymbol{\pi}^*=\underset{\boldsymbol{\pi}}{\operatorname{argmax}}\,P(\boldsymbol{y}\,|\,\boldsymbol{X}_{\text{test}\_L}) \tag{6-17}$$

CTC 波束搜索的基本原理是在解码过程中维护一个有限大小的候选序列集合，每个候选序列表示一个可能的输出。与贪婪解码相比，波束搜索考虑了多个候选序列，并在每个时刻扩展这些序列。通过限制搜索范围（即波束宽度），波束搜索可以在不牺牲准确性的情况下加速解码过程。贪婪解码仅考虑每个时刻概率最大的字符，这可能求得局部最优解，而波束搜索通过搜索更多的候选序列，更有可能找到全局最优解。

CTC 前缀束搜索是一种确保找到最优解，但是略为复杂的算法。该算法每一次搜索

都会选取“前缀概率”最大的节点扩展，直到找到最大概率的标注序列。

6.3.2　递归神经网络转换器模型

基于 CTC 的声学模型不需要对训练的音频序列和文本序列进行强制对齐，实际上已经初步具备了端到端的声学模型建模能力。但是 CTC 进行声学模型建模存在着两个严重的瓶颈，一是缺乏语言模型建模能力，不能整合语言模型进行联合优化；二是不能建模模型输出之间的依赖关系，即上下文关系。

针对 CTC 模型的不足，Alex Graves 在 2012 年提出了递归神经网络转换器（RNN-Transducer，RNN-T）模型，该模型具有端到端联合优化、语言建模能力、在线语音识别等突出的优点。

RNN-T 模型巧妙地将语言模型和声学模型整合在一起，同时进行联合优化，是一种理论上相对完美的模型结构，其模型结构如图 6-17 所示。RNN-T 模型引入了转录网络（可以使用任何声学模型的结构），该网络相当于声学模型部分。图中的预测网络相当于语言模型（可以使用单向的循环神经网络来构建）。模型中最重要的结构为联合网络，一般可以使用前向网络来进行建模。联合网络旨在将语言模型和声学模型的状态通过某种思路结合在一起，可以是拼接操作，也可以是直接相加。

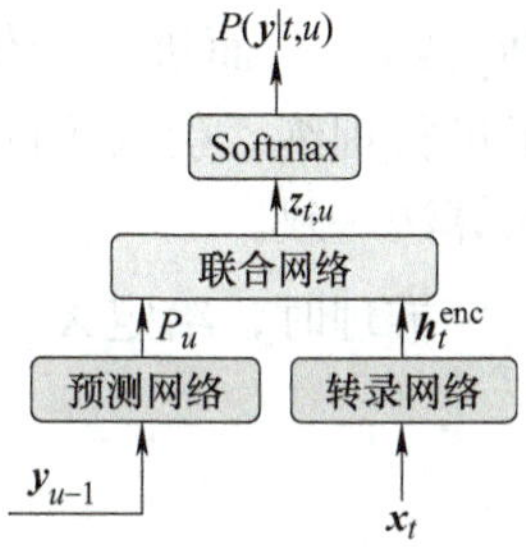

图 6-17　RNN-T 模型结构

由图 6-17 可以看到，输入序列表示为 $\boldsymbol{X}=(\boldsymbol{x}_1,\boldsymbol{x}_2,\cdots,\boldsymbol{x}_T)$，输出序列表示为 $\boldsymbol{y}=(y_1,y_2,\cdots,y_U)$，输入向量 $\boldsymbol{x}_t$ 和 $\boldsymbol{y}_u$ 都是固定长的实值向量，即若 $\boldsymbol{x}_t$ 是 MFCC 的一个向量，则 $\boldsymbol{y}_u$ 是一个输出字符的 one-hot 编码向量。同时，y_{u-1} 被用于 $\boldsymbol{y}_u$ 的预测。

对 RNN-T 模型而言，假设对于一个长度为 6 的语音样本 $(\boldsymbol{x}_1,\boldsymbol{x}_2,\boldsymbol{x}_3,\boldsymbol{x}_4,\boldsymbol{x}_5,\boldsymbol{x}_6)$，文本 $\boldsymbol{y}$ 是“cat”。训练的目标为优化模型参数，使得在给定输入序列 $\boldsymbol{X}$ 的时候，最大化输出概率 $P(\boldsymbol{y}|\boldsymbol{X})$。在 RNN-T 当中，需要找到所有可能路径 $\hat{y}$，其可能情况有很多种。图 6-18 给出其中一个对齐例子，$\boldsymbol{x}_1$ 输出 blank，表示未提取到有用信息，走到 $\boldsymbol{x}_2$。$\boldsymbol{x}_2$ 输出 c 这个 token 之后，没有更多有用信息了，接着输出 blank，并走到 $\boldsymbol{x}_3$。$\boldsymbol{x}_3$ 没有有效信息，输出 blank 走到 $\boldsymbol{x}_4$。$\boldsymbol{x}_4$ 输出 a 后没有更多有效信息，接着输出 blank 到 $\boldsymbol{x}_5$。$\boldsymbol{x}_5$ 输出 t 后没有更多有效信息，接着输出 blank 到 $\boldsymbol{x}_6$。注意在 $\boldsymbol{x}_6$ 处还需输出一个 blank，表示 $\boldsymbol{x}_6$ 的信息也已经提取结束，整个句子信息提取完成。

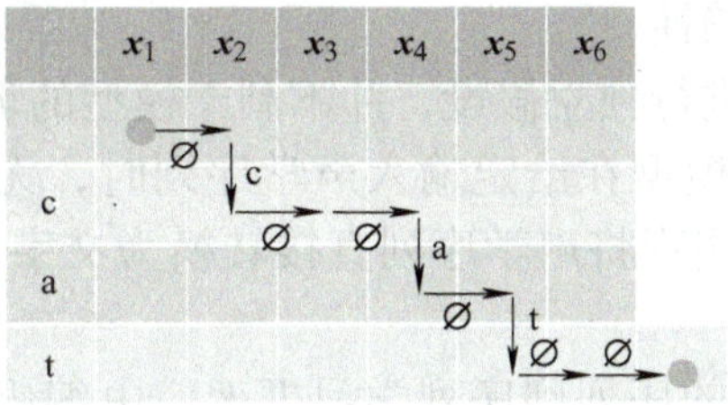

图 6-18　RNN-T 模型 alignment 过程（∅ 表示 blank，即为空）

如图 6-18 所示，整个路径表示为 $\hat{y}=(\varnothing c\varnothing\varnothing a\varnothing t\varnothing\varnothing)$，不同于 CTC 每时刻的输出

只依赖于当前输入特征 $\boldsymbol{x}_t$，但 RNN–T 不仅依赖于 $\boldsymbol{x}_t$，同时依赖上一个预测标签 $\boldsymbol{y}_{u-1}$。此时，预测网络完成的工作相当于语言模型，也就完善了 CTC 输出独立的问题，从而使得 RNN–T 具有更好的性能表现。

找到这样所有满足条件的路径后，概率相加便能得到输出概率

$$P(\boldsymbol{y}|\boldsymbol{X})=\sum_{\hat{\boldsymbol{y}}\in A_{\mathrm{RNN-T}}(\boldsymbol{X},\boldsymbol{y})}P(\hat{\boldsymbol{y}}\mid\boldsymbol{X}) \tag{6-18}$$

而每一条路径 $\hat{\boldsymbol{y}}$ 的概率（如上面这条路径的概率）可以具体表示为 $P(\varnothing c\varnothing\varnothing a\varnothing t\varnothing\varnothing)=P(\varnothing\mid\boldsymbol{x}_1)P(c\mid\boldsymbol{x}_1,\varnothing)\cdots P(\varnothing\mid\boldsymbol{x}_6,\varnothing c\varnothing\varnothing a\varnothing t\varnothing)$。

训练时，对于标注 $\boldsymbol{y}$，需要找到所有满足条件的对齐路径，这样才能够得到输出概率 $P(\boldsymbol{y}|\boldsymbol{X})$。从而进一步优化模型参数，使得这个概率最大。很显然，这是非常费劲的。为了进行训练，引入了前向–后向算法来计算概率，其计算方法与 6.3.1 节中介绍的前向–后向算法一致。

推理时，给定 $\boldsymbol{X}_{\text{test}}$，解码目标为找到概率最大的目标序列 $\boldsymbol{y}^*$

$$\boldsymbol{y}^*=\underset{\boldsymbol{y}}{\operatorname{argmax}}\,P(\boldsymbol{y}|\boldsymbol{X}_{\text{test}})=\underset{\boldsymbol{y}}{\operatorname{argmax}}\sum_{\hat{\boldsymbol{y}}}P(\hat{\boldsymbol{y}}\mid\boldsymbol{X}_{\text{test}}) \tag{6-19}$$

如果罗列出所有可能路径，再一一转成目标序列，比较概率大小，会增加测试的复杂度。因此，类似于 6.3.1 节所述，可以使用贪婪搜索解码方式，也就是每时刻找到输出概率最大的那个，最后得到目标序列。但这样一条最大概率路径并不一定是最优解，因为最终的目标序列可以是很多条路径概率的相加，多条路径的概率加起来可能会比最大概率的那一条路径概率更大。所以一般会用波束搜索找出 n 条最优的。简单来说，在 t_1 时刻，当设置 Beam 为 3 时，找出 $P(k\mid 1,0)$ 的三个最大值，以此为节点，t_2 时刻继续向下扩展，每次都找出 3 个最优的，一直走到最后。

6.3.3 LAS 模型

传统的语音识别模型是由各种组件组成的复杂系统，如声学模型、发音词典、语言模型等。每一个组件都对模型建模的潜在概率分布进行了假设。例如，N–gram 语言模型和隐马尔可夫模型（HMM）在序列中的单词或符号之间进行马尔可夫独立性假设。CTC 和 DNN–HMM 假设神经网络在不同的时间做出独立的预测，并使用 HMM 或语言模型来引入这些预测之间随时间的依赖性。

以上提到的模型都需要进行独立假设，并不利于模型的训练与识别。为克服这一局限性，LAS 模型应运而生，该模型在给定输入声学序列时，无需对输出字符序列的概率分布作出任何独立假设，就能实现将声学序列直接转换为文字序列的目的。图 6-19 是 LAS 模型的架构。

LAS 模型为基于注意力的序列到序列学习框架，由编码器和解码器组成。其中，编码器被命名为 Listener，解码器被命名为 Speller。编码器是一个金字塔形 RNN，它将语音信号转换为高级特征。解码器是一个基础的 RNN，在给定所有声学和先前字符的情况下，通过指定下一个字符的概率分布，将这些更高级别的特征转换为输出话语。在使用

LAS 进行语音识别时，RNN 使用其内部状态来产生注意力机制，根据 Listener 的高级特征计算上下文向量。使用上下文向量及其内部状态来更新其内部状态并预测序列中的下一个字符。通过使用链式规则分解优化输出序列的概率，从头开始联合训练整个模型。因为 LAS 把传统语音识别器的所有组件都集成到其参数中，并在训练过程中一起优化，因此，LAS 是一个端到端的模型。

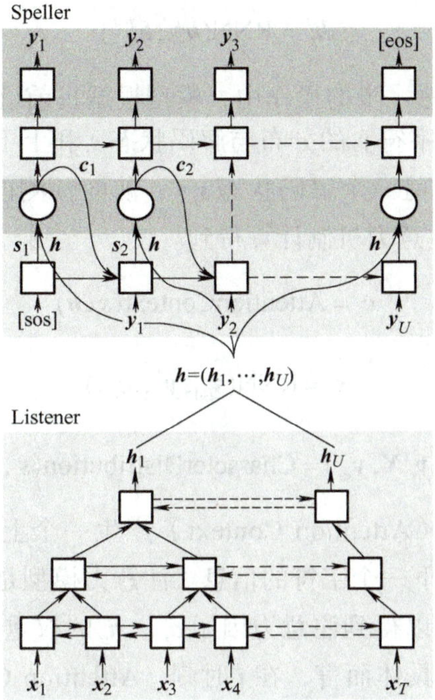

图 6-19　LAS 模型的架构

下面将分成五个部分对 LAS 模型进行具体介绍：第一，LAS 模型基本框架；第二，Listen；第三，Attend 与 Spell；第四，训练；第五，解码。

1）LAS 模型基本框架：假定模型的输入输出分别为 $\boldsymbol{X}=(\boldsymbol{x}_1,\boldsymbol{x}_2,\cdots,\boldsymbol{x}_T)$、$\boldsymbol{y}=([\text{sos}],\boldsymbol{y}_1,\boldsymbol{y}_2,\cdots,\boldsymbol{y}_U,[\text{eos}])$。其中，$\boldsymbol{y}_i\in\{a,b,\cdots,z,0,1,\cdots,9,[\text{space}],[\text{comma}],[\text{period}],[\text{apostrophe}],[\text{unk}]\}$，$\boldsymbol{y}_i$ 是输出序列的字符，采用 one-hot 向量表示。[sos]、[eos] 分别是句子开头和结尾的标志，[unk] 表示未知标志。

LAS 根据前面输出的字符 $\boldsymbol{y}_{<i}$ 和输入信号 $\boldsymbol{X}$，使用概率的链式规则，将输出字符 y_i 建模成条件分布。

$$P(\boldsymbol{y}|\boldsymbol{X})=\prod_i P(\boldsymbol{y}_i\mid\boldsymbol{X},\boldsymbol{y}_{<i}) \tag{6-20}$$

LAS 模型主要包括两个子模块：Listener 和 Speller。Listener 是声学模型的编码器，主要执行 Listen 操作，该操作主要将原始信号 $\boldsymbol{X}$ 转换为高层次的表示 $\boldsymbol{h}=(\boldsymbol{h}_1,\boldsymbol{h}_2,\cdots,\boldsymbol{h}_U)$。Speller 是一个基于注意力机制的编码器，需要执行操作 Attend 与 Spell，该操作将 $\boldsymbol{h}$ 作为输入，以计算概率分布：

$$\boldsymbol{h} = \text{Listen}(\boldsymbol{X}) \tag{6-21}$$

$$P(\boldsymbol{y}_i|\boldsymbol{X}, \boldsymbol{y}_{<i}) = \text{AttendAndSpell}(\boldsymbol{y}_{<i}, \boldsymbol{h}) \tag{6-22}$$

2）Listen：Listen 操作使用金字塔型的 RNN，该结构可以使 $\boldsymbol{h}$ 的长度从 T 减到 U。其中，T 是输入信号的长度。当在第 i 时刻第 j 层时，输出为

$$\boldsymbol{h}_i^j = \text{RNN}(\boldsymbol{h}_{i-1}^j, \boldsymbol{h}_i^{j-1}) \tag{6-23}$$

3）Attend 与 Spell：在每一步的操作中，模型根据目前已经预测出的字符，来估计下一个字符的概率分布。输出字符 $\boldsymbol{y}_i$ 的分布与解码状态 $\boldsymbol{s}_i$ 和上下文向量 $\boldsymbol{c}_i$ 有关。解码状态 $\boldsymbol{s}_i$ 与三个参数有关，分别为：前一个解码状态 $\boldsymbol{s}_{i-1}$、前面预测的字符 $\boldsymbol{y}_{i-1}$、前一个上下文向量 $\boldsymbol{c}_{i-1}$。上下文向量 $\boldsymbol{c}_i$ 根据注意力机制计算得到。

$$\boldsymbol{c}_i = \text{AttentionContext}(\boldsymbol{s}_i, \boldsymbol{h}) \tag{6-24}$$

$$\boldsymbol{s}_i = \text{RNN}(\boldsymbol{s}_{i-1}, \boldsymbol{y}_{i-1}, \boldsymbol{c}_{i-1}) \tag{6-25}$$

$$P(\boldsymbol{y}_i|\boldsymbol{X}, \boldsymbol{y}_{<i}) = \text{CharacterDistribution}(\boldsymbol{s}_i, \boldsymbol{c}_i) \tag{6-26}$$

在 i 时刻，注意力机制（Attention Context）产生一个上下文向量 $\boldsymbol{c}_i$，该上下文向量可以从声学模型中获取产生下一个字符的信息。注意力模型是内容相关的，解码器状态 $\boldsymbol{c}_i$ 与高层特征表示 $\boldsymbol{h}_i$ 匹配，可以得到注意力因子 a_i，$\boldsymbol{h}_u$ 的权重为 a_i，即 a_i 与向量 $\boldsymbol{h}_u$ 进行相乘，可得到上下文向量 $\boldsymbol{c}_i$。具体而言，在 i 时刻，Attention Context 函数使用参数 $\boldsymbol{h}_u$ 和 $\boldsymbol{s}_i$ 来计算标量波能量 $e_{i,u}$，其中 $\boldsymbol{h}_u \in \boldsymbol{h}$。然后，标量波能量 $e_{i,u}$，使用 Softmax 函数，转换为概率分布。Softmax 概率当作混合权重，用于将高层特征 $\boldsymbol{h}_u$ 压缩成上下文向量 $\boldsymbol{c}_i$，如下式所示：

$$e_{i,u} = \langle \phi(\boldsymbol{s}_i), \psi(\boldsymbol{h}_u) \rangle \tag{6-27}$$

$$a_{i,u} = \frac{\text{exp}e_{i,u}}{\Sigma_{u'}\text{exp}e_{i,u'}} \tag{6-28}$$

$$\boldsymbol{c}_i = \Sigma_i a_{i,u} \boldsymbol{h}_u \tag{6-29}$$

式中，ϕ 和 ψ 是多层感知机网络；< • > 表示 $\phi(\boldsymbol{s}_i)$ 和 $\psi(\boldsymbol{h}_u)$ 的内积；训练后 a_i 分布比较集中，只关注小部分 $\boldsymbol{h}$ 中的帧；上下文向量 $\boldsymbol{c}_i$ 可以看成是 $\boldsymbol{h}$ 的权重向量。

4）训练：训练的目的是使概率的对数最大，即

$$\tilde{\theta} = \max_{\theta} \Sigma_i \log P(\boldsymbol{y}_i|\boldsymbol{X}, \tilde{\boldsymbol{y}}_{<i}; \theta) \tag{6-30}$$

式中，$\tilde{\boldsymbol{y}}_{<i}$ 是前一个字符的真实输出或从模型随机抽取的一个字符；θ 表示模型参数。

5）解码：在推理阶段，已知声学输入的情况下，找到概率最大的字符序列：

$$y^* = \underset{y}{\operatorname{argmax}} \log P(y|X) \tag{6-31}$$

6.3.4　联合 CTC– 注意力模型

6.3.1 节与 6.3.3 节分别描述了连接时序分类（CTC）和基于注意力机制的 LAS 语音识别模型。CTC 模型假设输出序列中的每个时间步都是独立的，忽略了序列之间的联系，导致其难以捕捉长距离的依赖关系。带注意力机制的 LAS 模型没有如 DNN–HMM 和 CTC 一样的单调性约束来限制对齐，所以常常受到语音中噪声的干扰而影响对齐结果。尽管 CTC 模型和带注意力机制的 LAS 模型各有局限，但它们也各有优势。CTC 模型在处理不对齐的输入输出序列时表现较好，而注意力机制能够更好地处理长序列和复杂语境下的信息。因此，研究人员将 CTC 模型和注意力机制结合起来，提出了一种联合 CTC– 注意力模型，其模型结构如图 6-20 所示。

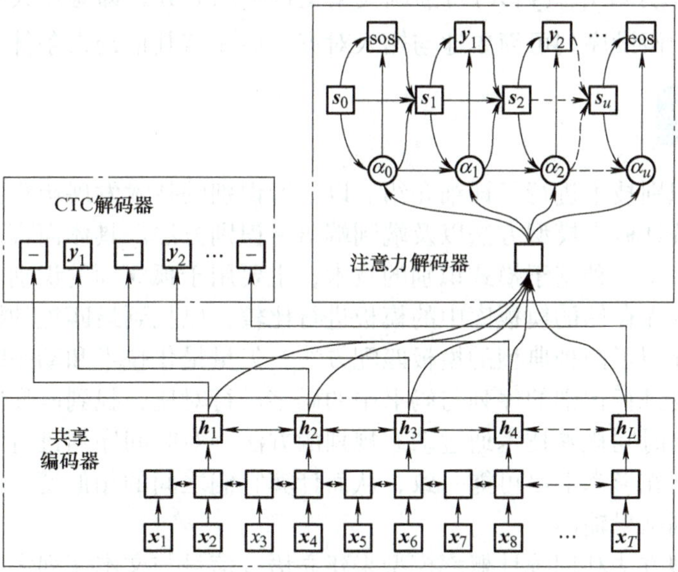

图 6-20　联合 CTC– 注意力模型结构

从图 6-20 可以看到，联合 CTC– 注意力模型包括一个共享编码器和两个解码器（CTC 解码器和注意力解码器）。输入序列经过共享编码器得到隐藏序列。隐藏序列会通往两个方向，一个是到 CTC 解码器，另一个是到注意力解码器。

联合 CTC– 注意力模型结合了 CTC 模型处理不对齐序列的优势和注意力机制处理长序列和复杂语境的能力，从而提高了语音识别的性能和准确性。不同于 LAS 编解码模型只利用单一损失函数对模型进行参数更新，训练时，联合 CTC– 注意力模型在编码 – 解码结构中引入了 CTC 目标函数，并将其放置在编码器之后，称为 CTC 解码器，与编解码模型一起进行参数更新。模型的目标损失函数为

$$\mathcal{L} = \alpha \mathcal{L}_{\text{CTC}} + (1-\alpha)\mathcal{L}_{\text{AED}} \qquad 0 \leqslant \alpha \leqslant 1 \tag{6-32}$$

式中，α是可调节的超参数，用于平衡两类损失对模型训练的影响；$\mathcal{L}_{\text{CTC}}$为CTC解码器端计算的CTC损失；$\mathcal{L}_{\text{AED}}$为注意力解码器端计算的损失，一般为交叉熵损失。

对于端到端语音识别模型而言，推理时，在给定输入条件下，概率分数最高的序列即为解码输出

$$\boldsymbol{y}^* = \underset{\boldsymbol{y}}{\operatorname{argmax}} \log P(\boldsymbol{y}|\boldsymbol{X}) \tag{6-33}$$

对于联合CTC-注意力模型的推理，与训练时类似，也可以把CTC模型和带注意力机制的编解码模型结合起来。假设$P_{\text{CTC}}(\boldsymbol{y}\mid\boldsymbol{X})$和$P_{\text{AED}}(\boldsymbol{y}\mid\boldsymbol{X})$分别是CTC和注意力解码器给出的输出序列概率分数，那么解码目标函数的定义为

$$\log P(\boldsymbol{y}|\boldsymbol{X}) = \lambda \log P_{\text{CTC}}(\boldsymbol{y}|\boldsymbol{X}) + (1-\lambda)\log P_{\text{AED}}(\boldsymbol{y}|\boldsymbol{X}) \tag{6-34}$$

$$\boldsymbol{y}^* = \underset{\boldsymbol{y}}{\operatorname{argmax}} \{\log P(\boldsymbol{y}|\boldsymbol{x})\} \tag{6-35}$$

式中，CTC的概率分数$P_{\text{CTC}}(\boldsymbol{y}\mid\boldsymbol{X})$可强制模型实现单调对齐，即避免大幅跳帧或在同一帧循环，使得输出的假设序列可简单地与输入对齐，而无需其他约束条件。

本章小结

本章对语音识别技术进行了详细介绍。以语音识别的技术发展历程为序，详细介绍了模版匹配方法、统计概率模型方法以及端到端语音识别方法。具体而言：

模版匹配方法是一种基于模式识别的技术，主要用于孤立词的识别。该方法通过将输入的语音信号与预先存储的模板库中的模板进行比较，以找到最匹配的模板，从而识别出语音内容。本章介绍了两种典型的模板匹配方法：矢量量化技术和动态时间规整技术。矢量量化技术将需要进行识别的序列与码书中的码字进行对比，找到匹配度最高的码字，即为识别结果。动态时间规整技术通过动态规划的方法，对时间序列进行时间上的拉伸或压缩，使得两个序列在形态上尽可能一致，从而计算它们之间的相似度，最后选择相似度最高的模板作为识别结果输出。

统计概率模型方法利用统计概率模型来建立语音信号与文本序列之间的映射关系。通过学习和训练，模型能够捕捉到语音信号中不同音素、单词之间的转移概率等信息。在识别阶段，根据输入的语音信号特征，利用概率模型计算所有可能的文本序列的概率，并选择概率最高的文本序列作为最终的识别结果。本章介绍了两种统计概率模型方法：基于GMM-HMM的语音识别方法和基于DNN-HMM的语音识别方法。基于GMM-HMM的语音识别方法利用GMM描述语音特征分布，HMM建模语音状态转移，通过训练学习语音与文本的映射，实现高效准确的语音转文本。基于DNN-HMM的语音识别方法利用DNN的强大建模能力来替代GMM，对输入语音信号的观察概率进行更精确的建模。该方法融合了DNN自动特征提取与HMM时序建模的特点，进一步提高了识别准确率和鲁棒性。

端到端语音识别方法通过深度学习技术，将语音信号的预处理、特征提取、声学模

型训练、语言模型训练以及解码等步骤整合到一个模型中，实现从原始语音信号到文本输出的直接转换。本章对连接时序分类模型、递归神经网络转换器模型、LAS 模型与联合 CTC- 注意力模型进行了详细介绍。连接时序分类模型解决了语音识别中输出序列与标签序列长度不一致的对齐问题，使得模型能够直接预测整个序列，而无须进行烦琐的语音对齐预处理。递归神经网络转换器模型通过引入语言模型部分，能够建模输出标签之间的依赖关系，从而提高了模型对长句和复杂语境的识别能力。LAS 模型是一种基于序列到序列架构的模型，通过注意力机制对语音特征进行建模和对齐，并生成相应的文本序列。联合 CTC- 注意力模型结合了 CTC 和注意力机制的优点，既可以利用 CTC 解决时序对齐问题，又可以通过注意力机制捕捉重要的语音特征。这种混合模型在解码阶段具有显著优势，能够同时考虑时序信息和全局上下文，进一步提升语音识别的性能。

语音识别技术通过模拟人类听觉系统的功能，将语音信号转换为文本或命令，极大地促进了人机交互的便捷性和自然性。从智能家居到智能客服，从医疗诊断到教育辅助，语音识别技术正以其独特的魅力改变着我们的生活。未来，随着技术的不断进步和创新，语音识别将在更多领域展现出强大的潜力和价值。

思考题与习题

6-1　什么是语音识别？语音识别系统由哪几部分组成？每部分有什么作用？

6-2　语音识别的基本原理是什么？它如何理解并转换人类语音为文本？

6-3　语音识别系统可以如何分类？具体可分为哪几类？当前语音识别的主流方法是什么？

6-4　什么是孤立词（字）语音识别？什么是连续词语音识别？有哪些有效方法？简要说明它们的工作原理。

6-5　语音信号预处理在语音识别中起什么作用？常用的预处理技术有哪些？

6-6　动态时间规整（DTW）算法在语音识别中如何使用？它适用于哪些场景？

6-7　声学模型在语音识别中扮演着什么角色？如何构建和训练声学模型？

6-8　语言模型在语音识别中有什么作用？不同类型的语言模型（如统计语言模型、神经网络语言模型）各有什么优缺点？

6-9　隐马尔可夫模型（HMM）在语音识别中有什么应用？其存在怎样的局限性？

6-10　深度学习在语音识别中有哪些重要应用？循环神经网络（RNN）和卷积神经网络（CNN）是如何被使用的？

6-11　端到端语音识别方法相较于模版匹配方法和统计概率模型方法有哪些改进？

6-12　语音识别中的语音识别单元（如音素、词、句子）如何选择？这对识别性能有何影响？

6-13　语音识别系统如何处理噪声和背景干扰？有哪些常用的降噪技术？

6-14　语音识别在实时应用中有哪些挑战？解决挑战的解决方案有哪些？

6-15　不同口音和方言会对语音识别性能产生什么影响？如何提高跨口音和方言的识别准确率？

6-16　如何评估语音识别系统的性能？常用的评估指标有哪些？解释常用的评估

指标。

6-17 语音识别与语音合成技术是什么关系？二者如何相互促进？

6-18 在开发一个语音识别系统时，如何选择合适的算法和模型？有哪些关键因素需要考虑？

6-19 在开发语音识别系统时，如何平衡识别准确性与实时性之间的关系？

6-20 对于一个具体的语音识别应用案例（如智能助手、语音搜索等），其技术实现和面临的挑战是怎样的？

参考文献

[1] BUZO A，GRAY A，GRAY R，et al.Speech coding based upon vector quantization[J]. IEEE Transactions on acoustics，speech，and signal processing，1980，28（5）：562–574.

[2] SAKOE H，CHIBA S.Dynamic programming algorithm optimization for spoken word recognition[J]. IEEE Transactions on acoustics，speech，and signal processing，1978，26（1）：43–49.

[3] GRAVES A，FERNANDEZ S，GOMEZ F，et al.Connectionist temporal classification：Labelling unsegmented sequence data with recurrent neural networks[C]//Proceedings of the 23rd international conference on machine learning. June 25–29，2006，Pittsburgh，Pennsylvania，USA. New York：ACM，2006：369–376.

[4] GRAVES A.Sequence transduction with recurrent neural networks[EB/OL].（2012–11–14）[2024–08–09]. https://arxiv.org/abs/1211.3711.

[5] CHAN W，JAITLY N，LE Q V，et al.Listen，attend and spell[EB/OL].（2015–08–05）[2024–08–09]. https://arxiv.org/abs/1508.01211.

[6] CHO K，MERRIENBOER B V，GULCEHRE C，et al. Learning phrase representations using RNN encoder–decoder for statistical machine translation[EB/OL].（2014–06–03）[2024–08–09]. https://arxiv.org/abs/1406.1078.

第 7 章　说话人识别

导读

说话人识别（Speaker Recognition，SR）又称声纹识别（Voiceprint Recognition，VPR），即通过语音来识别谁在说话。由于每个人发声器官的尺寸、发声器官被操纵的方式是不同的，因而每个人的声音都具有不同的特点。从理论上来说，声纹就像指纹一样，很少会有两个人具有相同的声纹特征，因此可以通过语音来辨别不同的人。说话人识别技术在信息安全验证、公安侦察、身份识别、家居唤醒等方面具有广泛的应用前景。

本章知识点

- 基于高斯混合模型的说话人识别
- 基于 i-vector 的说话人识别
- 基于深度神经网络的说话人识别
- 说话人日志技术

说话人识别（Speaker Recognition，SR）又称声纹识别（Voiceprint Recognition，VPR），是一项根据说话人的声音来识别说话人身份的技术。与指纹识别一样，说话人识别技术是一种生物特征识别技术。说话人识别的理论基础是每一个声音都具有独有的特征，通过该特征能将不同人的声音进行有效的区分。这种独有的特征主要由两个因素决定，第一个是声腔的尺寸，具体包括咽喉、鼻腔和口腔等，这些器官的形状、尺寸和位置决定了声带张力的大小和声音频率的范围。因此不同的人虽然说同样的话，但是声音的频率分布是不同的，听起来有的低沉有的洪亮。每个人的发声腔都是不同的，就像指纹一样，每个人的声音也就有独有的特征。第二个决定声音特征的因素是发声器官被操纵的方式，发声器官包括唇、齿、舌、软腭及腭肌肉等，他们之间相互作用就会产生清晰的语音。而他们之间的协作方式是人通过后天与周围人的交流中随机学习到的。人在学习说话的过程中，通过模拟周围不同人的说话方式，就会逐渐形成自己的声纹特征。因此，理论上来说，声纹就像指纹一样，很少会有两个人具有相同的声纹特征。

相对于目前广泛应用的指纹识别、瞳孔识别等，说话人识别所使用的声音便于采集，普通的麦克风、话筒等都可以用来采集声音，不受特定设备的限制，采集成本低，技术简单。并且说话人识别不受地点的限制，可以远距离进行识别。在应用上，声纹识别更大的应用前景在于安防领域，比如刑侦破案、门禁、银行交易等等。此外，在智能家居等领域，为了安全，也为了更好的智能体验（比如在人声鼎沸的情境中准确识别哪句话是主人下达的命令等），声纹识别技术也就渐渐受到了重视。

根据不同的应用场景，说话人识别可分为说话人辨认（Speaker Identification，SI）和说话人确认（Speaker Verification，SV）。SI 指的是有一段待测的语音，需要将这段语音与已知的一个集合内的一干说话人进行比对，选取最匹配的那个说话人，是个一对多的判别问题；SV 指的是有一段未知的语音，需要判断这段语音是否来源于给定的目标说话人，是个一对一的二分类问题。

说话人识别的研究起始于 20 世纪 30 年代。早期的研究主要集中在人耳听辨实验和探讨听音识别的可能性方面。随着研究手段和研究工具的改进，研究工作逐渐脱离了单纯的人耳听辨。1945 年 Bell 实验室的 L.G.Kesta 用目视观察语谱图的方法进行说话人识别，提出了“声纹”的概念。经过近百年的探索，研究人员提出许多说话人识别方法，大致可以归为三大类。如图 7-1 所示，主要有非参数方法、参数方法和近些年流行的人工神经网络。非参数方法包含动态时间规整法，矢量量化法。参数方法包含隐马尔可夫模型、高斯混合模型和 i-vector 的方法。基于人工神经网络的方法主要以 ResNet、TDNN 和 ECAPA-TDNN 作为主流的模型。本章主要介绍高斯混合模型、i-vector 和人工神经网络在说话人识别中的具体应用。近些年说话人识别的研究主要集中于人工神经网络方法，该方法也是目前性能最优的说话人识别方法。

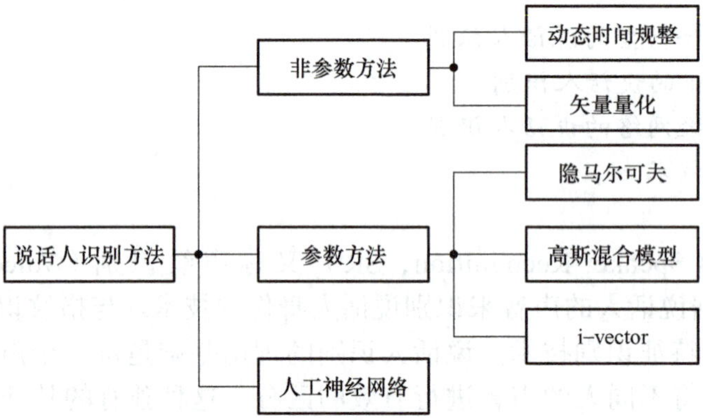

图 7-1　说话人识别方法

说话人识别系统主要分为训练（注册）阶段和识别阶段。如图 7-2 所示，在训练阶段，系统使用若干说话人的语音数据对说话人模型进行训练，得到每个说话人的特征信息，对每个说话人进行建模；而在识别阶段，首先对待识别语音进行建模，然后计算待识别语音模型与训练阶段得到的模型之间的距离。对于说话人辨认任务就是选出待识别语音的模型与训练阶段得到的所有模型中距离最近的那个；而对于说话人确认任务则是判断待识别语音的模型与给定的目标说话人在训练阶段得到的模型间的距离是否大于某一规定的阈值，若大于阈值则认为是同一个说话人，反之则认为不是同一个说话人。

然而对于目前流行的基于人工神经网络的说话人识别系统的识别流程与上述流程有所不同。图 7-2 中，使用到两种数据，将训练（注册）阶段使用的数据称为训练（注册）集，识别阶段使用的数据称为测试集，而基于人工神经网络的说话人识别方法将训练（注册）集又具体细分为训练集和注册集，测试集保持不变。若将注册集中的说话人称为目标说话人，在训练阶段，可以使用大量的与目标说话人有关或者无关的数据对模型进行训练，训练得到一个说话人特征提取模型，在测试阶段，分别提取注册集和测试集中数据的特征，来进行分数判别，如图 7-3 所示。

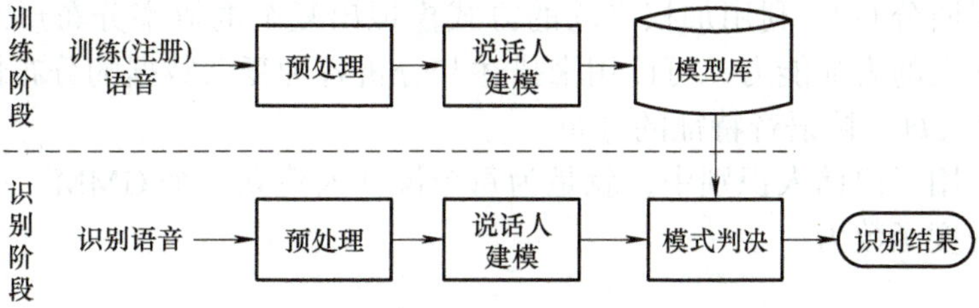

图 7-2　传统的说话人识别系统

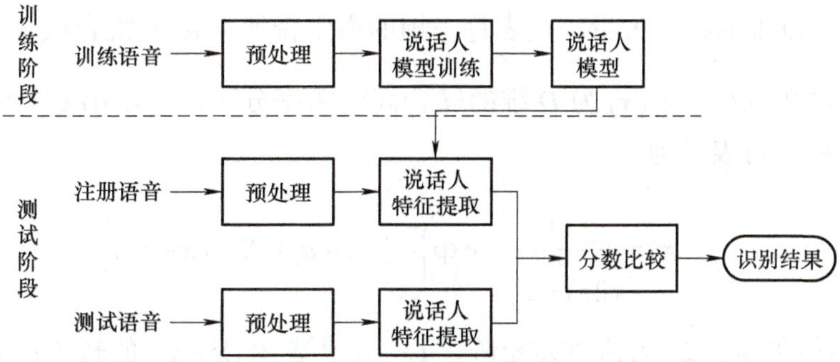

图 7-3　基于人工神经网络的说话人识别系统流程

说话人识别系统在识别时一般一句话只含有一个说话人。但是在一些现实生活场景中，如电话对话、多人会议、电视节目中，连续的一段时间内可能存在多个人说话，这种情况不能简单地使用上述系统进行说话人识别。最常见的做法是将一段多人对话的语音进行分割，使一段话中仅包含一个说话人，然后再进行说话人识别。说话人日志技术（Speaker Diarization，SD）就是在一段连续的多人对话中切分出不同的说话人片段，然后去判断每个语音片段属于哪个说话人，用来解决“谁在什么时候说话”的问题。现有的说话人日志系统大多由以下几个部分组成：

（1）语音分割模块　将非语音部分去除，将输入的话语分割成小段。

（2）提取特征向量模块　从小段语音中提取能够判断说话人的特征向量，例如 i-vector、d-vector 等。

（3）聚类模块　确定说话人的数量，并将说话人的身份分配给每个段。

（4）重新分割模块　通过强制附加约束，进一步细化分类结果。

下面对基于高斯混合模型、i-vector、深度神经网络的说话人识别技术以及说话人日志技术进行具体介绍。

7.1 基于高斯混合模型的说话人识别

7.1.1 GMM 说话人识别

高斯混合模型（Gaussian Mixture Models，GMM）是由多个高斯函数经过线性加权混合而成的一种多维概率密度函数。GMM 的基本特性在于其能够通过叠加多个简单的正态分布（即高斯分布），利用加权平均的方式模拟出复杂的概率分布形态。这一特性使得 GMM 具有强大的表征能力，可以用来描述和分析各种复杂数据的分布情况。因此可用 GMM 模拟说话人每一帧语音特征的分布。

将 GMM 应用于说话人识别中，就是为每个说话人建立一个 GMM。一个 C 阶混合高斯模型的概率密度函数为

$$p(\boldsymbol{x}\,|\,\lambda)=\sum_{c=1}^{C}\omega_c p_c(\boldsymbol{x}) \tag{7-1}$$

式中，$\boldsymbol{x}$ 为一个 D 维的特征矢量，代表每一帧的声学特征；ω_c 是混合权重，满足 $\sum_{c=1}^{C}\omega_c=1$ 且 $\omega_c\geqslant 0$，$c=1,2,\cdots,C$；$p_c(\boldsymbol{x})$ 为 D 维的联合高斯概率分布，表示第 c 个高斯成分产生语音特征 $\boldsymbol{x}$ 的概率，可表示为

$$p_c(\boldsymbol{x})=\frac{1}{(2\pi)^{\frac{D}{2}}\left|\boldsymbol{\Sigma}_c\right|^{\frac{1}{2}}}\exp\left\{-\frac{1}{2}(\boldsymbol{x}-\boldsymbol{u}_c)^{\mathrm{T}}\boldsymbol{\Sigma}_c^{-1}(\boldsymbol{x}-\boldsymbol{u}_c)\right\} \tag{7-2}$$

式中，$\boldsymbol{u}_c$ 为均值矢量；$\boldsymbol{\Sigma}_c$ 为协方差矩阵，$(\boldsymbol{x}-\boldsymbol{u}_c)^{\mathrm{T}}$ 表示 $(\boldsymbol{x}-\boldsymbol{u}_c)$ 的转置；λ 代表 GMM 模型的参数集合，$\lambda=\{\omega_c,\ \boldsymbol{u}_c,\ \boldsymbol{\Sigma}_c\}$，$c=1,2,\cdots,C$。理论上协方差矩阵 $\boldsymbol{\Sigma}_c$ 支持全协方差矩阵（即包含所有元素的协方差矩阵），但对角协方差矩阵能够简化算法，所以常使用对角协方差矩阵进行计算。一个 C 阶 GMM 的概率分布可以看成是 C 个单峰高斯概率分布的线性加权和。

说话人模型的训练就是使用给定的说话人训练数据，估计高斯混合模型的参数集 λ，常用的方法是最大似然估计法。最大似然估计的目的是寻找使 GMM 模型似然函数值最大的模型参数，也就是使得模型参数对于给定的训练数据有最大的概率。对于给定的同一说话人的 T 帧训练语音，若认为这 T 帧语音特征独立同分布，则 GMM 的似然函数可表示为

$$p(\boldsymbol{X}\,|\,\lambda)=\prod_{t=1}^{T}p(\boldsymbol{x}_t\,|\,\lambda) \tag{7-3}$$

式中，$\boldsymbol{x}_t$ 表示训练语音中第 t 帧的特征矢量。

根据第四章的介绍，可以使用 EM 算法来估计 GMM 的参数集 λ。EM 算法的基本思想是首先初始化模型参数 λ，根据初始参数 λ 计算每一帧属于每个高斯成分的概率，再根据每一帧属于每个高斯成分的概率计算新的模型参数 λ，然后在下一个迭代过程中使用新

的模型参数 λ，再重新计算每一帧属于每个高斯成分的概率以及模型参数 λ，反复迭代直到满足收敛条件。

在根据参数 λ 计算每一帧语音特征属于每个高斯成分的概率时，采用后验概率公式 $p(c|\boldsymbol{x}_t,\lambda)$，可以表示为

$$p(c|\boldsymbol{x}_t,\lambda)=\frac{\omega_c p_c(\boldsymbol{x}_t)}{\sum_{c=1}^{C}\omega_c p_c(\boldsymbol{x}_t)} \tag{7-4}$$

在根据每一帧属于每个高斯成分的概率更新模型参数 λ 时，采用以下公式

$$\omega_c=\frac{1}{T}\sum_{t=1}^{T}p(c|\boldsymbol{x}_t,\lambda) \tag{7-5}$$

$$\boldsymbol{u}_c=\frac{\sum_{t=1}^{T}p(c|\boldsymbol{x}_t,\lambda)\boldsymbol{x}_t}{\sum_{t=1}^{T}p(c|\boldsymbol{x}_f,\lambda)} \tag{7-6}$$

$$\boldsymbol{\Sigma}_c=\frac{\sum_{t=1}^{T}p(c|\boldsymbol{x}_t,\lambda)\boldsymbol{x}_t\boldsymbol{x}_t^{\mathrm{T}}}{\sum_{t=1}^{T}p(c|\boldsymbol{x}_t,\lambda)}-\boldsymbol{u}_c^{\mathrm{T}} \tag{7-7}$$

将式（7-5）～式（7-7）得到的参数作为新的参数 λ，重复式（7-4）～式（7-7）步骤，反复迭代更新直到模型收敛。

对于一个有 s 个人的说话人辨认系统，需要对每个说话人用一个 GMM 建模，模型记为 $\lambda_1,\lambda_2,\lambda_3,\cdots,\lambda_s$。说话人辨认的任务是根据给定的测试语音寻找具有最大后验概率的说话人模型。假设给定的测试语音特征矢量序列为 $\boldsymbol{Y}=\{\boldsymbol{y}_1,\boldsymbol{y}_2,\cdots,\boldsymbol{y}_T\}$，则该人为第 s 个人的后验概率为

$$p(\lambda_s|\boldsymbol{Y})=\frac{p(\boldsymbol{Y}|\lambda_s)p(\lambda_s)}{p(\boldsymbol{Y})} \tag{7-8}$$

式中，λ_s 为第 s 个人说话的先验概率；$p(\boldsymbol{Y})$ 为该测试语音 $\boldsymbol{Y}$ 出现的概率；$p(\boldsymbol{Y}|\lambda_s)$ 为第 s 个人产生特征矢量序列 $\boldsymbol{Y}$ 的条件概率。

识别结果由最大后验概率准则给出，即

$$n^*=\underset{1\leqslant s\leqslant S}{\operatorname{argmax}}\,p(\lambda_s|\boldsymbol{Y})=\underset{1\leqslant s\leqslant S}{\operatorname{argmax}}\frac{p(\boldsymbol{Y}|\lambda_s)p(\lambda_s)}{p(\boldsymbol{Y})} \tag{7-9}$$

式中，n^* 表示识别判别结果。

一般情况下，认为每个人说话的先验概率相等，即

$$p(\lambda_s)=\frac{1}{S}, \quad s=1,2,\cdots,S \tag{7-10}$$

此外，认为每个测试语音出现的概率 $p(\boldsymbol{Y})$ 也都相等且为常数。这样，式（7-9）可以写成

$$n^*=\underset{1\leqslant s\leqslant S}{\operatorname{argmax}}\ p(\boldsymbol{Y}\mid\lambda_s) \tag{7-11}$$

这时，最大后验概率准则就转化成了最大似然准则。通常为了简化计算，采用对数似然函数，即对 $p(\boldsymbol{Y}\mid\lambda_s)$ 取对数。判别结果由下式给出：

$$n^*=\underset{1\leqslant s\leqslant S}{\operatorname{argmax}}\log p(\boldsymbol{Y}\mid\lambda_s)=\underset{1\leqslant s\leqslant S}{\operatorname{argmax}}\sum_{t=1}^{T}\log p(\boldsymbol{y}_t\mid\lambda_s) \tag{7-12}$$

式中，$p(\boldsymbol{y}_t\mid\lambda_s)$ 由式（7-1）给出。

7.1.2　GMM-UBM 说话人识别

高斯混合模型将空间分布的概率密度用多个高斯概率密度函数的线性加权来拟合，可以平滑地逼近任意形状的概率密度函数。GMM 规模越大，表征能力越强，参数数量也越多，需要的训练数据也越多。然而在实际中无法获得大量的语音数据，这导致无法训练出高效的 GMM 模型。例如 7.1.1 中的方法，需要每个人都有足够多的语音数据才能训练出每个人的可靠的 GMM，但实际生活中，对每个人都采集很多语音并不方便实现。因此当无法从目标用户收集足够的语音时，便可以引入通用背景模型（Universal Background Model，UBM）。UBM 也是高斯混合模型，它使用大量的尽可能多的说话人的语音数据训练一个 GMM 模型，并将该 GMM 称为 UBM。UBM 使用许多不同说话人在各种环境下的语音数据训练而获得，故 UBM 是所有说话人语音特征共性及环境通道的共性反映。虽然 UBM 不具备表征具体身份的能力，但是它对语音特征在空间分布的概率模型给出一个良好的预先估计。后续目标说话人训练 GMM 时，只需要在 UBM 基础上使用少量的目标说话人数据对 UBM 微调即可，这就是 GMM-UBM 系统的基本思想。

在 GMM-UBM 系统中，使用大量背景数据和 EM 算法得到一个说话人无关的 UBM。目标说话人模型是利用目标说话人的训练语音和一种贝叶斯自适应对 UBM 的参数进行自适应得到的，也被称为贝叶斯学习或者最大后验准则（Maximum A Posteriori，MAP）。GMM-UBM 算法流程见图 7-4。

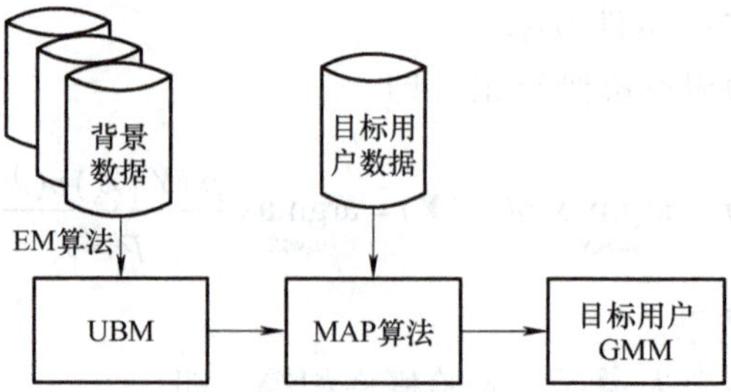

图 7-4　GMM-UBM 算法流程

与 EM 算法一样，MAP 自适应是一个两步估计的过程。第一步与 EM 算法中计算期望的步骤相同，即估计 UBM 中每个高斯成分的充分统计量，这个充分统计量包括训练向量来自各个分量 c 的频数、一阶矩和二阶矩，用以计算高斯混合模型的权重、均值和方差。与 EM 算法的第二步不同，为了适应这些新的模型参数，UBM 使用一个数据依赖的混合系数将新的模型参数与旧的模型参数结合起来。数据依赖的混合系数能够调节新旧模型参数的权重，使数据量高的混合的最终参数更依赖于新模型参数，而数据量低的混合的最终参数更依赖于旧模型参数。

给定一个 UBM 模型和假设的说话人训练数据 $\boldsymbol{X}=\{\boldsymbol{x}_1,\cdots,\boldsymbol{x}_T\}$，首先要确定训练向量到 UBM 各个高斯的概率对齐，也就是计算训练向量 $\boldsymbol{x}_t$ 来自 UBM 中第 c 个高斯函数的概率：

$$p(c\mid\boldsymbol{x}_t)=\frac{\omega_c p_c(\boldsymbol{x}_t)}{\sum_{c=1}^{C}\omega_c p_c(\boldsymbol{x}_t)} \tag{7-13}$$

使用得到的 $p(c\mid\boldsymbol{x}_t)$ 和 $\boldsymbol{x}_t$ 计算训练数据的充分统计量：

$$n_c=\sum_{t=1}^{T}p(c\mid\boldsymbol{x}_t) \tag{7-14}$$

$$\boldsymbol{E}_c(\boldsymbol{x})=\frac{1}{n_c}\sum_{t=1}^{T}p(c\mid\boldsymbol{x}_t)\boldsymbol{x}_t \tag{7-15}$$

$$E_c(\boldsymbol{x}^2)=\frac{1}{n_c}\sum_{t=1}^{T}p(c\mid\boldsymbol{x}_t)\boldsymbol{x}_t^2 \tag{7-16}$$

最后，利用这些来自训练数据的新的充分统计量来更新旧的 UBM 的参数，假设协方差矩阵为对角阵：

$$\hat{\omega}_c=\left[\frac{\alpha_c^{\omega}n_c}{F}+(1-\alpha_c^{\omega})\omega_c\right]\gamma \tag{7-17}$$

$$\hat{\boldsymbol{u}}_c=\alpha_c^{m}\boldsymbol{E}_c(\boldsymbol{x})+(1-\alpha_c^{m})\boldsymbol{u}_c \tag{7-18}$$

$$\hat{\boldsymbol{\sigma}}_c^{\ 2}=\alpha_c^{v}E_c(\boldsymbol{x}^2)+(1-\alpha_c^{v})(\boldsymbol{\sigma}_c^{\ 2}+\boldsymbol{\mu}_c^{\ 2})-\hat{\boldsymbol{\mu}}_c^{\ 2} \tag{7-19}$$

式中，ω_c、$\boldsymbol{u}_c$、$\boldsymbol{\sigma}_c^{\ 2}$ 分别为旧参数的权重、均值和方差；γ 为权重的规正因子，用来保证 $\hat{\omega}_c$ 的和为 1；$\{\alpha_c^{\omega},\alpha_c^{m},\alpha_c^{v}\}$ 分别是权重、均值和方差在更新时控制新旧数据间平衡的适应系数，其值越大表示数据越充分，越相信估计量，反之，则相信旧的模型参数。

在 GMM–UBM 系统中，一般使用同样的 α 更新参数，即

$$\alpha_c^{\omega}=\alpha_c^{m}=\alpha_c^{v}=\frac{n_c}{n_c+r} \tag{7-20}$$

实验表明，γ的取值范围在 7 ~ 20 之间效果最好。虽然在说话人模型训练过程中可以自适应 GMM 的所有参数，但广泛的研究表明，只有均值参数自适应时，说话人识别系统的性能最好。

在 GMM–UBM 说话人辨认系统中，使用目标用户数据通过 MAP 自适应算法得到目标用户的 GMM，然后和 7.1.1 节的识别流程相同，依次计算测试数据与目标用户 GMM 的最大后验概率，并得到最终结果。而说话人确认系统是基于假设检验的问题，在说话人确认任务中，给定一段语音 $\boldsymbol{Y}$ 和一个假设的说话人 s，需要确定 $\boldsymbol{Y}$ 是否为 s 所说。说话人确认任务可以表述为下面两种基本假设：

H_0：$\boldsymbol{Y}$ 是由假设的说话人 s 所说；

H_1：$\boldsymbol{Y}$ 不是由假设的说话人 s 所说。

决定两个假设之间的最优检测由似然比检测给出：

$$\frac{p(\boldsymbol{Y} \mid H_0)}{p(\boldsymbol{Y} \mid H_1)}\begin{cases}\geqslant \theta\text{接受}H_0\\ <\theta\text{拒绝}H_0\end{cases} \tag{7-21}$$

式中，$p(\boldsymbol{Y} \mid H_i)$，$i \in \{0,1\}$ 表示观测语音段 $\boldsymbol{Y}$ 在假设 H_i 下产生的概率，也是给定语音段假设为 H_i 的似然；θ 为拒绝或者接受 H_0 的阈值；说话人确认系统的基本目标是计算两个似然 $p(\boldsymbol{Y} \mid H_0)$ 和 $P(\boldsymbol{Y} \mid H_1)$。

在 GMM–UBM 模型中，H_0 用假设的说话的 GMM 模型 λ_s 来表示，H_1 用 UBM 表示。因此，式 (7–21) 可以表述为

$$\frac{p(\boldsymbol{Y} \mid \lambda_s)}{p(\boldsymbol{Y} \mid \mathrm{UBM})} \tag{7-22}$$

为了简化计算，通常采用对数似然比：

$$\Lambda(x) = \log p(\boldsymbol{Y} \mid \lambda_s) - \log p(\boldsymbol{Y} \mid \mathrm{UBM}) \tag{7-23}$$

式中，GMM 可以使用来自 s 的训练语音通过自适应得到。通过式（7-23）可以得到最终的判别分数 $\Lambda(x)$，如果 $\Lambda(x)$ 大于或等于阈值 θ，则认为 $\boldsymbol{Y}$ 是由假设的说话人 s 所说，反之，认为 $\boldsymbol{Y}$ 不是由假设的说话人 s 所说。

7.1.3　GMM–SVM 说话人识别

基于 GMM–UBM 的方法通过大量与说话人无关的训练数据以及较高的混合度，利用概率密度估计的方法，尽可能精确地描述说话人的特征统计分布。但 GMM 是生成模型，本身不能有效刻画目标说话人和冒认说话人之间的区分性信息，因而在说话人确认和集外的说话人拒识判别中，GMM 模型的区分性略显不足。支持向量机（Support Vector Machine，SVM）属于判别模型，在分类问题上表现优异，是一种二分类的模型，它对目标说话人和冒认者集合之间的边界进行建模。

SVM 作为一种二分类模型，模型训练需要正反两类数据。在说话人识别系统中分别

是目标说话人语音数据和冒认说话人语音数据。在一个含有 S 个说话人的识别系统中，对每个说话人来说，目标说话人只有一个，而冒认说话人至少有 $S-1$ 个。对于开集系统来说，冒认说话人的数量会更多。这样会导致目标说话人和冒认者之间的训练数据量出现极度不平衡，因此需要选择合适的模型训练策略。目前在 GMM–SVM 系统训练时，有“一对一”和“一对多”两种策略。

“一对一”是指将目标说话人与每个冒认者都单独训练一个 SVM 模型。在一个 S 个人的识别系统中，每个说话人至少需要训练 $S-1$ 个 SVM 模型，那么一共需要 $S(S-1)/2$ 个说话人模型。在说话人较少时，“一对一”策略具有很好的识别性能。但当说话人很多时，“一对一”策略需要极大的计算量和巨大的存储空间。

“一对多”策略是将给定的目标说话人语音作为正类数据，将所有剩余的非目标说话人的语音集中在一起组成反类数据，然后一起训练一个说话人模型。那么对于含有 S 个人的系统，只需要训练 S 个 SVM 模型就可以了。这种模型训练策略简单，但当冒认说话人很多时，会造成目标说话人和冒认说话人的训练数据量严重不平衡，影响 SVM 模型的训练效率和训练效果。

GMM–SVM 说话人识别，主要是在 GMM–UBM 的基础上，提取 GMM 的均值超矢量，然后再用 SVM 对均值超矢量进行二分类。对于所给的目标说话人语音，GMM–UBM 方法一般是通过 MAP 准则，从 UBM 模型自适应得到目标说话人的 GMM 模型，一般只更新均值矢量 $\boldsymbol{u}_c$。把所有高斯分量的各均值矢量 $\boldsymbol{u}_c$ 按照固定的顺序排列起来，就得到了一个 GMM 均值的超矢量 $\boldsymbol{U}=[\boldsymbol{u}_1,\cdots,\boldsymbol{u}_C]$，如图 7-5 所示。

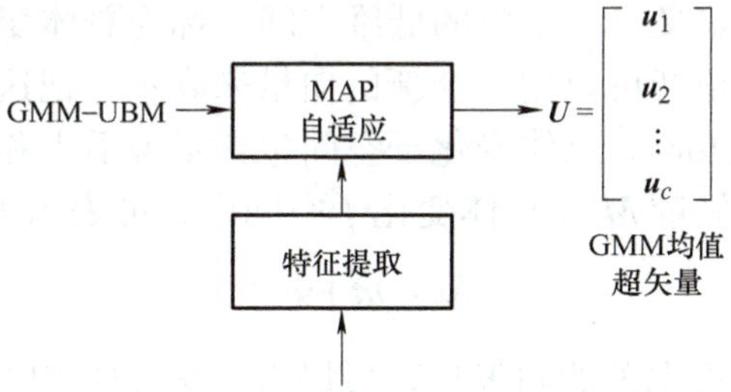

图 7-5　GMM 均值的超矢量

这种基于统计概率模型的均值超矢量包含了目标说话人语音的信息，能够很好地体现目标说话人的特性。此外，将一段时序语音转换为一个向量后再识别，更符合 SVM 的分类机理，因此这个均值超矢量适合作为 SVM 的输入特征。

SVM 的目标是通过相应的训练算法，构造出一个合适的分类面，能够很好地将目标说话人和冒认说话人区分开来。SVM 构造的分类面是线性的，因此对于非线性问题（如说话人识别），需要采用不同的核函数将原来的低维特征映射到高维空间中，使得在高维空间的样本是可分的。在说话人识别系统中，SVM 的最优分类函数可表示为：

$$g(\boldsymbol{U})=\operatorname{sgn}\left\{\sum_{j=1}^{J}\alpha_j^* y_j K(\boldsymbol{U}_j,\boldsymbol{U})+b^*\right\} \tag{7-24}$$

式中，$(\boldsymbol{U}_j, y_j)$ 为 SVM 的训练数据；$\boldsymbol{U}_j$ 是训练语音对应的均值超矢量；$y_j \in\{-1,1\}$。

在进行 SVM 说话人识别时，提取测试语音的均值超矢量 $\boldsymbol{U}$，然后代入式（7-24），如果 $g(\boldsymbol{U})$ 等于 −1，则表示该测试语音属于标签 −1 代表的说话人类别；如果 $g(\boldsymbol{U})$ 等于 1，则表示该测试语音属于标签 1 代表的说话人类别。

7.2 基于 i-vector 的说话人识别

7.2.1 基于 GMM 的 i-vector 说话人识别

由于说话人语音中说话人信息和各种干扰信息掺杂在一起，不同采集设备的信道之间也具有差异性，会使收集到的语音中掺杂信道干扰信息。这种干扰信息会引起说话人信息的扰动。传统的 GMM-UBM 方法中，GMM 均值矢量除了包含绝大部分的说话人信息之外，也包含了信道信息，导致系统性能不稳定。因此研究人员提出利用联合因子分析（Joint Factor Analysis，JFA）的方法将 GMM-UBM 均值超矢量分解为说话人信息因子和信道信息因子。在理想情况下，说话人因子只具有说话人相关的信息，信道因子只具有信道相关的信息并不含有说话人相关的信息。但在实验中发现信道因子也包含了说话人相关信息，如果只使用说话人因子进行说话人识别，准确率会低于理想值。

在 JFA 的基础上，2010 年 Dehak 提出了基于 i-vector 的因子分析技术，将说话人差异信息和信道差异信息作为一个整体进行建模，这样处理放宽了对训练语料的限制，并且计算简单，性能也相当。

基于 i-vector 的方法定义了一个新的低维空间，称为总体变化子空间。在这个新的低维空间中，输入的说话人语音可以用一个新的向量来表示，把这个新的向量称为总体变化因子，也可以称为“i-vector”。总体变化子空间包含了说话人和信道的可变性。给定一段语音 $\boldsymbol{X}$，其 GMM 均值超矢量 $\boldsymbol{M}$ 在总体变化子空间中，可表示为

$$\boldsymbol{M} = \boldsymbol{m} + \boldsymbol{\Phi w} \tag{7-25}$$

式中，$\boldsymbol{m}$ 是与说话人和信道无关的超矢量，可以看成是 UBM 模型的均值超矢量；$\boldsymbol{\Phi}$ 是总体变化子空间矩阵；$\boldsymbol{w}$ 是一个具有标准正态分布 $N(0,I)$ 的随机向量，称为总因子，包含了语音段 $\boldsymbol{X}$ 中的说话人信息和信道信息。总因子 $\boldsymbol{w}$ 由给定语句的充分统计量的后验概率分布来定义，这个后验分布是一个高斯分布，这个分布的均值恰好对应于 i-vector 。

在给定 $\boldsymbol{w}$ 的条件下，$\boldsymbol{M}$ 服从均值为 $\boldsymbol{m}+\boldsymbol{\Phi w}$，协方差为 $\boldsymbol{\Sigma}$ 的正态分布，如式（7-26）所示：

$$p(\boldsymbol{M} \mid \boldsymbol{w}, \boldsymbol{\Phi}, \boldsymbol{\Sigma}) = N(\boldsymbol{m} + \boldsymbol{\Phi w}, \boldsymbol{\Sigma}) \tag{7-26}$$

根据 7.1.1 节可以知道估计模型参数最常用的方法是在最大似然准则下使用 EM 算法，因此总体变化子空间矩阵 $\boldsymbol{\Phi}$ 和协方差矩阵 $\boldsymbol{\Sigma}$ 的估计通常也使用 EM 算法得到。

假设有一段 T 帧的说话人特征序列 $\boldsymbol{X} = \{\boldsymbol{x}_1, \boldsymbol{x}_2, \cdots, \boldsymbol{x}_T\}$ 和一个在某个特征维度 D 空间中定义的 C 阶 UBM 模型。由此计算说话人特征序列 $\boldsymbol{X}$ 的充分统计量为

$$\boldsymbol{N}_c = \sum_{t=1}^{T} p(c \mid \boldsymbol{x}_t) \tag{7-27}$$

$$\boldsymbol{H}_c=\sum_{t=1}^{T}p(c\mid\boldsymbol{x}_t)(\boldsymbol{x}_t-\boldsymbol{u}_c) \tag{7-28}$$

$$\boldsymbol{S}_c=\sum_{t=1}^{T}p(c\mid\boldsymbol{x}_t)(\boldsymbol{x}_t-\boldsymbol{u}_c)(\boldsymbol{x}_t-\boldsymbol{u}_c)^{\mathrm{T}} \tag{7-29}$$

式中，$c=1,2,\cdots,C$ 是高斯阶数；$p(c\mid\boldsymbol{x}_t)$ 为混合分量 c 生成向量 $\boldsymbol{x}_t$ 的后验概率，具体计算公式可见式（7-4）；$\boldsymbol{N}_c$、$\boldsymbol{H}_c$、$\boldsymbol{S}_c$ 分别对应 UBM 模型第 c 个高斯混合分量的零阶统计量、一阶统计量和二阶统计量；$\boldsymbol{u}_c$ 为第 c 个高斯混合分量的均值矢量。将 C 阶的 UBM 模型的零阶、一阶、二阶统计量分别整合起来，可以得到如式（7-30）～式（7-32）的矩阵形式，其中 $\boldsymbol{I}$ 为对角阵。

$$\boldsymbol{N}(\boldsymbol{x})=\begin{bmatrix}N_1\boldsymbol{I} & \cdots & 0\\ \vdots & & \vdots\\ 0 & \cdots & N_C\boldsymbol{I}\end{bmatrix} \tag{7-30}$$

$$\boldsymbol{H}(\boldsymbol{x})=\begin{bmatrix}\boldsymbol{H}_1\\ \vdots\\ \boldsymbol{H}_C\end{bmatrix} \tag{7-31}$$

$$\boldsymbol{S}(\boldsymbol{x})=\begin{bmatrix}\boldsymbol{S}_1 & \cdots & 0\\ \vdots & & \vdots\\ 0 & \cdots & \boldsymbol{S}_C\end{bmatrix} \tag{7-32}$$

EM 算法中，在 E 步根据隐变量计算相关的参数，具体计算公式为

$$\boldsymbol{L}=\boldsymbol{I}+\boldsymbol{\Phi}^{\mathrm{T}}\boldsymbol{\Sigma}^{-1}\boldsymbol{N}(\boldsymbol{x})\boldsymbol{\Phi} \tag{7-33}$$

$$\boldsymbol{E}(\boldsymbol{w})=\boldsymbol{L}^{-1}\boldsymbol{\Phi}^{\mathrm{T}}\boldsymbol{\Sigma}^{-1}\boldsymbol{H}(\boldsymbol{x}) \tag{7-34}$$

$$\boldsymbol{E}(\boldsymbol{w}\boldsymbol{w}^{\mathrm{T}})=\boldsymbol{L}^{-1}+\boldsymbol{E}(\boldsymbol{w})\boldsymbol{E}(\boldsymbol{w})^{\mathrm{T}} \tag{7-35}$$

式中，$\boldsymbol{E}(\boldsymbol{w})$ 和 $\boldsymbol{L}^{-1}$ 分别表示隐变量 $\boldsymbol{w}$ 的后验概率分布的均值矢量和协方差矩阵；$\boldsymbol{E}(\boldsymbol{w}\boldsymbol{w}^{\mathrm{T}})$ 为相关的二阶统计量；而 i–vector 实际上是隐变量 $\boldsymbol{w}$ 的后验概率分布的均值，也就是式（7-34）的计算结果 $\boldsymbol{E}(\boldsymbol{w})$。

在 M 步中，利用辅助函数分别对子空间载荷矩阵 $\boldsymbol{\Phi}$ 和协方差矩阵 $\boldsymbol{\Sigma}$ 求偏导并求极值点，可分别得到 $\boldsymbol{\Phi}$ 和 $\boldsymbol{\Sigma}$ 的更新公式如式（7-36）、式（7-37）所示：

$$\sum_{t=1}^{T}\boldsymbol{N}(\boldsymbol{x})\boldsymbol{\Phi}\boldsymbol{E}(\boldsymbol{w}\boldsymbol{w}^{\mathrm{T}})=\sum_{t=1}^{T}\boldsymbol{H}(\boldsymbol{x})\boldsymbol{E}(\boldsymbol{w}^{\mathrm{T}}) \tag{7-36}$$

$$\sum_{t=1}^{T}\boldsymbol{N}(\boldsymbol{x})\boldsymbol{\Sigma}=\sum_{t=1}^{T}\boldsymbol{S}(\boldsymbol{x})-\mathbf{diag}\{(\boldsymbol{H}(\boldsymbol{x})\boldsymbol{E}(\boldsymbol{w}^{\mathrm{T}})\boldsymbol{\Phi}^{\mathrm{T}})\} \tag{7-37}$$

根据式（7-36）、式（7-37）得到 $\boldsymbol{\Phi}$ 和 $\boldsymbol{\Sigma}$ 后即完成模型参数的一次更新，重复上述的 E 步和 M 步就能够不断训练模型，一般重复 5～6 次模型就能够达到收敛。收敛后得到的 $\boldsymbol{\Phi}$ 和 $\boldsymbol{\Sigma}$，就是所求的模型参数。

通过 EM 算法训练得到模型参数后，每段语音对应的 i-vector 因子即可通过式（7-34）提取，$\boldsymbol{E}(\boldsymbol{w})$ 即为对应的 i-vector。

图 7-6 展示了基于 GMM 的 i-vector 说话人识别系统的流程，分为图 7-6a 所示的训练阶段和图 7-6b 所示的测试阶段。在训练阶段对 i-vector 子空间模型进行训练，并提取 i-vector 进行后端处理，如信道补偿、相似度打分、分数归一化等。在测试阶段，使用训练阶段训练的模型对目标说话人语音和测试说话人语音提取 i-vector 因子，并输入到后端处理中进行说话人判别。

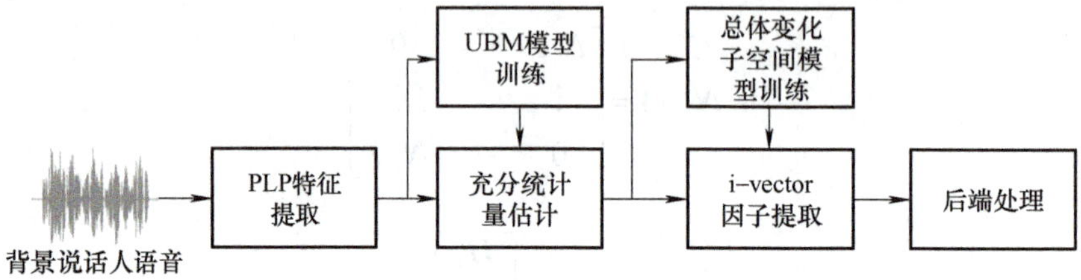

a) 训练阶段

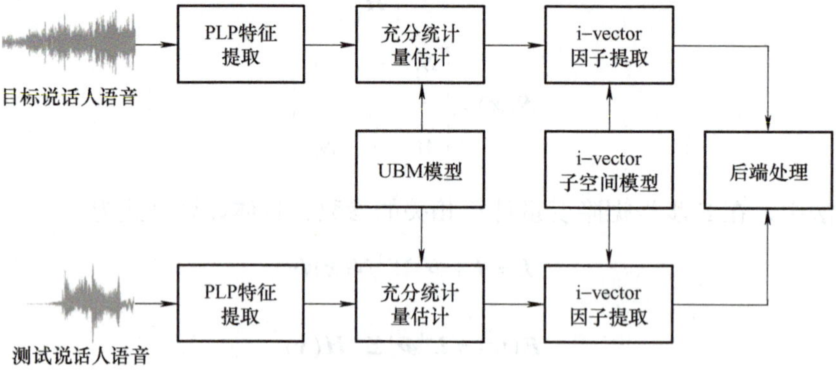

b) 测试阶段

图 7-6　基于 GMM 的 i-vector 说话人识别系统的流程

7.2.2　基于 DNN 的 i-vector 说话人识别

2014 年，研究人员将语音识别中的深度神经网络（Deep Neural Networks，DNN）声学模型引入到说话人建模中，提出了基于 DNN 的 i-vector 说话人识别系统。具体来说，就是通过使用 DNN 的输出作为最大后验概率来进行说话人建模和 i-vector 的提取。该方法在充分统计量的估计过程中，使用 DNN 声学模型代替传统的 GMM 模型来计算帧层面的每个高斯分布的最大后验概率。一旦最大后验概率被计算出来，零阶、一阶和二阶统计量就能通过 7.2.1 节式（7-27）～式（7-29）被计算出来。

通常情况下，GMM 模型被看作是对声学空间的一个粗略的描述。由于它是通过无监督学习算法估计得到的，因此它的每个高斯分量并没有明确的物理意义；而语音识别中的DNN 声学模型是对声学空间一个较为精确的描述，它的每个输出节点对应一个绑定三音素状态，与发音类别有明确的对应关系。用 DNN 模型作为对发音空间的描述，并通过计算每帧特征对绑定三音素状态的后验概率来估计充分统计量，相当于实现了不同语音段在发音上的对准，也就是相当于在相同的发音单元上对比不同说话人的区别，尽量避免语音内容对说话人识别的影响。

基于 GMM 模型和 DNN 声学模型的 i-vector 建模流程如图 7-7 和图 7-8 所示。在 GMM/i-vector 说话人识别系统中（如图 7-7 所示），整个充分统计量的估计均是基于 UBM 模型的框架，最大后验概率的计算和统计量的计算使用的是相同的声学特征；但在 DNN/i-vector 说话人识别系统中，如图 7-8 所示，最大后验概率的计算是通过 DNN 声学模型，该步骤和统计量的计算相对独立，从而系统可以使用更有利于语音识别的特征（如 Fbank 特征）来构建 DNN 声学模型并实现后验概率的计算，同时在计算充分统计量时可以使用更有利于说话人识别建模的特征如 PLP 特征来完成充分统计量的估计。

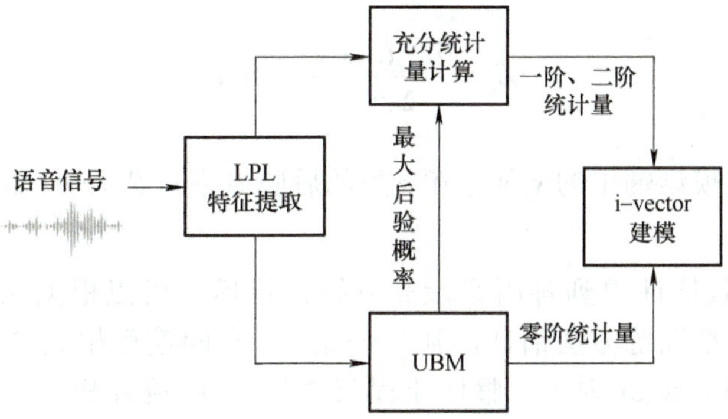

图 7-7　基于 GMM 的 i-vector 建模流程

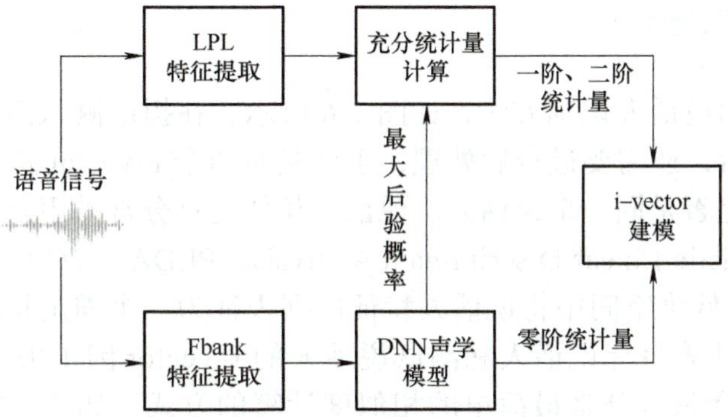

图 7-8　基于 DNN 的 i-vector 建模流程

在传统的基于 GMM 的 i-vector 说话人识别系统中，根据 7.1.1 节的最大后验概率公式（7-4）可以计算出数据 $\boldsymbol{x}_t$ 属于第 c 个高斯成分的概率。使用这个概率可以计算出模型的均值和方差。在 DNN 系统中，使用 DNN 声学模型代替 GMM 来计算数据的后验概率。如图 7-9 所示，DNN 的每个输出节点代表一个三音素，最后一层的输出经过 Softmax 函数后就是所需的后验概率，均值和协方差分别由式（7-39）和式（7-40）给出。

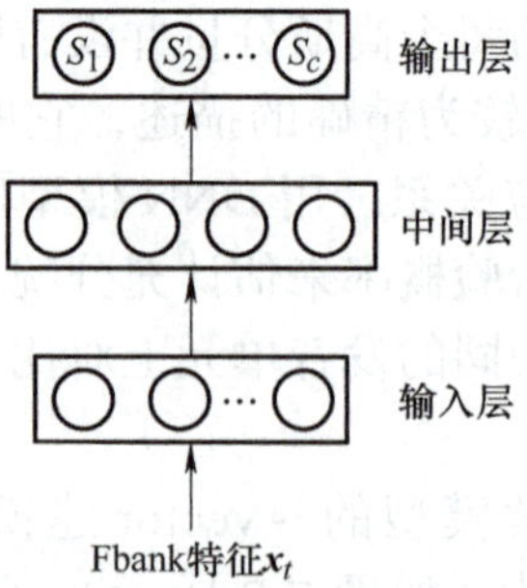

图 7-9　基于 DNN 声学模型的后验概率

$$\gamma_t(c) \approx p(S_c \mid \boldsymbol{x}_t) \tag{7-38}$$

$$\boldsymbol{u}_c = \frac{\Sigma_t \gamma_t(c)\boldsymbol{x}_t}{\Sigma_t \gamma_t(c)} \tag{7-39}$$

$$\boldsymbol{\Sigma}_c = \frac{\Sigma_t \gamma_t(c)\boldsymbol{x}_t \boldsymbol{x}_t^{\mathrm{T}}}{\Sigma_t \gamma_t(c)} - \boldsymbol{u}_c \boldsymbol{u}_c^{\mathrm{T}} \tag{7-40}$$

式中，$\gamma_t(c)$ 为 DNN 模型输出的 $\boldsymbol{x}_t$ 属于第 c 类的后验概率；S_c $(c = 1, 2, \cdots, C)$ 为三音素状态；$\boldsymbol{x}_t$ 为输入声学特征。

在按照上述步骤估计得到各语音段充分统计量后，可以根据 7.2.1 节中介绍的基于 GMM 的 i-vector 模型训练方法估计得到 i-vector 子空间模型相关参数，然后进一步提取出每段语音对应的 i-vector 因子。整体流程与 7.2.1 节的流程相同，只需要将 UBM 模型换成 DNN 声学模型。

7.2.3　说话人相似度打分

基于 i-vector 的说话人识别方法，如图 7-6 所示，在提取测试语音的 i-vector 和目标说话人的 i-vector 后，还需要进行后处理，也就是对两个 i-vector 进行相似度打分，最终根据分数大小判断是否是同一个说话人。说话人相似度打分常采用余弦打分或者概率线性判别分析（Probabilistic Linear Discriminant Analysis，PLDA）打分。

i-vector 能够在低维空间中将说话人特征序列表征为一个固定长度的 i-vector 因子矢量。因此可以直接计算目标说话人和测试说话人的 i-vector 因子矢量的余弦距离来进行说话人识别判别。余弦打分是最简单的相似度计算的方式，如式（7-41）所示，计算两个 i-vector 矢量之间的余弦值，然后将得到的值与阈值进行比较，来确定是否为同一个说话人。

$$\mathrm{score}(\boldsymbol{i}_{\mathrm{target}}, \boldsymbol{i}_{\mathrm{test}}) = \frac{< \boldsymbol{i}_{\mathrm{target}}, \boldsymbol{i}_{\mathrm{test}} >}{\|\boldsymbol{i}_{\mathrm{target}}\| \|\boldsymbol{i}_{\mathrm{test}}\|} \tag{7-41}$$

由于 i-vector 因子中同时含有说话人信息和信道信息，直接采用余弦打分会影响系统的识别性能，因此需要进行信道补偿，去除信道的影响。常用的信道补偿方法包括线性判别分析（Linear Discriminant Analysis，LDA），类内协方差规整（Within-Class Covariance Normalization，WCCN）和 PLDA 等。其中，PLDA 是目前说话人识别领域使用最广泛和性能最好的后端信道补偿和分类算法之一。

PLDA 打分是基于 PLDA 信道补偿技术的一种打分方式。PLDA 模型是 LDA 模型的概率形式，用来对 i-vector 进行信道补偿和分类，最早应用于人脸识别领域。PLDA 可看作为线性鉴别性分析技术的概率模型推广。PLDA 分类方法通常假设模型输入的 i-vector 矢量服从高斯分布，而文献研究表明原始得到的 i-vector 因子的分布具有较为严重的类似学生分布的“重拖尾”特性，因此为了更好地使 i-vector 因子能满足高斯分布的特性，同时避免直接对“重拖尾”分布进行建模，通常要对 i-vector 因子进行长度归一化（Length Normalization），来使得 i-vector 因子更接近于服从高斯分布。对 i-vector 因子进行长度归一化通常需要进行两步操作，第一步是对 i-vector 因子进行高斯白化，高斯白化矩阵通常采用类内协方差归一化矩阵进行 Cholesky 分解得到，第二步则是进行 i-vector 因子的幅值归一化。对 i-vector 进行长度归一化的公式为

$$f_{\mathrm{LN}}(\boldsymbol{w})=\frac{\boldsymbol{B}^{-1}\boldsymbol{w}}{\left\|\boldsymbol{B}^{-1}\boldsymbol{w}\right\|_2} \tag{7-42}$$

式中，$\boldsymbol{w}$ 为 i-vector；$f_{\mathrm{LN}}(\boldsymbol{w})$ 为长度归一化后的 i-vector；矩阵 $\boldsymbol{B}^{-1}$ 表示由开发集数据估计得到的类内协方差归一化矩阵进行 Cholesy 分解得到的 i-vector 白化矩阵。

在一般化的子空间 PLDA 建模结构中，认为 i-vector 因子中包含的说话人信息和信道信息存在于两个线性子空间中，若假设说话人 s 有 R_s 段训练语音，相应的所有通过因子分析提取得到的 i-vector 因子矢量集则可以表示为 $\{\boldsymbol{w}_{s,r}: r=1,2,\cdots,R_s\}$，则对于说话人 s 的第 r 段 i-vector 矢量，利用 PLDA 可建模为

$$\boldsymbol{w}_{s,r}=\boldsymbol{\mu}+\boldsymbol{\Psi}\boldsymbol{\beta}_s+\boldsymbol{\Gamma}\boldsymbol{\alpha}_{s,r}+\boldsymbol{\varepsilon} \tag{7-43}$$

式中，$\boldsymbol{\mu}$ 代表由所有 i-vector 因子估计得到的全局均值，不依赖于具体的某一个 i-vector 因子；矩阵 $\boldsymbol{\Psi}$ 所有列矢量张成了一个代表说话人的类间子空间，类似于线性鉴别性分析中类间协方差矩阵空间；矢量 $\boldsymbol{\beta}_s$ 表示在该子空间矩阵 $\boldsymbol{\Psi}$ 中的投影矢量，它是满足服从标准正态概率密度先验分布的隐变量；矩阵 $\boldsymbol{\Gamma}$ 的所有列矢量张成了一个代表说话人的类内子空间，对应于线性判别分析中类内协方差矩阵空间；矢量 $\boldsymbol{\alpha}_{s,r}$ 表示在该子空间 $\boldsymbol{\Gamma}$ 中的投影矢量，服从标准正态概率密度分布的隐变量；$\boldsymbol{\varepsilon}$ 为残差项，服从高斯分布。

从上述建模过程可以看出，在该建模技术下，i-vector 因子矢量可以分解为两部分，其中 $\boldsymbol{\mu}+\boldsymbol{\Psi}\boldsymbol{\beta}_s$ 部分代表不同说话人类间的变化部分，不依赖于某一说话人类内的某一段 i-vector 因子矢量，因此在公式中不依赖于下标 r。而 $\boldsymbol{\Gamma}\boldsymbol{\alpha}_{s,r}+\boldsymbol{\varepsilon}$ 表示每一说话人类内 i-vector 信道干扰部分。在 PLDA 建模中，模型参数可通过最大似然估计来得到，具体估计算法通常采用最大期望值 EM 算法来迭代实现。

通常由于 i-vector 因子矢量维数较小，因此为了简化建模过程，可将 $\boldsymbol{\Gamma}\boldsymbol{\alpha}_{s,r}+\boldsymbol{\varepsilon}$ 用一个统一的服从零均值、满阵协方差矩阵 $\boldsymbol{\Sigma}$ 的高斯概率密度函数来建模，则式（7-43）中的

PLDA 建模公式可表示为

$$\boldsymbol{w}_{s,r_s}=\boldsymbol{\mu}+\boldsymbol{\Psi}\boldsymbol{\beta}_s+\boldsymbol{\varepsilon} \tag{7-44}$$

由于上述两种建模方法是等价的，因此本文所采用的子空间 PLDA 建模均采用上述简化模型来实现。通过上述过程对 i-vector 因子进行概率子空间建模，从而达到抑制信道信息的作用，增强 i-vector 因子对不同说话人间的区分性能。

通过上述子空间 PLDA 对 i-vector 因子进行建模并估计得到模型参数后，就可以基于该模型对说话人进行分类，在该子空间 PLDA 建模方法下采用似然比分数来对测试任务进行打分，打分过程为

$$\begin{aligned}\text{score}(\boldsymbol{w}_{\text{mdl}},\boldsymbol{w}_{\text{seg}})&=\log\frac{p(\boldsymbol{w}_{\text{mdl}},\boldsymbol{w}_{\text{seg}}\mid\mathcal{H}_{\text{true}})}{p(\boldsymbol{w}_{\text{mdl}},\boldsymbol{w}_{\text{seg}}\mid\mathcal{H}_{\text{imp}})}\\&=\log\frac{p(\boldsymbol{w}_{\text{mdl}},\boldsymbol{w}_{\text{seg}}\mid\mathcal{H}_{\text{true}})}{p(\boldsymbol{w}_{\text{mdl}}\mid\mathcal{H}_{\text{imp}})p(\boldsymbol{w}_{\text{seg}}\mid\mathcal{H}_{\text{imp}})}\end{aligned} \tag{7-45}$$

式中，$\mathcal{H}_{\text{true}}$ 表示测试任务中说话人模型 i-vector 因子 $\boldsymbol{w}_{\text{mdl}}$ 和测试段 i-vector 因子 $\boldsymbol{w}_{\text{seg}}$ 属于同一个说话人的假设，此时两者共享相同的隐变量；而与之相对应，$\mathcal{H}_{\text{imp}}$ 表示说话人模型 i-vector 因子 $\boldsymbol{w}_{\text{mdl}}$ 和测试段 i-vector 因子 $\boldsymbol{w}_{\text{seg}}$ 属于不同说话人的假设，此时两者对应的隐变量是统计独立的。

7.3 基于深度神经网络的说话人识别

基于 DNN 的 i-vector 模型首次使用神经网络进行说话人识别。该方法使用语音识别中的 DNN 声学模型代替传统的 GMM 模型来计算每个高斯分布的最大后验概率，再进行 i-vector 模型的建模。2024 年，谷歌提出 d-vector 方法，直接使用 DNN 模型对说话人空间进行建模。如图 7-10 所示，该方法通过 DNN 将语音的帧级特征映射到对应的说话人

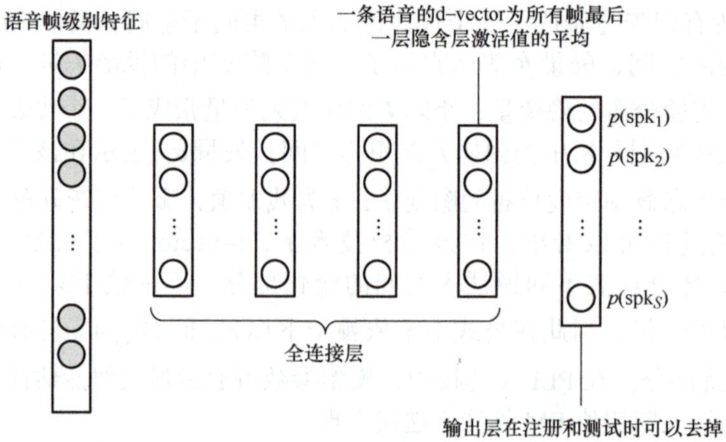

图 7-10 d-vector 说话人识别模型结构

身份。模型训练阶段，输入帧级别特征，并进行帧级别地判断对应的说话人，使网络输出该帧对应的说话人标签。模型测试阶段 DNN 最后一层网络可以去掉，将测试语音分帧输入 DNN，并将该 DNN 模型最后一个隐藏层（也就是倒数第二层）的激活值的所有帧的均值作为说话人身份矢量，也称为 d-vector。根据测试语音的 d-vector 和目标说话人的 d-vector 之间的距离做出是否是同一个说话人的判别。d-vector 用 DNN 模型而不是因子分析模型寻找一种更抽象更紧凑的说话人声学帧的表示。

d-vector 的识别性能虽然明显低于 i-vector 方法，但其与 i-vector 特征的融合特征能够取得相对理想的识别性能。这一突破性进展将神经网络方法带入到研究者的视线中，说话人识别技术进入深度学习领域。这类从神经网络架构中所提取出的说话人特征则称作说话人嵌入 (Speaker Embedding) 特征。

d-vector 方法作为一种帧级特征提取方法，需要对帧级特征序列求均值来获取话语级的特征表示，即 d-vector 特征。且 d-vector 训练时首先要将整段话进行分帧，以帧的形式输入到网络中，对网络进行训练。在测试时，对一条语音所有帧的最后一层隐藏层的输出进行平均得到 d-vector。然而声纹特征作为语音的整体信息，在较长的时间内表现得更为稳定，因此仅从很小的片段中提取声纹特征的做法，效果并不理想。此外，提取 d-vector 时额外引入的求平均操作和训练过程并不匹配。2017 年，Snyder 等人提出了基于话语级的深度神经网络模型—x-vector 网络。x-vector 能够从长度可变的声学片段计算固定维度的说话人嵌入。

x-vector 作为话语级特征提取方法，将长度可变的话语映射到固定维的嵌入中。该方法在说话人识别领域取得了良好的性能，并成为主流的说话人识别模型。2019 年有学者将图像识别领域的 ResNet 网络应用到说话人识别中，提出了 r-vector 特征。ResNet 成功解决了由于网络深度造成的梯度消失和梯度爆炸的问题，大大地提高了网络的特征提取能力，进一步提高了说话人识别系统的性能。2020 年 Brecht Desplanques 等人提出了 ECAPA-TDNN，该方法借鉴 r-vector 在 x-vector 的基础上引入 ResNet 信息跳层传播机制，并使用注意力机制对统计池化方面做了改进。

下面将主要介绍 x-vector、ResNet、ECAPA-TDNN 三种目前性能较好，应用最广泛的说话人识别模型。

7.3.1 x-vector 说话人识别

2017 年，Snyder 等人提出了基于话语级的深度神经网络模型—x-vector 网络。x-vector 能够直接输入一整段语音片段，计算固定维度的说话人嵌入，在语音层面做说话人识别。如图 7-11 所示，标准的 x-vector 网络包括帧级别声纹特征提取层，在帧级特征上聚合的统计池化层，段级别声纹特征提取层，输出说话人标签的 Softmax 层 4 个部分。

1）帧级别声纹特征提取层：逐帧处理语音，采用时延神经网络（Time-delay Neural Networks，TDNN）来处理输入的特征序列。对每一时刻的语音帧，根据该帧以及该帧相邻的帧，提取该帧对应的帧级别的特征，用于反应该帧的声纹信息。每个 TDNN 本质上可以认为是 1 维的卷积神经网络，通过覆盖输入特征的一定时间范围，使网络能够捕捉更长时间范围内的上下文信息。假设输入语音特征序列为 $\boldsymbol{X}=\{\boldsymbol{x}_1,\boldsymbol{x}_2,\cdots,\boldsymbol{x}_T\}$ ，共 T 帧，如

果第 l 层 TDNN 的结构参数为 {-2, 0, 2}，说明在计算第 l 层 TDNN 在 t 时刻的输出 $\boldsymbol{x}_t^l$ 时，需要将 $l-1$ 层在 $t-2$ 、t、 $t+2$ 时刻的输出作为输入（第 1 层 TDNN 的输入为 $\boldsymbol{X}$），即

$$\boldsymbol{x}_t^l = f(\boldsymbol{x}_{t-2}^{l-1}, \boldsymbol{x}_t^{l-1}, \boldsymbol{x}_{t+2}^{l-1}) \tag{7-46}$$

经过 L 层 TDNN 后，得到一条语音每一帧的输出为 $\boldsymbol{X}^L = \{\boldsymbol{x}_1^L, \boldsymbol{x}_2^L, \cdots, \boldsymbol{x}_T^L\}$ ，为帧级别声纹特征向量。

2）统计池化层：统计池化层是 x-vector 架构中的关键组成部分，它将帧级别的特征变成话语级别特征，将长度可变的语音变成固定长度的向量。统计池化层的输入为帧级别声纹特征提取层提取得到的帧级别声纹特征向量，即 $\boldsymbol{X}^L = \{\boldsymbol{x}_1^L, \boldsymbol{x}_2^L, \cdots, \boldsymbol{x}_T^L\}$ 。通过计算一句话中所有帧的声纹特征向量的均值和标准差，并将其拼接，输出一个定长矢量 $\boldsymbol{X}^L$ 。该矢量是由所有帧的信息得到的，编码了说话人在整个语音段中的总体统计特性。

3）段级别声纹特征提取层：经过统计池化之后的矢量进一步被输入到段级别声纹特征提取层中。段级别声纹特征提取层为全连接层，输入为一个矢量，输出也为一个矢量。这些层进一步在高层次上提取说话人特定的信息，并逐步将帧级的特征转化为能够代表整个语音段的说话人表示。其输出就是说话人嵌入，又称 x-vector 矢量。

4）Softmax 层：Softmax 的输出节点表示不同的说话人，训练数据中有多少说话人就对应了多少个节点。将 x-vector 输入到 Softmax 层，输出该条语音对应不同说话人概率。

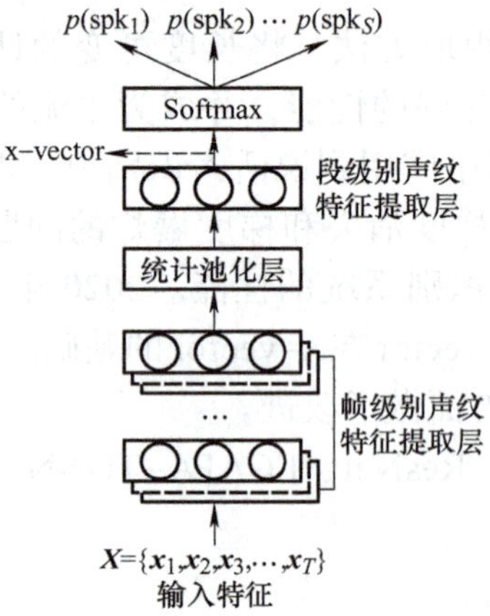

图 7-11　x-vector 说话人识别方法示意

x-vector 网络可以使用梅尔频率倒谱系数（MFCCs）或滤波器组特征（Fbank）作为输入。在模型训练阶段，Softmax 层输出训练语音属于每个说话人的概率。通过对比 Softmax 输出的概率以及训练语音的说话人标签信息，选择合适的损失函数（如交叉熵损失等）对网络进行监督训练，使网络尽可能正确地对说话人进行分类，学习能表征说话人的特征。在测试时，最后一层 Softmax 层可以去除，使用训练好的 x-vector 模型对注册话语和测试话语进行特征提取，得到注册话语和测试话语的 x-vector 矢量。将 x-vector 进行归一化后，再通过余弦相似度评分或概率线性判别方法，对比两个语音样本的 x-vector 的相似度，即可判别这两条语音样本是否来自同一说话人。

相比 i-vector 说话人模型，x-vector 模型的学习能力更强，其主要优势在于：

1）i-vector 模式是基于 GMM-UBM 的。虽然 GMM-UBM 模型可以包含上千个高斯成分，并且模型参数可以随着高斯成分个数的增加而增加，但是某些高斯成分由于数据稀疏性会使参数估计不准确。这就导致 i-vector 在短语音条件下的识别性能严重下降。而 x-vector 模型利用深度神经网络能够挖掘出语音中更深层次的声纹信息，提高声纹特征矢量在短语音条件下的鲁棒性。

2）i-vector 模型对数据分布有很强的先验假设。GMM-UBM 模型采用高斯混合分量对不同的发音类别进行建模。当每个发音类别的声学特征不满足高斯分布时，利用高斯建模并不能准确地刻画各个发音的统计特性。特别是在跨语种、跨信道等复杂的声学环境下，实际语音的特征分布可能发生更严重的偏移，破坏高斯分布假设，这使得 i-vector 对语种、信道等条件的变化极为敏感。而 x-vector 模型使用深度神经网络建模减少了对输入数据分布的显式假设，对复杂环境具有更好的适应性。

3）i-vector 是一种基于 GMM-UBM 的生成模型。当训练数据达到一定规模时，模型的学习能力将趋近于饱和。此时继续增加高斯个数，模型识别性能的提升非常有限。而 x-vector 模型中的深度神经网络采用多层非线性结构，学习能力更强，能够更加充分地利用大规模训练数据的优势。实验表明，在大量增加训练数据的情况下，i-vector 的性能提升非常有限，而 x-vector 则能够获得更加显著的性能改善。

由于 x-vector 相对于 i-vector 表现出了很多优势，因此在 x-vector 提出后，大部分研究都由对 i-vector 改进转向对 x-vector 进行改进。2018 年，Povey 等人提出了 Factorized-TDNN，对 x-vector 中的 TDNN 结构进行优化。如图 7-12 所示，将 TDNN 的权重矩阵通过奇异值分解（Singular Value Decomposition，SVD）为两个更小的矩阵相乘的形式，从而减少每层的参数，以便在整体参数量不变的情况下，利用更深的网络提取表达能力更强的特征。此外还要求两个更小的矩阵中的一个矩阵半正定化，使网络参数随机初始化训练时不容易发散，以此来控制层参数的变化速度，使训练更稳定。Factorized-TDNN 进一步提高了 x-vector 模型的说话人识别性能。

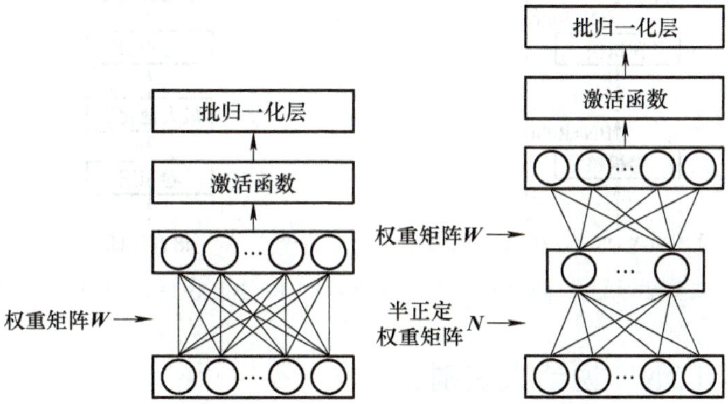

图 7-12　Factorized-TDNN 结构示意

7.3.2　ResNet 说话人识别

2015 年微软团队提出的残差网络（Residual Network，ResNet）是深度学习领域的一个重要里程碑，其创新性地解决了深层神经网络训练难度大的问题，为深度学习的发展打开了新的大门。ResNet 通过引入残差学习单元，允许信息在网络的多个层之间跳转传递，从而有效避免了深度网络中常见的梯度消失和梯度爆炸问题。这种架构设计使得网络能够在加深网络深度的同时，维持甚至提升性能，实现了前所未有的深度和准确率，尤其在图像识别和分类任务中展现出卓越的性能。在说话人识别任务中，ResNet 大大提高了特征提取的能力，使得从复杂的语音信号中提取有关说话人身份的关键信息变得更加准确和高效，显示出了优异的性能和鲁棒性。

ResNet 网络的核心思想是引入了“残差学习”这一概念。在传统的神经网络中，通常层数越深，学习的性能越差，因为层数的增加会面临性能饱和、梯度爆炸等问题。而残差学习通过跳跃连接，使得网络的输出为原始输入和网络学习到的特征的加和，极大改善了网络训练的效率和效果。

残差学习的具体结构如图 7-13 所示，一个残差块包含任意数量个卷积核，同时在每个卷积核后都有非线性激活层和归一化层，同时最后一个卷积核的输出会与原始输入加和。

ResNet 说话人识别模型结构如图 7-14 所示，N 表示残差块的数量。在 ResNet 网络中，输入特征先进行一次卷积，经过最大池化后输入到残差网络中，最后再进行一次平均池化和全连接层后就能得到说话人特征矢量 r-vector。r-vector 经过 Softmax 层后得到输入语段属于每个说话人的概率。常用的 ResNet 网络有 ResNet17、ResNet34、ResNet152 等，区别是网络中包含的残差块 N 的数量是不一样的。

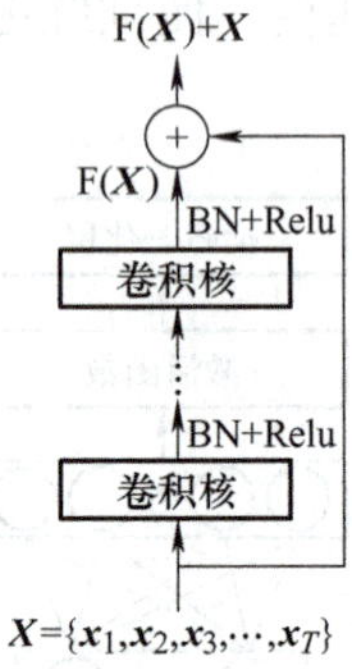

图 7-13 残差学习的具体结构

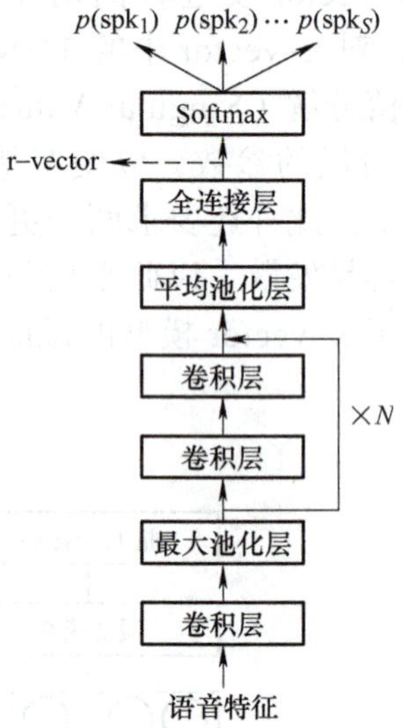

图 7-14 ResNet 说话人识别模型结构

7.3.3 ECAPA-TDNN 说话人识别

2020 年提出的 ECAPA-TDNN（Emphasized Channel Attention, Propagation, and Aggregation in Time Delay Neural Network）代表了说话人识别技术的一次重要进步。该技术在传统的时延神经网络框架上进行了显著的改进，通过融入通道注意力机制、特征传播与聚合策略，实现了对说话人特征的更有效提取和表示。ECAPA-TDNN 对 x-vector 的 TDNN 结构进行了增强，如图 7-15 所示，首先引入了 ResNet 中的信息跳层传播机制，以在整个系统中传播和聚合通道。此外，全局上下文的通道注意力机制被应用到框架层和统计池层中，以进一步改善结果。

ECAPA-TDNN 对 x-vector 的帧级别和段级别声纹特征提取层都做了改进，首先是帧级别特征提取模块，引入了 SE-Res2Block 模块。SE-Res2Block 模块又分为 Res2Block 和挤压激励（Squeeze and Excitation, SE）模块，其结构如图 7-16 所示。

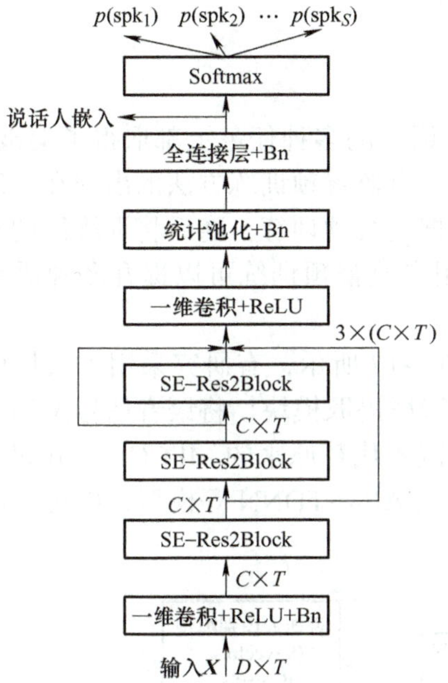

图 7-15　ECAPA-TDNN 说话人识别网络
（其中 D 为语音特征维度，T 为语音帧数，C 为卷积核个数。）

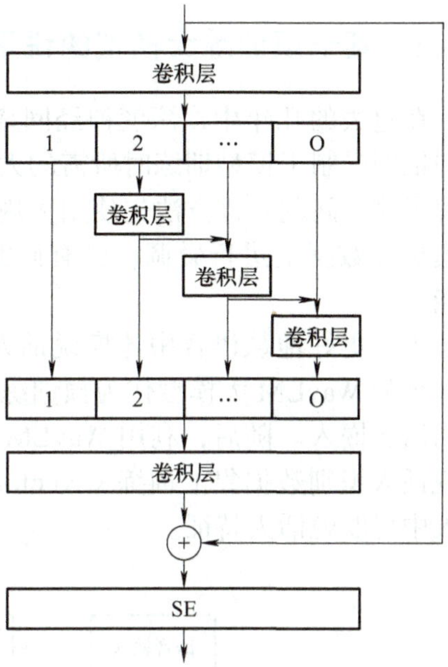

图 7-16　SE-Res2Block 结构

Res2Block 模块首先将经过一层卷积后的特征图，按照特征通道数进行平分，得到多个尺度相同的特征图（1,2,…,O）。第一个特征图保留，不进行变换，这是对前一层特征的复用，同时也降低了参数量和计算量。从第二个特征图开始，都进行卷积，并且当前特征图的卷积结果，会与后一个特征图进行残差连接（逐元素相加），后一个特征图再进行卷积。最后，所有的卷积结果都会按照特征通道进行串联，再经过一次卷积复原每个像素点的特征通道，使其等于输入时的特征通道，从而能够进行残差连接。

SE 模块的基本思路是将一个特征图的每个特征通道，都映射成一个值，从而特征图会映射为一个向量，长度与特征通道数一致。特征图经过挤压和激励操作后，得到的输出向量中的每一个值，范围都在 (0, 1) 之间。最后用输出向量的每一个值，对输入特征图的对应通道进行加权。输入特征经过 SE 模块后，不同的特征通道会被赋予不同的权重。

对于段级特征的处理，引入注意力机制。注意力池化（Attentive Statistics Pooling, ASP）是 2017 年提出的，至今仍然广为使用的带有注意力的统计池化层。ECAPA-TDNN 对 ASP 进行了修改并将其调整为通道相关。输出的自注意力得分能够表示给定通道对每帧的重要性，并用于计算通道的加权统计信息。相较于传统的平均池化或最大池化，自注意力池化能够更准确地捕捉说话人的独特特性，进一步增强说话人识别的准确性。

最后 ECAPA-TDNN 采用了一种多特征融合的机制，将所有 SE-Res2Block 模块的输出特征映射串联起来，一起输入到统计池化层中。在ECAPA网络中具体表现为，注意力池化层的输入并非直接来自前一层的输出，而是将前面所有的SE-Res2Block模块的输出拼接成一个新的向量，作为该层的输入。因此需要在注意力池化层前再加一层卷积层，调整串联向量的维度，并输出特定维度的向量。经过统计池化下采样、全连接层降维和归一化处理后，最终输出特定维度的说话人嵌入。通过将各层输出拼接，网络能够充分利用数据中的信息，从而更有效地区分和理解说话人特征。

7.3.4 基于预训练大模型的说话人识别

在过去的几年中，深度神经网络模型虽然在语音的多种任务上都取得了突破性进展，但却依旧受制于模型训练时所需的大量标注数据。自监督预训练方法的出现在一定程度上缓解了这一问题。该方法先使用大规模无监督数据进行预训练，随后将训练好的模型在小规模标注数据上进行微调。已有研究表明，使用自监督预训练可以提升多种语音任务的性能。

为了更好地从语音中建模说话人特征，如图7-17所示，有研究采用了大规模自监督预训练的WavLM大模型作为预训练说话人音频特征提取模块，将语音信号编码为更高维度的语音嵌入。随后，利用WavLM编码的语音嵌入代替原来的MFCC或Fbank等特征，在说话人识别数据集上训练x-vector、ResNet、ECAPA-TDNN等模型，以进一步从语音嵌入中提取说话人特征。

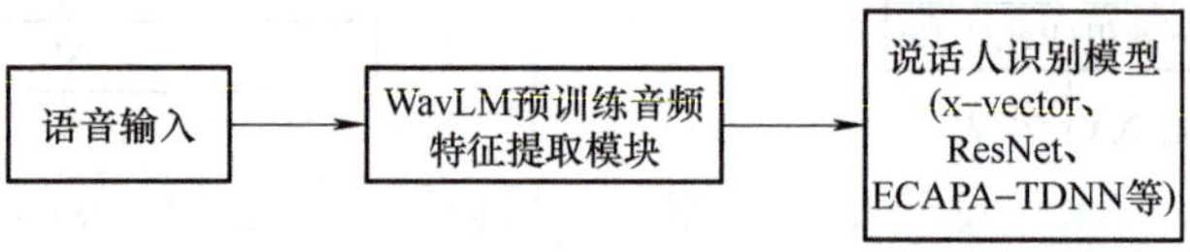

图7-17 基于WavLM预训练模型的说话人识别

7.4 说话人日志技术

在研究说话人识别技术时，通常假设待识别语音流仅含一个目标说话人。然而，随着固定互联网、电信网和广播电视网的不断发展，移动互联网和物联网的日益兴起，网络数据量呈爆发性增长，人类社会进入大数据时代。快速积累的、大量的音频资源使得人工预处理几乎不可能实现。为了在海量音频数据中挖掘信息，研究者必须面对实际的音频流。实际的音频数据量大、内容多变，可能包含多种语言、多个说话人、多样的背景噪声和多变的背景音乐等。例如，多人电话会议后，我们希望按照与会人员对会议录音进行整理，然而会议录音含有多个说话人，传统的说话人识别技术无法完成任务要求；再如，母语为非英语的国际广播电台常会出现双语现象，在使用连续语音识别技术之前需要利用语言种类对语音流进行标记。这些场景都不是传统的说话人识别技术、语种识别技术、甚至连续语音识别技术能够解决的问题。

为应对实际情况，学者们逐步将注意力转移到语音标记技术。语音标记是利用分割聚类，将“同质”的音频片段划分到一起的技术。根据不同的任务需求，“同质”可以有不同的定义。例如，若将“同质”定义为说话人相同，即为说话人日志（Speaker

Diarization，SD），也叫说话人标记；若将“同质”定义为语种相同，即为语种标记（Language Diarization，LD）。

说话人日志旨在判断语音中“谁在什么时候说话（Who Spoke When）”，也就是将相同说话人的语音标上相同的标签。如图 7-18 所示，输入的是一条多人对话的语音，通过说话人标记后，输出说话人标签及其对应的语音范围。说话人标记不仅要识别出“谁”，还要识别出对应的“时间段”。

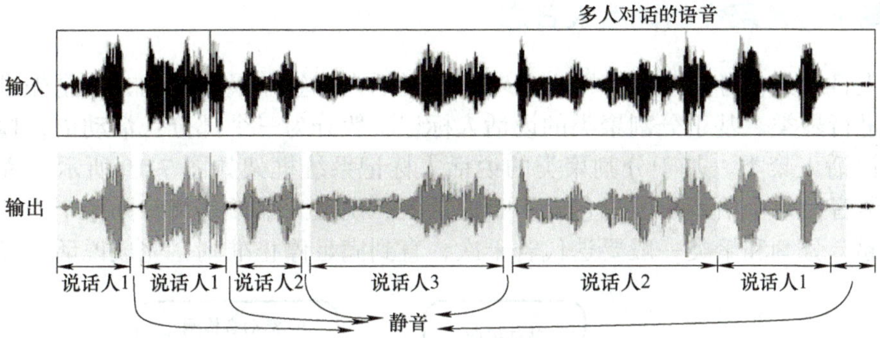

图 7-18　说话人标记示意（上图为输入的语音，下图为输出的结果）

一方面，由于语音数据量庞大，若采用人工方式进行标记，将耗费大量的人工成本和时间成本。说话人标记技术可以降低成本带来经济效益。另一方面，针对电信诈骗案件，可以利用说话人标记技术分离电信诈骗犯和受害者的电话录音，再用说话人识别技术确认诈骗犯的身份；针对犯人追踪案件，利用说话人标记技术，对网络或电话录音进行犯人话音定位，进而追踪并确认罪犯。说话人标记技术对促进社会健康发展、打击犯罪行为、维护社会治安具有重要的作用。因此，说话人标记算法的研究具有重要的意义。

说话人标记具有重要的应用场景，主要分为以下三种：

1. 建立说话人索引

为了让语音数据能够像文本数据一样便捷地查询，说话人标记可以为语音建立说话人索引，方便提炼出同一个人的语音片段，系统地了解不同说话人传递的信息、表达的观点和持有的立场。有这方面需求的语音包括公安审讯的语音、客服客户对话的语音、法庭庭审的语音、会议录音等。

2. 辅助语音识别

说话人标记可以为连续语音识别技术提供附加的说话人信息，并通过说话人自适应技术，进一步提高连续语音识别系统的正确率。

3. 辅助说话人识别

对于多人对话的语音，首先经过说话人标记，得到每个人各自的语音，再进行说话人的身份识别。比如在语音监控领域，监控者关心“谁在什么时候说了什么”。受限于语音监控场景，多个人的对话被录制到一个语音文件中，说话人标记可以将不同人的语音分开，并将同一个人的语音聚集到一起，辅助说话人识别系统确定每个说话人的身份，识别出是“谁”。

说话人日志除了重要的应用价值以外，还具有重要的理论研究价值。与一般的信号处理问题相比，说话人日志需要机器学习、模式识别的理论支撑。而与一般分类算法相比，说话人日志需要考虑额外的时序信息，属于时间序列分类问题。说话人日志涉及的理论广泛，包括信号处理、机器学习、模式识别、信息论等。对说话人日志进行深入研究不仅可以为这些理论提供应用价值，还可以为其他相关领域（说话人识别、语音识别）提供解决思路。

7.4.1 基于分割聚类的说话人日志

说话人日志的任务是为语音贴上它对应的说话人标签。最常见的方法是先进行说话人分割，再进行聚类。基于分割聚类的说话人标记一般分为三个部分：活动语音检测、说话人分割、说话人聚类。基于分割聚类的说话人标记系统框架如图 7-19 所示。说话人分割是指分割语音使每个语音片段只包含一个说话人，说话人聚类是指将同一个说话人的语音聚集在一起。分割和聚类一般要迭代若干次，直到满足停止准则，完成说话人标记。

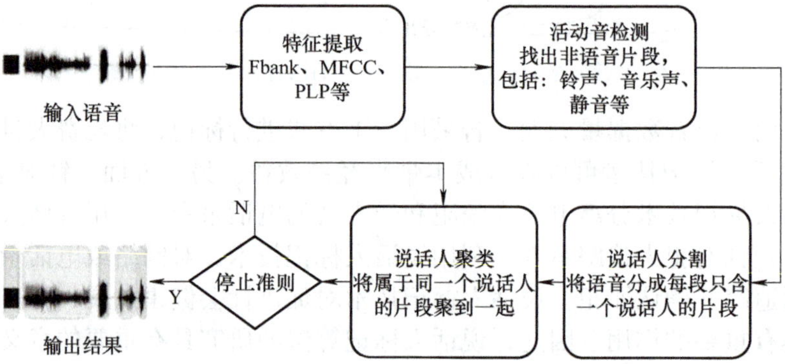

图 7-19 基于分割聚类的说话人标记系统框架

说话人分割主要有两种方法。第一种是说话人变换点检测（Speaker Change Detection，SCD）。该方法通过滑动对比两个相邻语音片段的相似度，判断它们是否来自同一个人。若来自不同说话人，则存在为说话人变换点。为保证两相邻语音片段只含一个说话人，语音片段的长度应尽量小。为保证每个时间序列只含一个说活人，时间序列长度应尽量小。SCD 最早用的是基于贝叶斯信息准则的非监督方法。该方法通过平衡观测语音的最大似然函数和模型的自由参数来判断两个时间序列的相似性。随着深度学习的广泛应用，为提高说话人变换点检测的性能，出现了有监督的方法。比如有论文将 i-vector、x-vector 等说话人嵌入用于两个相邻片段相似度的对比。尽管如此，说话人变换点检测的性能仍不足。此外，错误的说话人变换点在后续的步骤中不易更改，会影响说话人聚类的效果。

第二种说话人分割方法是固定长度分割（Fixed-Length Segmentation，FLS）。FLS 将语音分成固定长度的短片段，由于每个片段足够短，可以近似认为只包含一个说话人。该方法的矛盾在于片段长度的选择。对于非常短的片段，他包含的说话人信息匮乏，时间序列相似度的估计困难。但若增大片段长度，也就增大了片段包含多个说话人的概率。因此，在这种情况下，一方面我们希望片段足够长来提取说话人信息；一方面又不能太长，从而减少一个片段含多个说话人的风险。通常片段长度选择在 0.5s 到 1s 之间性能最优。这个方法虽然不需要寻找说话人变换点，但是将说话人标记的困难都留在说话人聚类中，需要聚类算法能准确度量短语音片段的相似性。

常用的说话人聚类的方法有两种：聚合层次聚类（Agglomerative Hierarchical Clustering，AHC）和隐马尔可夫模型（Hidden Markov Model，HMM）聚类。AHC 聚类如图 7-20 所示，首先把所有的分割好的语音片段当成独立的类，然后将距离最近（相似性最高）的两个类聚在一起变成新的类，如此重复直到满足停止条件。AHC 聚类是一种硬判别，它的核心在于寻找距离最近的两个类，也就是度量语音片段的相似性。AHC 聚类存在一个问题是如果两个片段被错误地认为是同一个人的，那么这个错误就无法更改一直传递下去，如果错误发生在初始聚类过程中会对结果产生较大的影响。此外，AHC 聚类没有考虑语音片段的时序信息，这使得聚类之后的结果可能会出现短时间内不同说话人激烈跳转的情况，为了纠正这类错误，通常采用 Viterbi 或前后向算法对输出结果进行平滑。

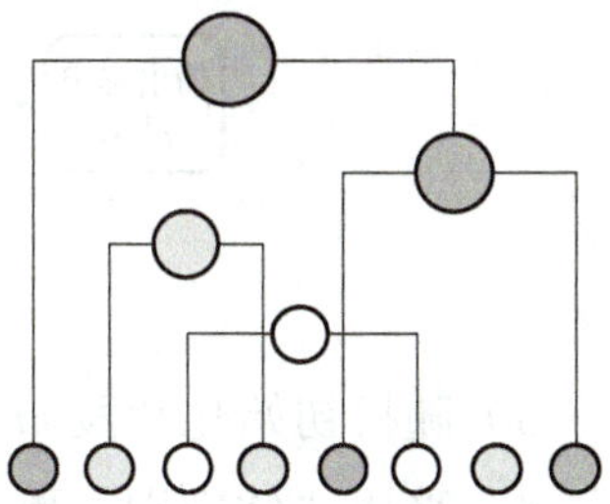
图 7-20　AHC 聚类

隐马尔可夫模型聚类是一种软判别聚类方法。图 7-21 是 HMM 的概率图模型，每个状态代表一个说话人，若有 S 个说话人则有 S 个状态。说话人之间转换的概率就是 HMM 的转移概率 $A=\{a_{ij}\}$，$i,j=1,\cdots,S$。发射概率 $p(x_m\mid \boldsymbol{y}_s)$ 表示给定说话人 s，片段 m 出现的概率。若说话人和语音片段的相似性高，则对应的发射概率大，若相似性低，则对应的发射概率小。根据 HMM 的参数迭代可以更新每个片段属于说话人的后验概率。

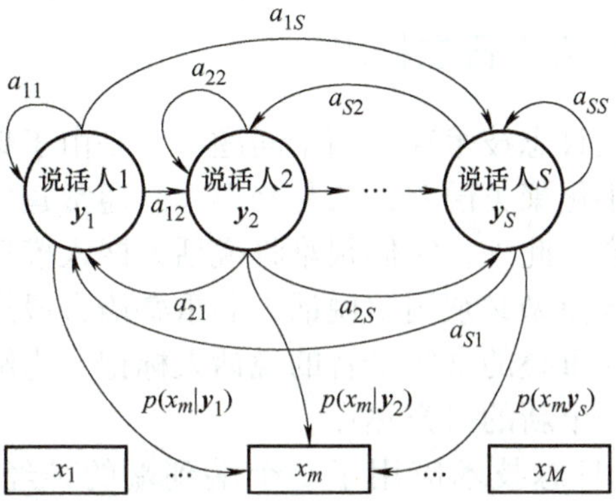

图 7-21　HMM 的概率图模型

图 7-22 给出了一个基于 HMM 的说话人日志系统框。系统各部分的实现方案如下：

1）首先进行特征提取并做活动语音检测。在说话人分割部分，可以采用固定长度分割或者说话人变换点检测方法，将语音分成每个片段只含一个人的小片段，总共得到的语音片段共计 M 个。

2）每个片段表示为 x_m，提取每个片段对应的说话人嵌入 $\boldsymbol{y}_m$，采用的说话人嵌入可以是 i-vector、x-vector、r-vector 等。

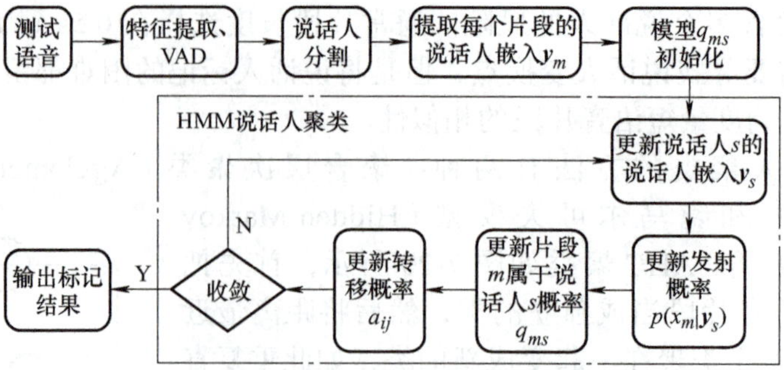

图 7-22　基于 HMM 的说话人日志系统框

3）随机初始化片段 m 属于说话人 s 的概率 q_{ms}，$m=1,\cdots,M$，$s=1,\cdots,S$，$\Sigma_s q_{ms}=1$。

4）采用“软判别”更新说话人嵌入 y_s。即根据片段 m 属于说话人 s 的概率 q_{ms} 更新说话人 s 的嵌入：$y_s=\Sigma_m q_{ms} y_m$。

5）利用语音片段的相似性度量算法，更新发射概率。度量说话人 s 的说话人嵌入 y_s 和语音片段 x_m 的说话人嵌入 y_m 的相似度。根据相似度计算 $p(x_m\mid y_s)$ 的值，若相似度高，则 $p(x_m\mid y_s)$ 大；若相似度低，则 $p(x_m\mid y_s)$ 小。

6）根据 HMM 的 Viterbi 算法，更新 q_{ms} 和转移概率 a_{ij}。

7）系统迭代更新，直到收敛。最终片段 x_m 所属的说话人为

$$\underset{s}{\operatorname{argmax}}\, q_{ms}$$

完成说话人标记。

7.4.2　基于端到端的说话人日志技术

基于分割聚类的说话人日志技术存在两个问题，一是由于聚类是一种无监督的学习过程，它们不能直接优化最小化聚类误差；二是聚类算法通常建立在分段内说话人唯一这一假设上，无法应对重叠语音。此外，它们很难将说话人嵌入模型适应具有说话人重叠的真实录音上，因为说话人嵌入模型必须用单说话人非重叠语音段进行优化。这些问题阻碍了将其应用于通常包含说话人重叠的真实录音的说话人标记。为解决这两个问题，基于端到端的说话人日志技术成为一个新的研究热点。

基于端到端的说话人日志技术应用了一个端到端的神经网络（End-to-End Neural Diarization，EEND）。在给定多说话人语音的情况下，神经网络直接输出说话人的标记结果。基于端到端的说话人日志系统流程如图 7-23 所示，与大多数其他方法不同，端到端的说话人日志技术不依赖于聚类。取而代之的是，给定一个多说话人语音作为输入，神经网络直接输出所有帧对应的说话人标签，得到标记结果。

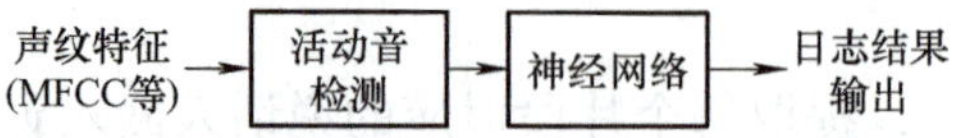

图 7-23　基于端到端的说话人日志系统流程

基于端到端的说话人日志系统训练的时候，将训练语音的特征序列输入到神经网络模型，神经网络输出所有帧对应的说话人标签的概率，将该概率与真实标签计算损失，通过最小化损失函数训练神经网络。

训练上述模型的困难在于存在“说话人标签歧义”问题。该模型必须正确处理说话人的排序，在一个正确的标签序列中改变说话人的顺序也被认为是正确的。比如针对 5 帧，3 个说话人的语音，标签“11233”和“11322”是一样的。

针对该问题，可以采用扰动不变训练（Permutation Invariant Training，PIT）损失函数。PIT 损失的计算如图 7-24 所示，针对真实的标签，可以举出所有可能的标签排列。然后对所有的可能排列都和网络的输出结果计算一个损失。最终选择损失值最小的那项作为 PIT 损失。

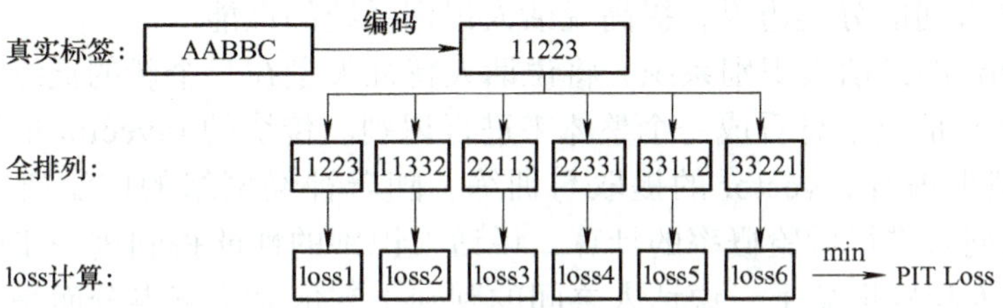

图 7-24　PIT 损失的计算

7.4.3　难点和发展方向

说话人日志的难点主要如下：

1）与普通语音片段（例如：尖叫声，铃声，枪声等）相似性度量问题相比，说话人标记需要从说话人角度去比较两个语音片段的相似程度。由于语音承载的主要是随时间变化的内容信息，若以说话人这种弱信息作为类别，数据分布呈现高类内方差，说话人信息容易淹没在内容中，且内容信息和说话人信息之间相互耦合的机理尚不清楚，如何去除内容信息的影响是最主要的难点。

2）与说话人识别相比，标记任务没有相应的说话人注册阶段，不能得到准确的说话人模型。此外，说话人标记每条语音有多个说话人，需要先将语音分成只含一个说话人的短片段再进行比较。由于待比较的语音片段较短，包含的说话人信息有限，容易受噪声影响，难以从中提取鲁棒的说话人信息。

3）与普通的聚类问题相比，说话人标记是个开集问题，我们并不能采集所有的说话人进行分类。并且由于说话人类别众多，存在很多易混淆的说话人，对相似性度量算法的性能要求更高。

说话人日志的发展方向如下：

1）说话人个数的估计问题。目前的系统大多默认说话人个数已知，没有考虑说话人个数的估计问题。如果说话人个数未知，大部分系统的性能将急剧下降，说话人个数估计方法的研究也是一个很重要的方向。

2）重叠语音的问题。目前说话人日志系统大多没有考虑语音重叠的问题。针对该问题，可以和语音分离相结合，进一步提高说话人日志的性能。

本章小结

本章主要介绍了说话人识别的相关技术。从生成式模型 GMM、GMM-UBM 到判别式模型 GMM-SVM，再到向量模型 i-vector，最后介绍了目前流行的基于深度神经网络的说话人识别。基于 GMM 的说话人识别技术使用高斯混合函数来建模说话人的特征，每个说话人都可以用一个 GMM 模型来表示，通过对数似然比的方式来判别两条语音是否属于同一说话人。但普通的 GMM 模型需要大量的目标说话人来进行训练，由此产生了 GMM-UBM 模型，它首先使用大量与目标说话人无关的数据训练一个通用背景模型，使用时只需要少量的目标说话人数据通过 MAP 自适应算法就可以得到目标说话人的 GMM 模型。SVM 模型是一个二分类的模型，将其应用到说话人识别系统中能够很好地建模目标说话人和冒认者间的分类边界，提高说话人识别系统的性能。

基于 i-vector 的说话人识别系统，将说话人特征矢量在一个新的低维空间中表示，同时将说话人信息与信道信息看成一个整体来进行识别。传统的 i-vector 的说话人识别系统使用 GMM 模型来进行 i-vector 的提取与训练。随着神经网络的广泛研究，研究人员使用 DNN 声学模型来进行后验概率的计算，说话人识别的性能得到进一步的提升。在基于 i-vector 的说话人识别框架下，说话人之间的判别不在依靠概率得分而是两条语音间的相似度得分。常用的相似度计算方式有两种：余弦打分和 PLDA 打分。余弦打分就是简单的计算两条语音间的余弦距离；PLDA 打分是一种基于 PLDA 信道补偿技术的打分方式。

基于深度神经网络的说话人识别系统，将人工神经网络作为语音的特征提取器，将网络最后一层 softmax 层的输出作为说话人身份信息。d-vector 网络提取输入语音的帧级特征并输出说话人身份信息。x-vector 使用时延神经网络来提取帧级特征，并使用池化操作将帧级语音特征聚合成段级特征，最后在段级进行了进一步的特征提取。r-vector 引入残差操作解决了由于神经网络层数过多引起的梯度爆炸问题。ECAPA-TDNN 是近几年提出的一个比较新的结构，通过融入通道注意力机制、特征传播与聚合策略，实现了对说话人特征的更有效提取和表示。基于预训练的大模型技术在一定程度上解决了神经网络训练需要大量标记良好的数据的问题。

说话人日志技术识别“谁在什么时候说话”。传统的基于分割聚类的说话人日志技术首先将一段多人对话进行分割，分割成只含一个说话人的语音段，然后通过聚类技术将所有的语音段进行说话人聚类。传统的基于分割聚类的说话人日志技术以模块化的方式进行识别，而基于端到端的说话人日志技术可以输入一段多人对话，然后直接输出说话人标记的结果。

思考题与习题

7-1　说话人识别与语音识别有何区别？在实现方法与使用的特征参数上有何不同？

7-2　什么叫说话人确认？什么叫说话人辨认？两者有何区别？

7-3　试说明 GMM 的原理及其参数估计方法。

7-4　试说明基于 GMM 的说话人识别系统的工作原理。

7-5　试说明基于 GMM-UBM 的说话人识别系统的工作原理。

7-6　试说明基于 GMM-SVM 的说话人识别系统的工作原理。

7-7　试说明基于 GMM 的 i-vector 说话人识别系统的原理，以及与基于 DNN 声学模型的异同。

7-8　常用的说话人打分方式有哪些？请说明原理。

7-9　试说明基于神经网络的说话人识别的识别原理。

7-10　试根据所学知识并查阅相关文献，设计一个基于深度学习的说话人识别系统，并简单介绍各部分原理。

7-11　试说明说话人日志系统的原理及说话人日志技术的应用。

参考文献

[1] REYNOLDS D A，ROSE R. Robust text-independent speaker identification using Gaussian Mixture speaker models[J]. IEEE Transactions on speech and audio processing，1995，3(1)：72-83.

[2] REYNOLDS D A，QUATIERI T F，DUNN R B. Speaker verification using adapted Gaussian mixture models[J]. Digital signal processing，2000，10（1-3）：19-41.

[3] CAMPBELL W M，STURIM D E，REYNOLDS D A. Support vector machines using GMM supervectors for speaker verification[J]. IEEE Signal processing letters.，2006，13(5)：308-311.

[4] DEHAK N，KENNY P J，DEHAK R，DUMOUCHEL P，Ouellet P. Front-end factor analysis for speaker verification[J]. IEEE Transactions on audio，speech，and language processing，2010，19(4)：788-798.

[5] ZHONG J，HU W，SOONG F K，MENG H M. DNN i-vector speaker verification with short，text-constrained test utterances[C]. Stockholm：Interspeech，2017.

[6] IOFFE S. Probabilistic linear discriminant analysis[C]. Berlin：Springer，2006.

[7] BENESTY J，SONDHI M M，HUANG Y A. Springer handbook of speech processing[M]. Berlin：Springer，2007.

[8] SNYDER D，GARCIA-ROMERO D，POVEY D，KHUDANPUR S. Deep neural network embeddings for text-independent speaker verification[C]. Stockholm：Interspeech，2017.

[9] ZEINALI H，WANG S，SILNOVA A，et al. But system description to voxceleb speaker recognition challenge 2019[EB/OL].（2019-10-16）[2024-08-09]. https://arxiv. org/abs/1910. 12592.

[10] DESPLANQUES B，THIENPONDT J，DEMUYNCK K. Ecapa-tdnn：Emphasized channel attention，propagation and aggregation in tdnn based speaker verification[EB/OL].（2020-05-14）[2024-08-09]. https://arxiv. org/abs/2005. 07143.

[11] FUJITA Y，WATANABE S，HORIGUCHI S，et al. End-to-end neural diarization：Reformulating speaker diarization as simple multi-label classification[EB/OL].（2020-02-24）[2024-08-09]. https://arxiv. org/abs/2003. 02966.

第 8 章　语音合成

导读

语音合成（Speech Synthesis）也叫 TTS（Text To Speech），其主要目的是为了让机器说话。语音合成技术的研究早在 19 世纪就开始了，经过研究者们的奋力研究，近几十年来，该技术已经发展到了一个新阶段。现阶段语音合成技术大体分为参数合成法、波形拼接法、统计参数法，随着深度学习的发展，基于深度学习的语音合成方法也取得了显著的进步。

本章知识点

- 参数合成法
- 波形拼接合成法
- 基于隐马尔可夫的语音合成
- 基于深度学习的语音合成

语音合成（Speech Synthesis），大部分情况下与文语转换（Text-to-Speech，TTS）同义，是一种将文本转换为语音的技术，是人工智能的子领域之一，它赋予机器说话的能力，是人机语音交互中重要的一环。语音合成技术在网络信息服务、文化娱乐、教育及医疗领域都有广泛的应用，具体的应用有智能客服、语音导航、阅读听书以及医用陪伴机器人等。

语音合成技术的早期工作主要是通过源 - 滤波器模型对语音产生的过程进行模拟。18—19 世纪，最初的机械式语音合成器是由风箱模拟肺部运动，产生激励空气流，振动簧片模拟声带、皮革或橡胶制成共振腔模拟声道，从而产生不同的辅音和元音，但是机械式的语音合成器难以在实际中应用。随着时代发展，1939 年贝尔实验室提出了电子式的语音合成器，通过脉冲发射器和噪声发射器分别模拟浊音和清音的激励系统，通过手动控制多个带通滤波器模拟声道系统，最终实现语音合成。但这种利用有限个带通滤波器模拟声道系统的方法对自然语音的频谱特征刻画精度有限。为了解决这一问题，1980 年参数合成法被提出。但参数合成法存在结构复杂、工作量大的缺点，难以在实际场景中应用。

随着计算机技术的发展，20 世纪 80—90 年代基于波形拼接的语音合成法被提出，通过构建语料库，再按照一定准则对语料库中的声学单元拼接得到合成语音。早期的波形拼接技术受到语料库大小、分析算法、拼接准则等的限制，合成语音的质量较低。随着统计建模理论的完善，以及对语音信号理解的深入研究，基于统计参数的语音合成方法被提出。其基本原理是使用统计模型，对语音的参数化表征进行建模。在合成阶段，给定待合成文本，使用统计模型预测出对应的声学参数，经过声码器合成语音波形。统计参数语音合成方法是目前主流的语音合成方法之一。其中基于隐马尔可夫的统计参数语音合成系统能够同时对语音的基频、频谱和时长进行建模，生成连续流畅且可懂度高的语音，该方法应用广泛，但合成音质较差。与统计参数语音合成系统类似，基于深度学习的语音合成系统大致分为两个部分：文本前端和声学后端。文本前端主要是对文本进行预处理，如：为文本添加韵律信息，并将文本转化为语言学特征序列；声学后端可以分为声学建模和声码器，其中声学建模根据文本前端输出的信息产生声学特征，声码器则是利用声学特征生成语音样本点并重建语音波形。通过大量语音数据训练后得到语音合成模型，输入文本后直接生成语音。近年来，也出现了完全端到端的语音合成系统，将声学特征生成网络和声码器和合并起来，使声学后端成为一个整体，直接将语言学特征序列转换为端到端的语音波形。

综上所述，语音合成技术大体上可以分成参数合成法、波形拼接合成法、基于隐马尔可夫的语音合成法和基于深度学习的语音合成法。下面将分别对这几种语音合成方法进行讲解。

8.1 参数合成法

参数合成法也叫分析合成法，是一类结构相对复杂的基于声道模型的语音合成方法。该方法首先要对语音信号进行分析，提取出一系列参数并按照一定顺序输入到参数合成网络中，最后选用合适的合成算法得到合成语音。一般来说，语音的产生是激励源和声道共同作用的结果，激励源信号经过声道的调制和辐射作用后，得到合成语音，该方法的简化模型如图 8-1 所示。

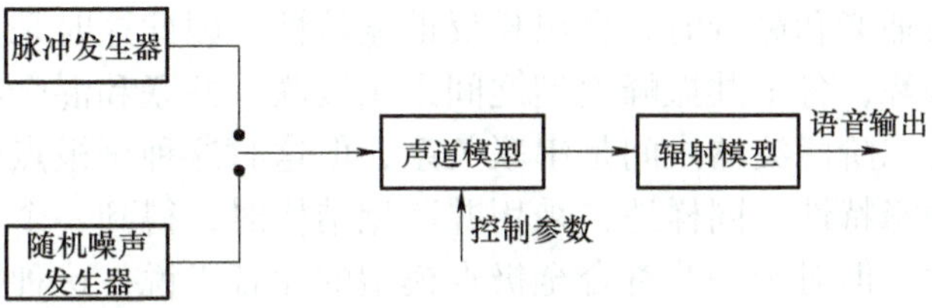

图 8-1 参数合成法的简化模型

在参数合成法中，根据声道特性的描述方法不同，可以分成下面两种方法，分别是共振峰合成法和线性预测合成法。

共振峰是指在声音的频谱中能量相对集中的一些区域，是反映声道谐振特性的重要特征。共振峰合成器最初的灵感来自于通过生成人工语谱图来模仿人类语音的尝试。Haskins 实验室的 Pattern Playback 通过在移动的透明带上绘制频谱图，并利用反射率对波形的谐波进行滤波来产生声波。比较著名的共振峰合成器是 Klatt 共振峰合成器及其后续系统，包括 MITalk 系统，以及数字设备公司 DECtalk 语音合成系统中使用的 Kakao Talk 软件。

共振峰合成法是对声源 - 声道模型的模拟，主要是对声道谐振特性的模拟，它把声道视作一个谐振腔，利用腔体的谐振特性（如共振峰频率、带宽等参数）去构成一个共振峰滤波器。再通过若干个共振峰滤波器组合来模拟声道的传输特性，即频率响应；随后对激励源发出的信号进行调制，再经过辐射得到最后的合成语音。这就是共振峰合成法的原理。由于直接控制共振峰参数，共振峰合成法在韵律调整方面具有较高的灵活性。可以精确控制语音的基频、音调、时长和音强等参数。

大多数共振峰合成器的系统模型如图 8-2 所示，大概分为激励模型、声道模型、辐射模型三个部分。具体来说，首先激励信号 F_0 一方面经过冲激发生器和声门波，加上一定的噪声信号传到级联型谐振器；另一方面激励信号 F_0 与一定的噪声信号经过基音调制传到并联型谐振器；最后两个谐振器的输出信号叠加通过辐射效应得到最终的合成语音。

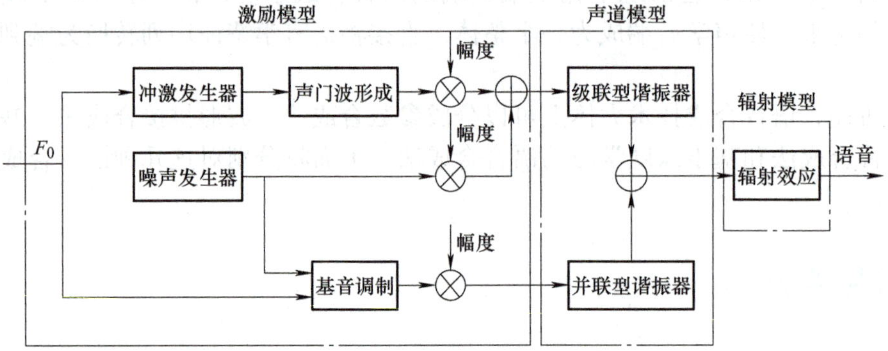

图 8-2 共振峰合成器的系统模型

在语音合成中，激励源对合成语音的影响较大，不同的激励源得到的合成语音也不同。一般来说，激励源有周期冲激序列、伪随机噪声和周期冲激调制噪声，分别对应合成浊音语音、合成清音语音和合成浊擦音。

对于声道模型，声学原理表明，声道的形状决定了语音的谐振特性，与激励源的位置无关。当发大多数辅音和鼻音时，会出现反谐振特性，因此这时采用零极点模型。声道模型中包含多个共振峰，各个共振峰模型之间采用级联、并联和混合型方式进行连接。级联型中各个共振峰的二阶滤波器之间是串联关系，但这时这种全极点模型不能够描述鼻音和摩擦音中的反共振峰特性。同样地，采用并联型结构时，得到一个零极点模型，可以模拟谐振和反谐振特性，但对于一些符合全极点模型的元音来说，这种模型效果并不好。所以大多数情况下会采用图 8-2 中的混合型结构，使用级联和并联两种声道模型。共振峰合成法在语音韵律调整方面具有高度的灵活性和可控性，适用于需要精确控制语音参数的应用。但该方法合成的语音质量一般，自然度不高，比较机械化。

线性预测（Linear Predictive Coding，LPC）合成法是一种应用比较广泛的语音合成方法，与共振峰合成法相比，结构简单、自然度高，但计算量大、速度慢。它是基于全极点声道模型的假定，采用线性预测分析的原理来合成语音信号。由于语音样点之间存在相关性，所以可以用过去的样点值来预测现在或未来的样点值，即一个语音取样的现在值可以用若干个语音取样过去值的加权线性组合来逼近。这就是线性预测分析的基本思想。通过使实际语音取样与线性预测取样之间的误差在某个准则下达到最小来决定唯一的一组预测系数。而这组预测系数就反映了语音信号的特性，可以作为语音信号特征参数用于语音识别、语音合成等。

LPC 语音合成器利用 LPC 语音分析方法，通过对自然语音样本进行分析计算出 LPC 系数，就可以建立合成器模型，从而合成语音信号。与共振峰合成法类似，合成不同种类的语音会计算出对应的 LPC 系数。线性预测合成模型是“源 – 滤波器”的形式，由白噪声序列和周期冲激序列构成的激励信号，经过选通、放大，并通过时变数字滤波（由语音参数控制的声道模型），就可以获得合成的语音信号。其中的控制参数是随时间不断进行修正的。LPC 语音合成器模型如图 8-3 所示。

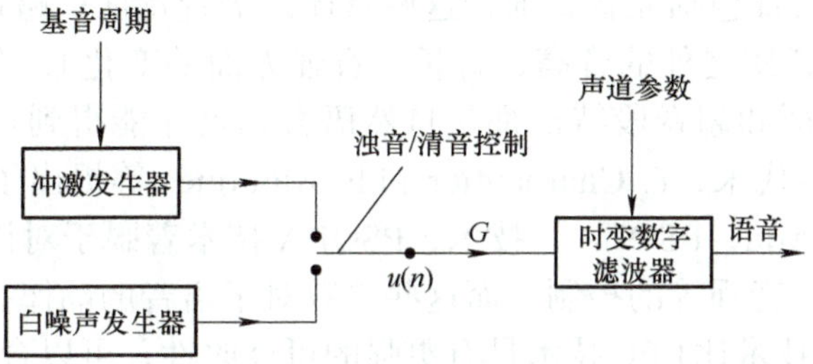

图 8-3 LPC 语音合成器模型

图 8-3 所示的线性预测合成法有两种，一种是用预测系数 a_i 构成直接形式的递归型合成滤波器，另一种是采用反射系数构成的格型合成滤波器。如图 8-4 所示是第一种 LPC 递归型合成滤波器，它采用式（8-1）合成语音样本：

$$x(n)=\sum_{i=1}^{p}a_i x(n-i)+Gu(n) \tag{8-1}$$

式中，p 为预测器阶数；a_i 为预测器系数；G 为模型增益；$u(n)$ 为激励源；最终合成的语音为 $x(n)$。

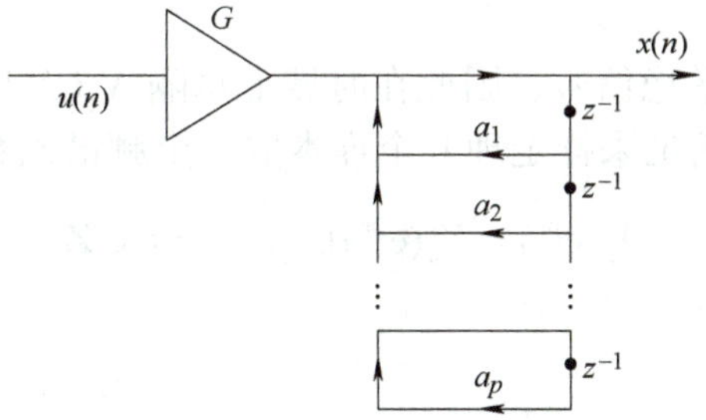

图 8-4 第一种 LPC 递归型合成滤波器

在 LPC 语音合成模型中，所有控制参数都必须随时间不断地修正。但采用图 8-3 所示的线性预测分析模型存在一些问题：比如，当产生清音和鼻音时，根据语音产生的机理，声道响应会含有零点的影响，因此理论上应该采用零极点模型。

8.2 波形拼接合成法

前面所讲的参数合成法过分依赖于参数提取技术的发展，语音产生模型的研究目前还不够完善，因此合成语音的清晰度往往达不到实用程度。与此相反，波形拼接语音合成技术是一种非参数化的语音合成法，原理是通过前期录制大量的音频，尽可能全地覆盖所有的音节音素，基于统计规则的大语料库拼接成对应的文本音频。波形拼接技术通过已有库中的音节进行拼接，实现语音合成的功能。

波形拼接合成法用原始语音波形替代参数，而且这些语音波形取自自然语音的词或句子，它隐含了声调、重音、发音速度的影响，合成的语音清晰自然，其质量普遍高于参数合成法。但这种方法需要大量的录音，录音量越大，效果越好。

语音合成的音段特征包括元音、辅音这些具体的语音特征；超音段特征（也叫韵律特征，指的是语音中除音质之外的音高、音长、音强方面的变化）。当进行语音合成时，只有合成单元的音段特征和超音段特征都与自然语言相近才能得到自然、清晰、流畅的合成语音。20 世纪 80 年代末，F. Charpentier 和 E. Moulines 等提出了基音同步叠加（Pitch Synchronous Overlap Add，PSOLA）技术，PSOLA 技术着眼于对语音信号超音段特征的控制，如基频、时长、音强等的控制。而这些参数对于语音的韵律控制以及修改是至关重要的，因此，PSOLA 技术比 LPC 技术具有更强的可修改性，可以合成出高自然度的语音。本节主要讲解利用 PSOLA 算法合成语音。

PSOLA 技术的主要特点是：在拼接语音波形片断之前，首先根据上下文的要求，用 PSOLA 算法对拼接单元的韵律特征进行调整，既使合成波形保持了原始发音的主要音段特征，又能使拼接单元的韵律特征符合上下文的要求，从而获得很高的清晰度和自然度。PSOLA 算法本质上是利用短时傅里叶变换重构信号的叠接相加法，具体的合成流程如下：

信号 $x(n)$ 的短时傅里叶变换为

$$X_n(\mathrm{e}^{\mathrm{j}w}) = \sum_{m=-\infty}^{+\infty} x(m)w(n-m)\mathrm{e}^{-\mathrm{j}wn} \qquad n \in \mathbf{Z} \tag{8-2}$$

式中，$\mathbf{Z}$ 为整数集。

因为语音信号是短时平稳信号，因此在时域上每隔 N（N 应小于窗长，且需要根据窗函数的截止频率设置，以满足采样定理）个样本取一个频谱函数就可以重构信号 $x(n)$，即

$$Y_r(\mathrm{e}^{\mathrm{j}w}) = X_n(\mathrm{e}^{\mathrm{j}w})|_{n=rN} \qquad r,n \in \mathbf{Z} \tag{8-3}$$

其傅里叶逆变换为

$$y_r(m) = \frac{1}{2\pi}\int_{-\infty}^{+\infty} Y_r(\mathrm{e}^{\mathrm{j}w})\mathrm{e}^{\mathrm{j}wm}\mathrm{d}w \qquad m \in \mathbf{Z} \tag{8-4}$$

最后，通过叠加 $y_r(m)$ 得到原信号为

$$y(m) = \sum_{r=-\infty}^{+\infty} y_r(m) \tag{8-5}$$

一般来说，基音同步叠加技术有三种实现方式，包括时域基音同步叠加、线性预测基音同步叠加、频域基音同步叠加。但不论是哪一种方法，在进行语音合成时都主要有三个步骤，分别是基音同步分析、基音同步修改和基音同步合成。下面对这三个步骤简要分析：

1. 基音同步分析

基音同步分析主要是为了得到短时分析信号用于后续的拼接合成。同步分析前需要得到同步标记，同步标记是由被分析语音各个浊音基音周期的起始位置组成的一系列位置点。同步标记是语音短时信号的截取、叠加以及时间长度选取的基础。同步分析是对被分析信号进行同步标记，将被分析信号与一系列基音同步的窗函数（窗长一般为基音周期的 2 倍）相乘，得到一系列有重叠的短时分析信号。

2. 基音同步修改

同步修改是指在合成规则的指导下，调整同步标记，产生新的基音同步标记。一方面可以通过插入、删除被分析信号的同步标记改变合成信号的音长；另一方面可以通过改变被分析信号的同步标记的间隔来改变合成信号的基音频率。通过同步修改得到所需合成信号的同步标记。图 8-5 是通过修改同步标记调整合成语音音长和基频的示意图，图中黑点表示同步标记。其中图 8-5a 表示增加音长，此时需要插入同步标记。图 8-5b 表示减小音长，此时需要删除同步标记。图 8-5c 表示降低基频，此时需要增大同步标记距离。图 8-5d 表示增大基频，此时需要减小同步标记距离。

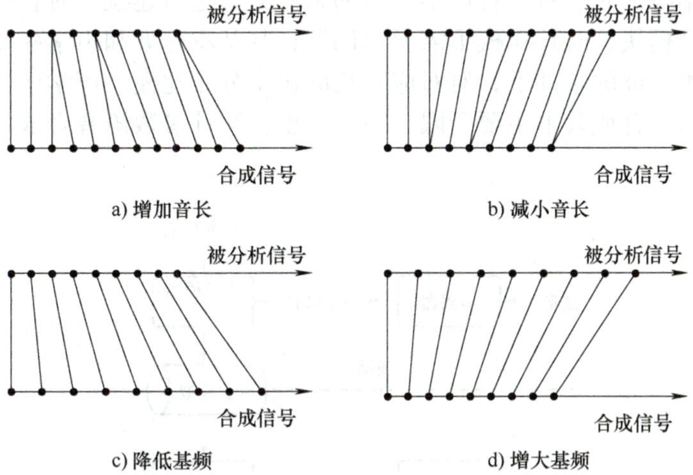

图 8-5　通过修改同步标记调整合成语音音长和基频（黑点表示同步标记）

3. 基音同步合成

基音同步合成是在同步标记的指导下利用短时合成信号进行叠加合成。在时域基音同步叠加中，短时合成信号由步骤 1 得到的短时分析信号直接复制而来。通过增加或减少叠加信号的数量，就可以改变合成信号的时长，达到变速的效果；通过将符合要求的短时合成信号进行合成，就可以改变基频，以达到变调的效果。

上文简单介绍了波形拼接语音合成法中的 PSOLA 技术。近年来，随着计算机运算和存储能力的提高，语料库的规模逐渐扩大，基于大规模语料库的波形拼接法也得到了广泛的应用。波形拼接法的优点是可以生成高质量、自然的语音，尤其是当语料库非常庞大且多样时。但如果语料库中的语音数据与需要合成的文本在风格、情感或说话人特征上存在不匹配的情况，那么合成的语音可能会听起来不自然或失真。

8.3 基于隐马尔可夫的语音合成

基于波形拼接的合成方法可以生成高质量的语音，但是需要较大规模的语料库，录制成本高、周期长、占用磁盘空间大，并且还存在合成系统可扩展性不强等缺点，极大限制了拼接方法在语音合成方面的应用。为了解决拼接方法的这些困难，有研究者提出了基于统计参数建模的语音合成方法。该方法为每一个发音单元建立一个统计模型，在合成时仅利用这些模型生成语音，而不需要原始语料库，可以实现合成系统的自动训练和构建，是一种可训练的语音合成方法。其基本思想是对输入的语音数据进行声学参数的建模，并以训练得到的统计模型为基础构建相应的合成系统。

统计参数语音合成的框架如图 8-6 所示，主要包括训练和合成两阶段。训练阶段以音库中的语音波形和相应的文本特征作为输入，清音波形首先经过声码器进行特征提取，然后利用声学特征结合文本特征进行声学建模。合成阶段，根据训练好的声学模型，给定待合成文本特征，进行声学特征预测，然后由声码器将预测的声学特征转换成语音波形。声码器和声学模型是统计参数语音合成系统中的两个重要模块。声学建模是利用统计建模的方法，在给定文本特征时，对语音声学参数的条件分布进行建模。时长建模是统计参数语音合成中的另一个模块，时长建模不需要声码器，其基本框架和声学建模类似，利用统计模型，在给定文本特征的条件下，对对应时长的概率分布建模。声学建模和时长建模相互独立。由于早期语音合成效果主要受限于声学建模，统计参数语音合成的研究主要集中在声学建模上。

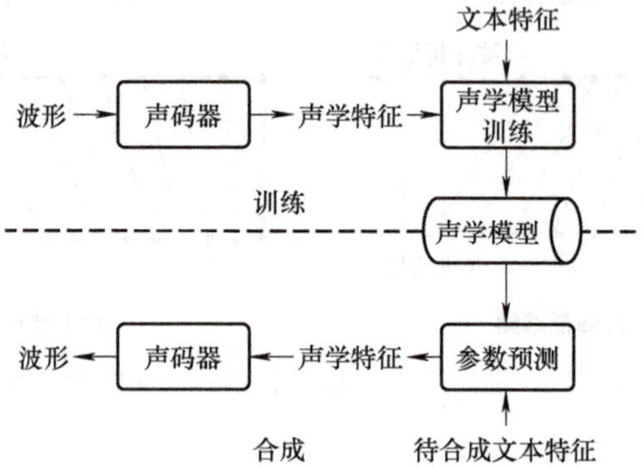

图 8-6　统计参数语音合成的框架

基于隐马尔可夫模型（Hidden Markov Model，HMM）的语音合成方法是基于统计参数建模的语音合成方法中效果最好的。图 8-7 是该方法的总体框架，可以分为模型训练阶段和语音合成阶段。在训练阶段，对用于训练的语料库进行参数提取，提取包括反映声道特性的频谱参数和反映激励特性的基频参数等。在 HMM 建模中，频谱参数部分采用连续概率分布的 HMM 进行建模，基频参数采用多空间概率分布（Multi-Space Probability Distribution，MSD）HMM 进行建模。在合成阶段，首先对给定的待合成文本进行上下文分析，并将文本转换成标注文件，基于该标注选择相应的音素，并将这些音素对应的基频 HMM 和频谱包络 HMM 分别串联，然后基于该 HMM 得到合成语音的基频和频谱包络序列，即连续的目标语音参数序列；最后通过语音合成器生成待合成的语音。

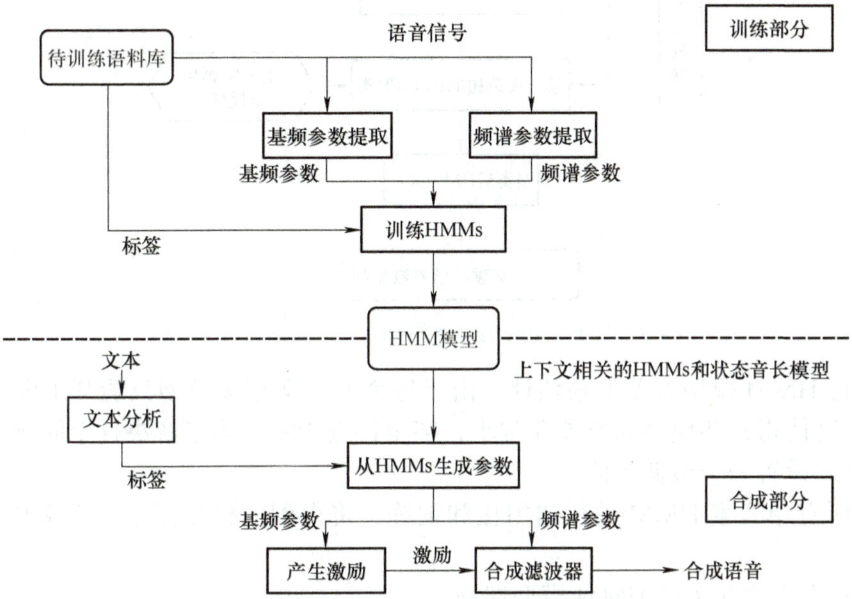

图 8-7　基于 HMM 的语音合成方法的总体框架

8.3.1　模型训练阶段

基于 HMM 的语音合成方法在模型训练阶段主要通过语料库训练，分别产生时长、基频、频谱参数的 HMM，用于合成阶段。模型训练之前，要先对一些建模参数进行配置，包括建模单元粒度、模型结构、状态数等，具体见第 4 章的 HMM 相关介绍。在配置完参数后，还要进行数据准备，包括语音声学数据和文本标注数据。其中语音声学数据包含频谱和基频（从语料库中提取该参数），文本标注数据包括音段切分（自动切分获取）和韵律标注（人工或自动标注）。除此之外，还要对上下文属性集和用于决策树聚类的上下文属性问题集进行设计。上下文属性集是指对声学参数有一定影响的上下文属性的集合。根据这些属性可以设计问题集，如前后音素、重音和韵律边界等。上下文属性集和问题集用于聚类，以提高模型的效果。

模型训练包括语音声学特征的提取和 HMM 模型训练，由于 HMM 模型通常以音素为建模单元，为了增加建模精度，常采用上下文相关的三音素建模方法。上下文相关的三音素是指当前音素、前一音素、后一音素均不同的音素单元。基于 HMM 的统计参数语音合成系统中普遍采用了基于决策树的模型聚类算法，其基本思路是通过决策树聚类，使上下文相似的三音素共享同一个 HMM 模型，避免训练数据稀疏的问题。整个系统训练过程如图 8-8 所示：

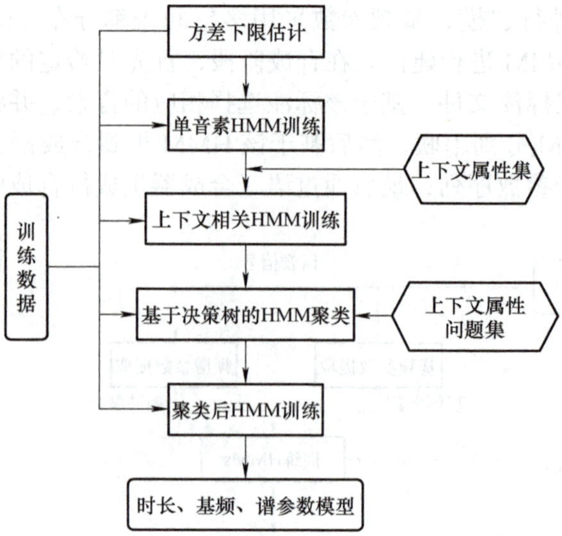

图 8-8　基于 HMM 的统计参数语音合成系统训练过程

1）进行 HMM 模型方差下限估计。由于每个上下文相关模型只能基于极少量的数据进行学习，这使得这些模型的方差非常小，甚至接近于零。为了解决这个问题，这里需要为模型的方差设置一个最低阈值。

2）对所有单音素 HMM 进行初始化和训练，将得到的模型用于上下文相关的 HMM 模型初始化。

3）进行上下文相关的 HMM 模型训练。

4）最后进行基于决策树的 HMM 聚类。由于每个上下文相关模型对应的训练数据较少，导致模型的参数在训练后会“过拟合”到较少的数据上。因此，采用基于决策树的聚类方法对上下文相关模型进行聚类，以提高模型的鲁棒性，以及模型复杂度和训练数据量之间的均衡性。

通过上面的训练最终得到的模型包括频谱、基频和时长参数的 HMM 模型以及各自的决策树。此外，整个训练流程都是自动进行的，需要的人工干预很少。

8.3.2　语音合成阶段

在合成过程中，首先需要对输入文本进行分析，得到对应的上下文属性；然后根据这些属性进行决策树聚类，得到时长、基频和频谱参数相应的 HMM 模型。由状态时长 HMM 得到基于各状态的持续时长；根据状态时长、基频 HMM 和频谱参数 HMM，进行参数合成，并通过合成器合成出最终的语音。合成阶段大体可分为参数生成和语音合成两个过程。

1. 参数生成

根据经过前端文本分析处理的输入文本的相应状态序列，及训练好的 HMM，计算得到生成语音的频谱参数和基频。其为训练部分的逆过程，也就是在给定 HMM 模型的条件下，确定一组观察序列，使观测概率最大。

2. 语音合成

对于频谱参数，选择适合的滤波器作为参数合成器得到合成语音。（这里的滤波器用于模拟声道。）

基于 HMM 的语音合成模型合成阶段的具体过程如图 8-9 所示。其中参数合成器常采用 STRAIGHT（Speech Transformation and Representation using Adaptive Interpolation of Weighted–Spectrum）声码器。STRAIGHT 采用一种针对语音信号的分析合成算法，利用提取的语音参数能恢复出高质量的语音，并能对时长、基频以及谱参数进行高灵活度的调整，是一种基于源 - 滤波器的声码器。但以往采用这种源 - 滤波器的一些算法合成的语音质量不够好，并且调整能力也不强。STRAIGHT 算法在原有工作的基础上进行了相应的改进，一方面通过采用一些基于听觉感知的方法对语音合成端进行改进，以提高合成语音的音质；另一方面，通过消除频谱参数中的周期性来提高谱估计的准确性，由此实现了源与滤波器的完全剥离，提高了参数调整时的灵活度。STRAIGHT 将语音信号解析成相互独立的频谱参数（谱包络）和基频参数（激励部分），能够对语音信号的基频、时长、增益、语速等参数进行灵活的调整，该模型在分析阶段仅针对语音基音、平滑功率谱和非周期成分 3 个声学参数进行分析提取，在合成阶段利用上述 3 个声学参数进行语音重构。

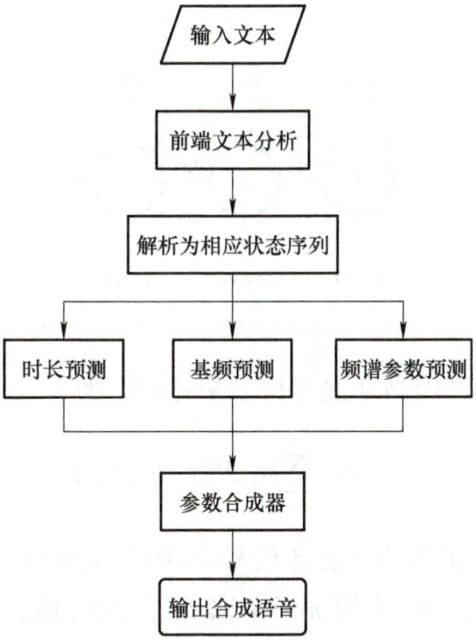

图 8-9　基于 HMM 的语音合成模型合成阶段的具体过程

下面介绍一种中文 HMM 语音合成系统的设计，设计流程分为数据准备、声学参数提取、建模单元选择和 HMM 拓扑结构选择四个阶段。

1. 数据准备

首先从原始数据库中对语音样本进行筛选，选择发音清晰、韵律平衡的样本作为语料库的原始数据。然后从中提取对应样本的标注信息，生成适合于 HMM 参数训练的文本标注信息，并建立适合于中文 HMM 参数化语音合成的语料库。

2. 声学参数提取

选用相应的声学参数建模。例如使用 24 阶 MFCC 和基频作为原始语音的声学参数，来建立和训练 HMM。

3. 建模单元选择

HMM 参数化语音合成中，首先应确定发音单元的尺度。发音单元作为 HMM 训练的基本单位，其合适的尺度可保证良好的训练效果及较短的训练时间。基本发音单元与语种相适应，例如英语常以音素作为基本发音单元，但音素对于中文参数话语音合成来说尺度较小，在对语料库标注切分时难度较大。因此，中文的 HMM 建模单元尺度要选大一些，例如声韵母单元或音节单元。汉语语音的声韵母和音节都有较统一的结构，这种特点决定了它在设计 HMM 单元时可使用声韵母或音节作为基本发音单元。

4.HMM 拓扑结构选择

图 8-10 为典型的语音识别或语音合成的 HMM 示意图。a_{ij} 表示从状态 i 转移到状态 j 的概率。这是一个 3 状态由左到右型 HMM，该模型中某个状态在转移概率的作用下，有可能保持状态不变或到达下一个状态。因此，这种由左到右型 HMM 很适用于语音识别或语音合成。

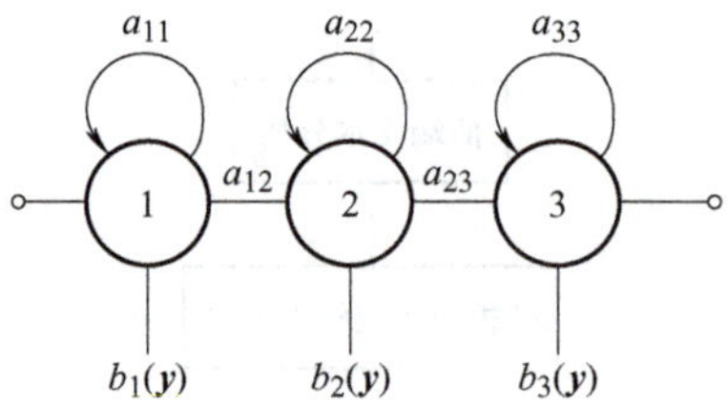

图 8-10　典型的语言识别或语音合成的 HMM 示意图

HMM 的发射概率通常采用高斯混合模型来建模，即

$$b_i(\boldsymbol{y})=\sum_{m=1}^{M} w_{im} N(\boldsymbol{y};\boldsymbol{\mu}_{im},\boldsymbol{\Sigma}_{im}) \tag{8-6}$$

式中，i 为状态索引；$\boldsymbol{y}$ 是观测值（语音信号的声学参数）；M 为高斯成分的个数；w_{im} 是第 m 个高斯成分的权重；$\boldsymbol{\mu}_{im}$ 为第 m 个高斯成分的均值；$\boldsymbol{\Sigma}_{im}$ 为第 m 个高斯协方差；$N(\boldsymbol{y};\boldsymbol{\mu}_{im},\boldsymbol{\Sigma}_{im})$ 是均值为 $\boldsymbol{\mu}_{im}$，高斯协方差为 $\boldsymbol{\Sigma}_{im}$ 的第 m 个高斯分布。

HMM 的拓扑结构主要指其隐藏状态数和状态之间的转移关系。在以音节为单位的 HMM 建模中，音节内一般不存在发音相同但间隔排列的音素，用 HMM 的状态转移描述时，就不应转移到原来经历过的状态。所以，HMM 对语音的建模一般采用从左到右的各态历经结构。模型的状态数要根据发音单元的尺寸来选择，例如在以音素为 HMM 单元建模的语音合成系统中，由于音素的时域结构相对简单，状态数可取 3 ～ 5；以音节为 HMM 单元建模时，则可使用 10 状态 HMM 来建模。

8.3.3　HMM 语音合成的关键

HMM 模型能够成功应用于统计参数语音合成系统的关键在于：基于决策树的模型聚类算法和基于多空间概率分布（Multi-Space Distribution，MSD）的基频建模方法。

基于决策树的模型聚类是一种解决 HMM 模型训练数据稀疏及泛化能力差的算法。由于语音中不同音素出现的频率相差较大，HMM 模型训练过程中会出现某些上下文三音素 HMM 模型训练数据过于稀疏的问题，导致模型无法正常训练。另外，直接基于上下文相关的三音素的 HMM 建模在合成阶段可能遇到训练集中没有出现过的三音素，导致无法合成。基于决策树的模型聚类算法基本思路是使用决策树模型，对上下文相似的音素，共享同一个 HMM 模型。模型训练步骤为：

1）将所有模型置于决策树的根节点，估计根节点 HMM 模型的参数。

2）遍历上下文属性问题集，计算分裂不同叶子节点后与分裂前的似然值差异，结合预设的阈值，选取似然值提升最大的叶子节点进行分裂。

3）重复步骤 2）直至决策树叶子节点无法分裂。

基于 MSD 的基频建模方法是解决语音参数中基频不连续、难以建模的一种方法。语音中的浊音段具有明显的周期特性，而清音段呈现出类似噪声的特性，没有周期性。所以语音参数化时，基频只在浊音段有意义，而清音段没有基频，即基频在时间上是不连续的，故清音和浊音难以同时建模。为了解决这一问题，采用基于 MSD 的基频建模方法对基频建模。其基本思路是将基频看成分布在两个子空间中的变量，零维子空间无确定的值，用来表示清音，一维子空间是正常的欧氏空间，用来表示浊音。基频属于两个空间的可能性用伯努利分布来描述：清音处于零维子空间中，其分布是一个固定的值，即概率恒为 1；浊音处于一维子空间中，其概率分布用高斯分布来描述。在用 HMM 对基频建模过程中，使用 MSD 作为 HMM 中的状态分布，实现了在同一框架下对语音的清音和浊音的基频和频谱进行概率建模的想法。

基于 HMM 的语音合成是一个经典的方法，在实践中已经被证明是有效的。该方法相对于现在大规模语料库系统的优势在于：可以在短时间内，基本上不需要人工干预的情况下，自动构建一个新的系统，因此对于不同发音人、不同发音风格，甚至不同语种的依赖性非常小；只需要存储模型，对存储空间要求小；系统灵活度高。而它的不足之处在于：由于声码器对音质的损失、声学建模精度不够，导致合成的语音过于平滑，听感平淡，音质受损，合成效果不佳。近年来，随着深度学习技术的发展，基于深度学习的语音合成方法也变得越来越流行，如 Tacotron 和 FastSpeech 等。这些方法通常能够产生更自然、更流畅的语音合成效果。

8.4 基于深度学习的语音合成

随着深度学习的迅速发展，研究者们尝试将深度学习应用到语音合成领域，并且取得了不错的成果。基于深度学习的语音合成方法一般是利用收集的语音数据对深度学习模型进行训练。训练过程中的损失函数通常会包括模型预测的语音与实际语音之间的差异。之后，将文本或其他形式的语言表示输入到训练好的模型中，模型会生成对应的语音波形。基于深度学习的语音合成方法大体分为两类，一类是分阶段的语音合成，另一类是端到端的语音合成。分阶段的语音合成方法的第一阶段是生成中间语音表示，即对输入文本进行语言学层面的分析，得到诸如音素、重音、韵律等语言学特征，这一阶段也叫文本处理。第二阶段是进行声学建模，即基于文本处理的结果预测待合成语音对应的声学特征，比如倒谱特征。第三阶段是利用声码器基于声学特征合成最终语音波形。分阶段语音合成方法的整体框架如图 8-11 所示，分为文本处理、声学建模和声码器三部分。

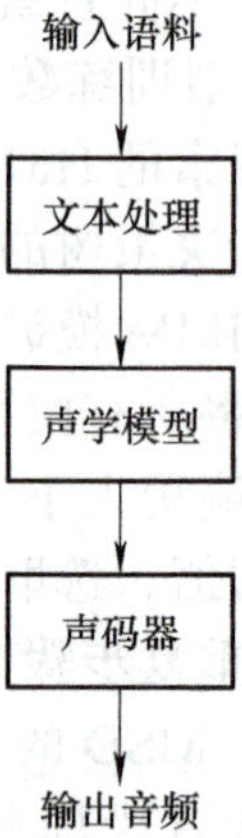

图 8-11　分阶段语音合成方法的整体框架

分阶段语音合成系统的流程如图 8-12 所示，主要分成语料准备、模型训练与语音合成三个部分。在语料准备阶段，将原始语料对（语音及对应的文本）进行处理，得到语言学和语音特征。将原始语料库经过处理后的特征组成训练语料对。在模型训练部分，有声学建模和声码器的训练。以声学建模的训练为例，将语料准备阶段得到的语言学特征作为模型输入，对应语音特征作为验证输出。首先将语言学特征输入待训练的声学模型，经过声学参数预测得到预测的语音特征；然后，将预测的语音特征与验证输出进行损失函数计算，进行不断迭代，得到训练好的声学模型。语音合成过程分为三步：第一步是将待合成文本输入到与语料准备阶段相同的文本处理模块中，得到语言学特征；第二步是将语言学特征输给训练好的声学模型得到预测的语音特征；第三步是将预测得到的语音特征通过声码器得到合成语音。以上即为分阶段语音合成的全部流程。

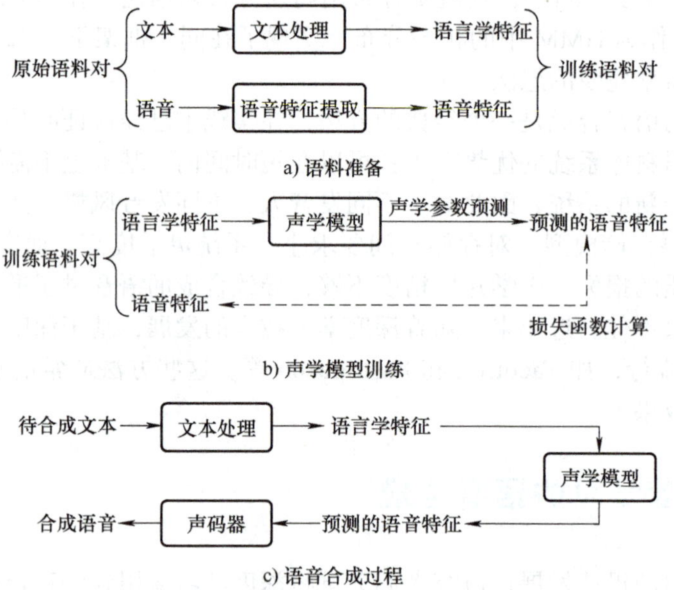

图 8-12　分阶段语音合成系统的流程

端到端的语音合成方法分前端和后端两个模块。前端文本分析模块根据语言学、语义学知识分析输入文本，将字符型文本转换为语言学特征。对于中文文本，前端模块主要包括文本规范化、分词、字音转换、韵律预测和多音字处理。后端模块输入前端生成的文本特征，合成相应的语音波形。相对于分阶段的语音合成方法，端到端的方法省略了中间的声学建模过程，使得语音合成更加高效。

下面主要介绍五种基于深度学习的语音合成模型，分别是 Tacotron、FastSpeech、

WaveNet、VITS 和 GPT-SoVITS 模型。其中 Tacotron 和 FastSpeech 是分阶段的语音合成方法，WaveNet、VITS 和 GPT-SoVITS 是端到端的语音合成方法。

8.4.1　Tacotron

近年来，基于深度学习的语音合成发展迅速，尤其是基于注意力机制的语音合成系统。其中，Tacotron 模型是 2017 年由 Google 的研究人员提出的一种基于 Seq2Seq 和注意力机制的端到端的生成式 TTS 模型。Tacotron 可以通过随机初始化完全从头开始训练，并且不需要音素水平的对齐，因此可以很容易扩展到使用含有转录文本的大量声学数据。

图 8-13 展示了 Tacotron 模型，包括编码器、解码器和后处理网络三部分。该模型将待合成的文本字符输入到编码器（文本处理），然后通过解码器（声学建模）和注意力机制的对齐功能产生梅尔（Mel）频谱，最后经过后处理网络（声码器）将其转换为语音波形。下面将对这三部分进行描述。

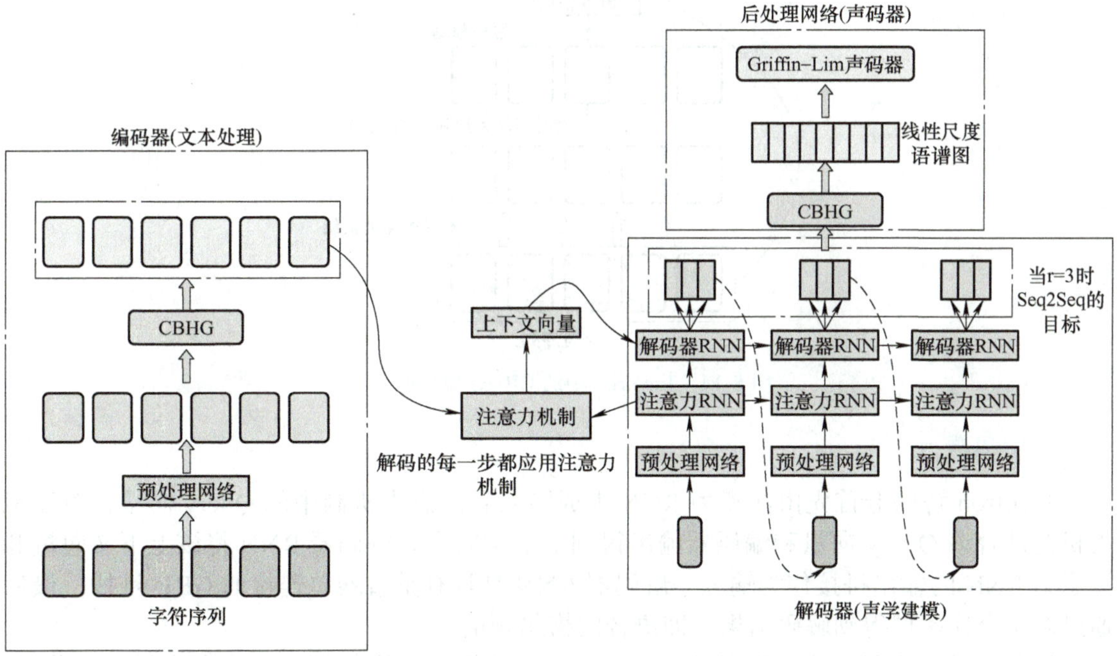

图 8-13　Tacotron 模型

1. 编码器

Tacotron 中编码器的目标是提取文本的鲁棒序列表示。编码器的输入是一个字符序列，其中每个字符被表示为一个独热（one-hot）向量并嵌入到一个连续的向量中。然后，将一组非线性变换组成的预处理网络应用于每个嵌入。该预处理网络带有 dropout 的瓶颈层，有助于收敛并提高泛化能力。最后，使用一个 CBHG 模块将预处理网络的输出转化为注意力模块需要使用的最终编码器表示。CBHG 不仅可以减少过拟合，还可以减少合成语音不清的情况，比标准的多层循环神经网络更能降低发音错误率。

图 8-14 为 Tacotron 中的 CBHG（1-D convolution bank + highway network + bidirectional

GRU）模块的结构。CBHG 由一系列一维卷积滤波器组、高速网络和一个双向门控（GRU）循环神经网络（RNN）组成。CBHG 是一个功能强大的模块，用于从序列中提取表示信息。输入序列首先与一维卷积滤波器进行卷积，这些滤波器显式地建模了局部和上下文信息。将卷积层输出堆叠在一起，并进一步沿时间进行最大池化，以增加局部不变性，步幅设置为 1 来保持原来的时间分辨率。然后将处理后的序列传递给几个固定宽度的一维卷积层，其输出通过残差连接与原始输入序列相加，对所有卷积层都进行批量归一化。之后卷积输出传递给多层高速网络层以提取高级特征。最后，使用双向 GRU 提取上下文的前向和后向文本特征。

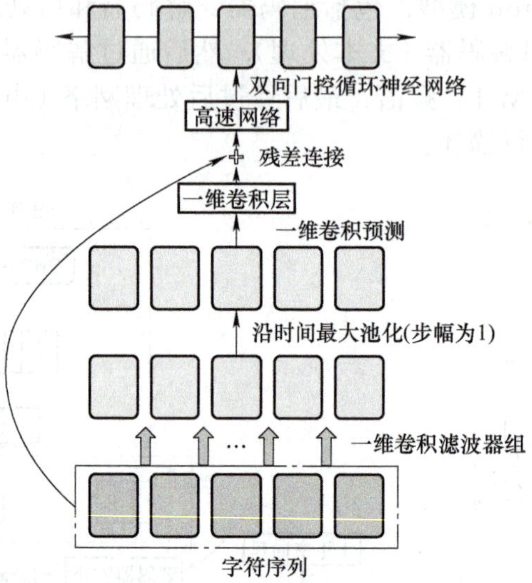

图 8-14　Tacotron 中的 CBHG 模块的结构

2. 解码器

Tacotron 解码器首先由注意力 RNN 生成输入到注意力机制中的 Query 向量，该注意力机制结合该 Query 向量和编码器输出得到上下文向量，解码器 RNN 将该上下文向量和注意力 RNN 的输出拼接作为输入。解码器 RNN 是具有垂直残差连接的 GRU 堆栈，最后通过两层全连接层得到解码结果，即语音的梅尔频谱。

解码器的输出是一个重要的设计，Tacotron 选择预测梅尔频谱而非直接预测语谱图，可以提高收敛速度。

3. 后处理网络

解码器的输出需要添加后处理网络才能得到最终波形。Griffin–Lim 算法通过迭代的方式从频谱估计中重建出时域信号。在语音合成领域，Griffin–Lim 算法通常用于将声学特征转换为语音波形，例如将梅尔频谱转换为时域波形，因此 Tacotron 使用 Griffin–Lim 作为声码器，用于模型的后处理阶段。后处理网络学习预测在线性频率尺度上采样的谱幅度，并且后处理网络可以看到完整的解码序列，具有前向和后向信息，用于校正每个单独帧的预测误差。Tacotron 还使用 CBHG 模块用于后处理网络，将上一步得到的梅尔频谱转换为线性尺度语谱图，最终利用 Griffin–Lim 声码器合成波形。

Tacotron 节省了文本的特征提取和标注、分词等前端分析阶段，加快了语音生成的速度，提高了语音的质量及自然度和可懂度，促进了整个语音合成技术的效果。但是 Griffin–Lim 算法合成的音频会携带特有的人工痕迹并且语音质量较低。因此，Tacotron2 的后处理网络中使用可训练的 WaveNet 声码器代替了 Griffin–Lim 算法，经过一系列的优化可以得到更加接近于人类声音的波形。

8.4.2　FastSpeech

传统的基于深度学习的 TTS 模型例如 Tacotron 使用了自回归的架构，因此生成语音的速度比较慢。为了加速计算，浙大与微软的研究者于 2019 年基于 Transformer 进行模型的构建，提出了一种非自回归的模型 FastSpeech，实现了梅尔频谱的并行化生成。实验结果证明 FastSpeech 比起传统的端到端 TTS 模型生成梅尔频谱速度快了近 270 倍，合成语音速度快了近 38 倍，并且不会降低合成语音的质量。

作为分阶段的语音合成方法（图 8-12 所示），FastSpeech 总共包括 3 个阶段，其中声学建模部分如图 8-15 所示。该声学模型基于 Transformer 中自注意力和一维卷积的前馈结构，即前馈 Transformer。前馈 Transformer 将多个 FFT（Feed–Forward Transformer）块叠加，进行音素到梅尔频谱的转换，音素侧为 N 块，梅尔频谱侧为 N 块，中间有一个长度调节器，用于解决前馈 Transformer 中音素和梅尔谱序列长度不匹配的问题，以及控制语速和部分韵律。

如图 8-16 所示，FastSpeech 的每个 FFT 块由一个自注意力和一维卷积网络组成。自注意力网络由多头注意力组成，用于提取交叉位置信息。与 Transformer 中的 2 层全连接网络不同，考虑到相邻的隐藏状态在语音任务中的字符或音素和梅尔谱序列中更紧密相关，FastSpeech 使用了 ReLU 激活的 2 层一维卷积网络。遵循 Transformer，该 FFT 块在自注意力网络和一维卷积网络之后分别添加残差连接、层归一化和 dropout。

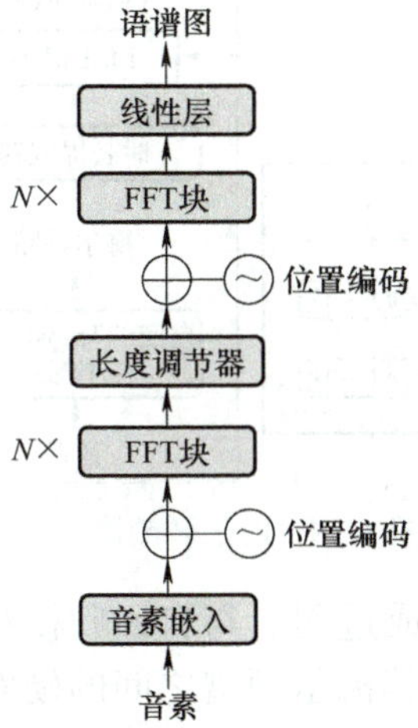

图 8-15　FastSpeech 中声学建模部分

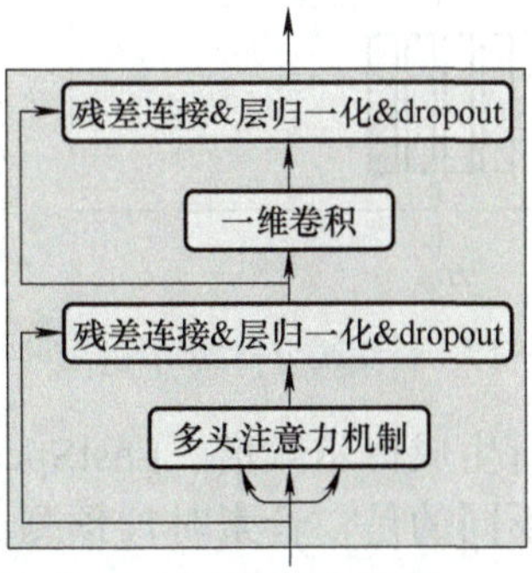

图 8-16　FastSpeech 中的 FFT 块

长度调节器一方面可以使输入的音素序列长度与输出的梅尔谱序列长度匹配，另一方面可以控制声学模型的发音速度以及负责预测部分的韵律。音素序列的长度通常小于对应的梅尔谱序列的长度，并且每个音素对应多个梅尔谱，因此一个音素所对应的梅尔频谱的长度被称为音素时长。记音素序列的隐状态为$\boldsymbol{H}_{\text{pho}}=[h_1,h_2,\cdots,h_n]$，其中$n$是序列的长度。记音素时长序列为$\boldsymbol{D}=[d_1,d_2,\cdots,d_n]$，其中$\sum_{i=1}^{n}d_i=m$，$m$为梅尔谱序列的长度。长度调节器的结构如图 8-17 所示，首先将$\boldsymbol{H}_{\text{pho}}$输入到时长预测器中，得到所有音素时长$\boldsymbol{D}$；在知道第$n$个音素时长为$d_n$的基础上，即可对音素序列的隐状态$h_n$进行$d_n$次扩展；最终扩展序列$\boldsymbol{H}_{\text{mel}}$的总长度等于梅尔谱的长度，即

$$\boldsymbol{H}_{\text{mel}}=LR(\boldsymbol{H}_{\text{pho}},\alpha) \tag{8-7}$$

式中，LR表示长度调节函数；α是超参数，用来确定扩展序列$\boldsymbol{H}_{\text{mel}}$的长度，从而控制语速，同时调整句子中空格字符的时长可以控制词与词之间的停顿，从而调整合成语音的部分韵律。

时长预测器是长度调节器中非常重要的部分。如图 8-18 所示，时长预测器由一个包含 ReLU 激活的两层一维卷积网络和一层线性层组成，每个卷积网络后面跟着层归一化，最终线性层输出一个标量，即预测的音素时长。该模块位于音素侧的 FFT 块顶部，并与 FastSpeech 模型联合训练，以均方误差（ Mean Square Error，MSE ）损失预测每个音素的梅尔谱长度。最后，将声学模型得到的梅尔频谱输入到合适的声码器，实现语谱图到语音波形的转换就可以得到最终的合成语音。

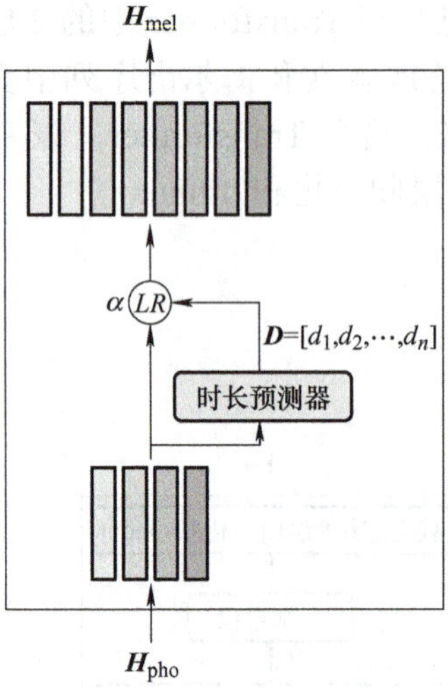

图 8-17　长度调节器的结构

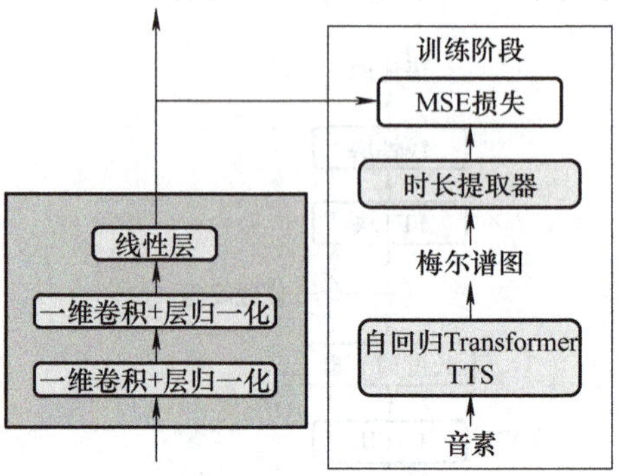

图 8-18　时长预测器

通过并行生成梅尔频谱，FastSpeech 大大加快了合成过程。与自回归模型中的自动注意力软对齐不同的是，音素时长预测器通过确保音素与其梅尔频谱之间的硬对齐，从而可以使 FastSpeech 避免错误传播和错误对齐的问题，减少单词跳过和重复单词的比例。长度调节器可以通过延长或缩短音素持续时间来轻松调节语音速度，以确定生成的梅尔频谱的长度。此外还可以通过在相邻音素之间添加间隔来控制部分韵律。

FastSpeech 语音合成方法与之前的方法相比，具有更高的效率、更好的泛化性和灵活

性，能够更快地训练和部署，并且能够生成更自然流畅的语音波形。

8.4.3 WaveNet

前文提到的 Tacotron 和 FastSpeech 都是分阶段的 TTS 方法，但是这种方法需要顺序训练或者进行微调才能生成高质量语音。此外，分阶段的方法要预定义一个中间特征（例如语谱图、梅尔谱图），这种对中间特征的依赖会妨碍性能的进一步提升。因此分阶段的 TTS 仍有待改进，提出有效的端到端的 TTS 方法很有必要。WaveNet 是一个能够生成原始音频波形的深度神经网络，它是一个完全的概率自回归模型，即基于之前已经生成的所有样本，来预测当前音频样本的概率分布。该网络可以应用到 TTS、音乐合成及音素识别中，应用范围十分广泛。当 WaveNet 应用在语音合成中时，能够实现端到端的语音合成，听众评价其合成的语音具有一定的自然度，相比于之前的参数合成法和拼接合成法，可以获得更好的性能。

WaveNet 是一个直接生成原始音频波形的生成模型。音频波形 $\boldsymbol{x}=\{x_1,\cdots,x_T\}$ 的联合概率可以分解为

$$p(\boldsymbol{x})=\prod_{t=1}^{T}p(x_t \mid x_1,\cdots,x_{t-1}) \tag{8-8}$$

式中，每一个音频样本 x_t 都依赖于之前所有时刻的样本。

WaveNet 的主要结构是因果卷积。通过使用因果卷积，可以确保模型在对数据建模的时候不会违反数据的顺序：模型在 t 时刻输出的预测 $p(x_t \mid x_1,\cdots,x_{t-1})$ 不会依赖任何一个未来时刻的样本 $x_{t+1},x_{t+2},\cdots,x_T$，如图 8-19 所示。音频是一维数据，要实现因果卷积比较简单，将正常卷积的输出偏移几个时间步即可。在训练阶段，由于真实数据 x 的所有时间步都是已知的，因此可以并行地进行所有时间步的条件概率预测。在模型生成阶段（也就是测试阶段），预测结果是连续的，即每个样本被预测后，会被反馈到网络中用于下一个样本的预测。由于因果卷积模型中没有循环连接，通常训练起来比 RNN 更快，特别是对于很长句子的训练。然而，因果卷积存在的一个问题是它需要很多层，或者需要很大的卷积核来增大其感受野。例如，图 8-19 中感受野只有 5（感受野 = 层数 + 卷积核长度 −1）。

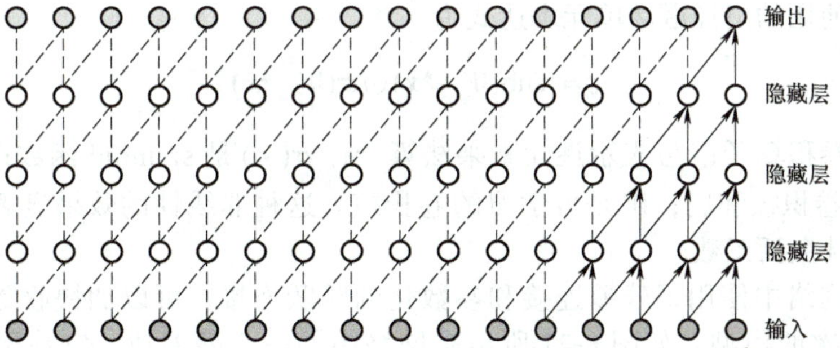

图 8-19 因果卷积层

扩张卷积（也叫空洞卷积）是将卷积核应用于面积比自身长度大的数据上进行卷积时跳过一定步长的输入值的卷积方法。它相当于在原始卷积核的基础上用零扩张得到一个更

大的卷积核，提高了卷积的效率。相比于正常卷积，扩张卷积可以有效地使网络执行粗粒度的卷积操作。这与下采样或者跳跃卷积类似，只是这里的输出保持与输入同样大小。扩张度为 1 的扩张卷积是标准卷积。图 8-20 描述了扩张度为 1，2，4 和 8 的扩张因果卷积。堆叠式扩张卷积可以让网络只通过少数几层便拥有了非常大的感受野，同时保留了输入分辨率和计算效率。因此，WaveNet 使用扩张卷积将感受野提高了一个数量级，而不会过大的增加计算成本。

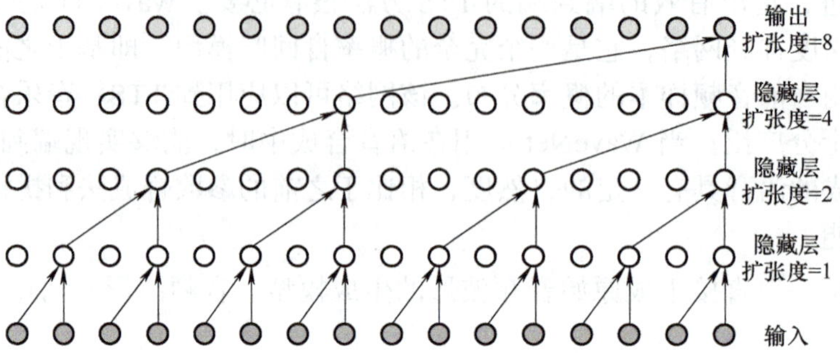

图 8-20　扩张因果卷积（扩张度分别为 1、2、4、8）

对单个音频样本上的条件分布 $p(x_t \mid x_1,\cdots,x_{t-1})$ 建模的一种方法是使用混合模型，另一种方法是使用 Softmax 分布。一般情况下，即使音频样本是隐式连续的，使用 Softmax 分布都会得到更好的效果，因为分类分布更加灵活。并且由于对数据的形状没有预先假设，所以它更容易对任意分布进行建模。

由于原始音频通常存储为 16 位整数值的序列，因此 Softmax 层需要输出每个时间步的 65536 个概率来建模所有可能的值。为了更方便处理，首先对数据应用 μ 律压扩变换，然后将其量化为 256 个可能值：

$$f(x_t) = \text{sign}(x_t)\frac{\ln(1+\mu|x_t|)}{\ln(1+\mu)} \tag{8-9}$$

式中，$-1 < x_t < 1$；$\mu = 255$。这种非线性量化产生的重建效果明显优于简单的线性量化方案。特别是对于语音，量化后的重构信号听起来与原始信号非常相似。

WaveNet 使用的门控激活单元表达式为

$$\boldsymbol{z} = \tanh(W_{f,k} * \boldsymbol{x}) \odot \sigma(W_{g,k} * \boldsymbol{x}) \tag{8-10}$$

式中，* 表示卷积算子；⊙表示逐元素乘法算子；$\sigma(\cdot)$ 是 sigmoid 函数；k 是层索引；f 和 g 分别表示卷积核和门；W 是可学习的卷积核。这种非线性的效果显著优于建模音频信号的校正线性激活函数。

WaveNet 网络中使用了残差连接和参数化的跳跃连接，可以加快收敛速度，并且能够训练更深层次的模型。如图 8-21 所示是网络中的一个残差块，它在网络中堆叠了很多次。

给定一个额外的输入 $\boldsymbol{h}$，WaveNet 可以建模给定该输入情况下，产生音频 x 的条件分布 $p(x \mid \boldsymbol{h})$：

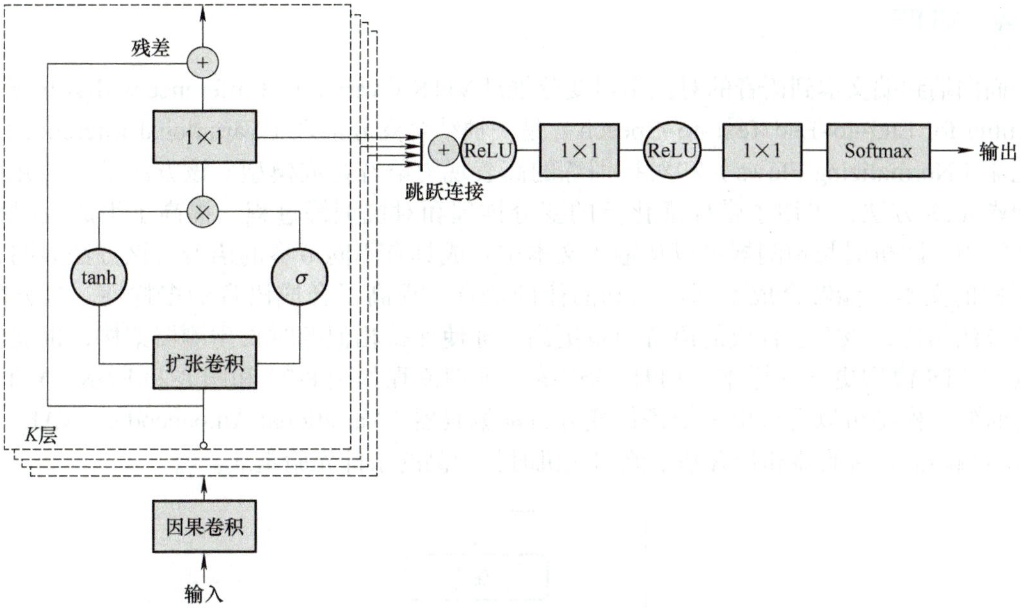

图 8-21 网络中的一个残差块

$$p(x \mid \boldsymbol{h}) = \prod_{t=1}^{T} p(x_t \mid x_1, \cdots, x_{t-1}, \boldsymbol{h}) \tag{8-11}$$

通过输入变量 $\boldsymbol{h}$ 调整模型，指导 WaveNet 生成具有所需特性的音频。对于 TTS，需要提供关于文本的信息作为额外的输入。利用额外输入进行条件建模有两种方式：全局条件化和局部条件化。全局条件化的特点是，通过单一的隐式表达 $\boldsymbol{h}$ 作为额外输入，影响所有时间步的输出分布，例如 TTS 模型中的说话人嵌入。而对于局部条件化，建模时会涉及第二个时间序列，该序列可能具有比语音信号更低采样的特征，例如 TTS 模型中的语言学特征。

在 TTS 任务中，首先基于从输入文本获得的语言学特征作为 $\boldsymbol{h}$ 进行局部调节训练的 WaveNet。另外，还在语言学特征和对数基频上调节训练了 WaveNet。通过使用数据集训练构建好的模型，使其能够学习音频生成的规律，然后使用训练好的模型进行语音合成，并添加后处理以提高音质。

与传统的语音合成方法相比，WaveNet 具有许多优势。由于 WaveNet 完全基于数据驱动的方式来生成语音，不需要复杂的规则，所以能够产生更加自然和流畅的语音；WaveNet 的结构非常灵活，可以根据不同的需求来调整模型的参数和结构，从而实现更加个性化的语音合成定制；WaveNet 可以在较低的采样率下生成高质量的音频，即使是在高压缩率、低带宽的网络环境下也能实现实时语音合成。

尽管 WaveNe 在语音合成领域取得了显著的成就，但它也存在一些挑战和限制。WaveNet 的模型参数非常庞大，需要大量的训练数据和计算资源来训练和部署，这在一些资源受限的环境下难以应用；由于 WaveNet 是回归模型，生成语音的速度相对较慢，在某些实时应用中可能会存在延迟较大的问题。

8.4.4 VITS

面向端到端文本到语音的对抗学习变分推理VITS（Variational Inference with Adversarial Learning for End-to-End Text-to-Speech）是一种结合变分推理（Variational Inference）、标准化流（Normalizing Flows）和对抗训练的高表现力语音合成模型。该方法是一种并行的端到端 TTS 方法，采用了带标准化流的变分推理和对抗训练过程，提高了生成式建模的表达能力。随机时长预测器可以从输入文本中合成具有不同节奏的语音。该方法表明，输入同样的文本，能够合成不同声调和韵律的语音，提高了合成语音的多样性。与分阶段 TTS 方法相比，该方法合成的语音质量更高，即使保持相似的时长预测器架构，也能获得比其他 TTS 模型更好的样本。VITS 的训练、推理流程如图 8-22 和图 8-23 所示。VITS 训练的时候，模型可以看成由一个条件变分自动编码器（Variational Autoencoder，VAE）、一个后验编码器、解码器和带有基于流的随机时长预测的条件先验组成。

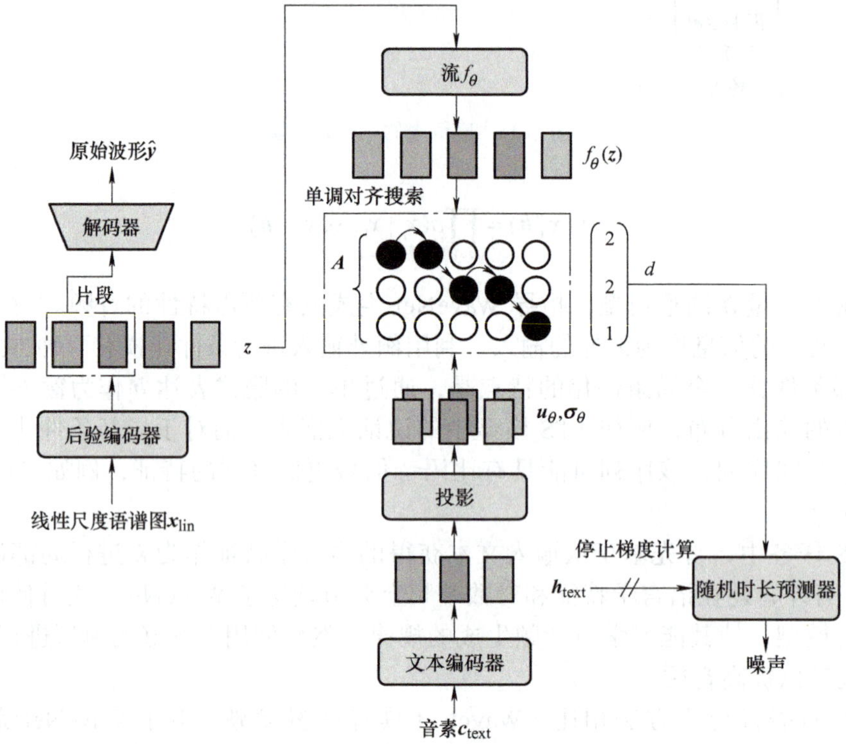

图 8-22　VITS 的训练流程

VITS 的整体架构由后验编码器、先验编码器、解码器、鉴别器和随机时长预测器五个模块组成。其中后验编码器和判别器仅用于训练，不用于推理。

后验编码器中使用非因果 WaveNet 残差块。WaveNet 残差块由具有门控激活单元和跳跃连接的扩张卷积层组成。残差块上方的线性投影层产生正态后验分布的均值和方差。对于多说话人的情况，在残差块中使用全局调节可以添加说话人嵌入。

先验编码器由处理输入音素 c_{text} 的文本编码器和提高先验分布灵活性的标准化流 f_θ 组成。文本编码器是一个 Transformer 编码器，它使用相对位置表示而不是绝对位置编码。

通过文本编码器从 $\boldsymbol{c}_{\text{text}}$ 获得隐藏表示 $\boldsymbol{h}_{\text{text}}$，文本编码器上方的线性投影层产生用于构造先验分布的均值和方差。标准化流是由一堆 WaveNet 残差块组成的仿射耦合层堆栈而成的。对于多说话人的设置，通过全局调节将说话人嵌入添加到标准化流程中的残差块中。

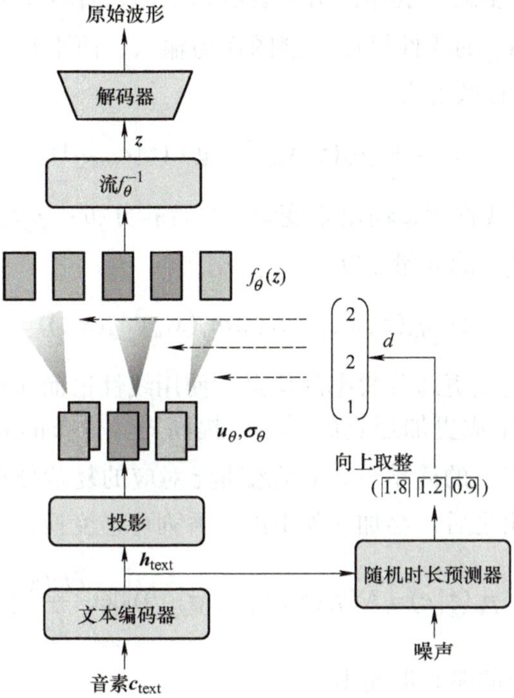

图 8-23　VITS 的推理流程

解码器本质上是 HiFi-GAN V1 声码器。它是 HiFi-GAN 声码器的大模型音质最优版本，由一堆转置卷积组成，每个卷积后接一个多感受野融合模块（Multi-Receptive Field Fusion，MRFF）。MRFF 的输出是具有不同感受野大小的残差块的输出之和。对于多说话人设置，这里添加一个线性层来转换说话人嵌入，并将其添加到输入隐变量 z 中。

鉴别器遵循了 HiFi-GAN 中提出的多周期鉴别器架构，多周期鉴别器是基于马尔可夫窗口的子鉴别器的混合体，每个子鉴别器在输入波形的不同周期模式下工作。

随机时长预测器根据输入 $\boldsymbol{h}_{\text{text}}$ 来估计音素时长的分布。为了有效地参数化随机时长预测器，这里将带扩张的残差块和深度可分离的卷积层堆叠起来。并且将神经样条流应用于耦合层。与常用的仿射耦合层相比，神经样条流通过相似数量的参数提高了变换表现力。对于多说话人的设置，这里添加一个线性层来转换说话人嵌入并将其添加到输入 $\boldsymbol{h}_{\text{text}}$ 中。

具体来说，VITS 语音合成方法主要包含三个部分：变分推断、对齐估计和对抗训练。下面对这三部分进行简要讲解。

1. 变分推断

VITS 的生成器可以看作是一个最大化变分下界，即 ELBO（Evidence Lower Bound）的条件变分自编码器（Variational Auto-Encoder，VAE）。VITS 在训练时生成梅尔频谱以指导模型的训练，因此，重建损失中目标样本点使用的是梅尔频谱而非原始波形。但在推断时不需要生成梅尔频谱，梅尔频谱仅仅是为了计算重建损失。

$$L_{\text{recon}} = \left\| \boldsymbol{x}_{\text{mel}} - \hat{\boldsymbol{x}}_{\text{mel}} \right\|_1 \tag{8-12}$$

先验编码器的输入包括从文本生成的音素 $\boldsymbol{c}_{\text{text}}$ 和音素、隐变量之间的对齐 $\boldsymbol{A}$。对齐即 $|\boldsymbol{c}_{\text{text}}|\times|z|$ 大小的严格单调注意力矩阵，用于表示每个输入音素扩展到与目标语音时间对齐的时长。使用目标语音 $\boldsymbol{x}_{\text{lin}}$ 的线性尺度语谱图作为输入，而不是梅尔频谱，这并不违背变分推断的性质。因此，KL 散度为

$$L_{\text{kl}} = \log q_{\phi}(z \mid \boldsymbol{x}_{\text{lin}}) - \log p_{\theta}(z \mid \boldsymbol{c}_{\text{text}}, \boldsymbol{A}) \tag{8-13}$$

式中，$q_{\phi}(z \mid \boldsymbol{x})$ 表示给定线性谱 $\boldsymbol{x}$ 输出隐变量 z 的后验分布；$p_{\theta}(z \mid \boldsymbol{c})$ 表示给定条件 $\boldsymbol{c}$ 输出隐变量 $\boldsymbol{c}$ 的先验分布。其中隐变量 z 为

$$z \sim q_{\phi}(z \mid \boldsymbol{x}_{\text{lin}}) = N(z; \boldsymbol{m}_{\phi}(\boldsymbol{x}_{\text{lin}}), \boldsymbol{\sigma}_{\phi}(\boldsymbol{x}_{\text{lin}})) \tag{8-14}$$

为了给后验编码器提供更高分辨率的信息，使用线性谱而非梅尔频谱作为后验编码器 q_{ϕ} 的输入。同时，为了生成更加逼真的样本，提高先验分布的表达能力，引入标准化流 f_{θ}，以便在文本编码器产生的简单分布和隐变量 z 对应的复杂分布间进行可逆变换，即在经过上采样的编码器输出之后，会加入如下的一系列可逆变换：

$$p_{\theta}(z \mid \boldsymbol{c}) = N(f_{\theta}(z); m_{\theta}(\boldsymbol{c}), \sigma_{\theta}(\boldsymbol{c})) \left| \det \frac{\partial f_{\theta}(z)}{\partial z} \right| \tag{8-15}$$

式中，输入 $\boldsymbol{c}$ 就是上采样的编码器输出：

$$\boldsymbol{c} = [\boldsymbol{c}_{\text{text}}, \boldsymbol{A}] \tag{8-16}$$

2. 对齐估计

为了估计输入文本和目标语音之间的对齐 $\boldsymbol{A}$，在这里采用了单调对齐搜索（Monotonic Alignment Search，MAS ）方法，该方法通过使归一化流 f 参数化的数据的似然最大化从而得到对齐

$$\begin{aligned} \boldsymbol{A} &= \underset{\hat{\boldsymbol{A}}}{\arg\max} \log p(\boldsymbol{x} \mid \boldsymbol{c}_{\text{text}}, \hat{\boldsymbol{A}}) \\ &= \underset{\hat{\boldsymbol{A}}}{\arg\max} \log N(f(\boldsymbol{x}); \boldsymbol{\mu}(\boldsymbol{c}_{\text{text}}, \hat{\boldsymbol{A}}), \sigma(\boldsymbol{c}_{\text{text}}, \hat{\boldsymbol{A}})) \end{aligned} \tag{8-17}$$

MAS 约束获得的最优对齐必须是单调且无跳过的，但是无法将 MAS 直接应用到 VITS，因为这里的目标是 ELBO，而不是精确的对数似然。因此，重新定义 MAS 来寻找使 ELBO 最大化的对齐，即寻找使隐变量 z 的对数似然最大化的对齐：

$$\begin{aligned} &\underset{\hat{\boldsymbol{A}}}{\arg\max} \log p_{\theta}(\boldsymbol{x}_{\text{mel}} \mid z) - \log \frac{q_{\phi}(z \mid \boldsymbol{x}_{\text{lin}})}{p_{\theta}(z \mid \boldsymbol{c}_{\text{text}}, \hat{\boldsymbol{A}})} \\ &= \underset{\hat{\boldsymbol{A}}}{\arg\max} \log p_{\theta}(z \mid \boldsymbol{c}_{\text{text}}, \hat{\boldsymbol{A}}) \\ &= \log N(f_{\theta}(z); \boldsymbol{\mu}_{\theta}(\boldsymbol{c}_{\text{text}}, \hat{\boldsymbol{A}}), \boldsymbol{\sigma}_{\theta}(\boldsymbol{c}_{\text{text}}, \hat{\boldsymbol{A}})) \end{aligned} \tag{8-18}$$

TTS 系统应表达一对多的关系，即文本输入可以以多种不同的方式（如音高、时长）被表达。为了解决一对多的问题，该方法中引入了随机时长预测器从输入文本中合成具有不同韵律的语音。随机时长预测器是一个基于流的生成模型，引入与时长序列相同时间分辨率和维度的随机变量 u 和 v，利用近似后验分布 $q_\phi(u,v\,|\,d,c_{\text{text}})$ 采样这两个变量，训练目标为音素时长对数似然的变分下界

$$\log p_\theta(d\,|\,c_{\text{text}}) \geqslant E_{q_\phi(u,v|d,c_{\text{text}})}\left[\log \frac{p_\theta(d-u,v\,|\,c_{\text{text}})}{q_\phi(u,v\,|\,d,c_{\text{text}})}\right] \tag{8-19}$$

在训练时，断开随机时长预测器的梯度反向传播可以防止该部分梯度影响到其它模块。音素时长通过随机时长预测器的可逆变换从随机噪音中采样得到，之后转换为整型值。

3. 对抗训练

引入判别器 D 判断输出是由解码器 G 输出，还是真实的波形 $\boldsymbol{y}$。VITS 使用两种类型的损失形式，第一种是用于对抗训练的最小二乘损失函数（Least-Squares Loss Function）：

$$L_{\text{ADV}}(D) = E_{(y,z)}[(D(y)-1)^2 + (D(G(z)))^2] \tag{8-20}$$

$$L_{\text{adv}}(G) = E_z[(D(G(z))-1)^2]$$

第二种是特别施加于生成器的特征匹配损失（Feature-Matching Loss）：

$$L_{\text{FM}}(G) = E_{(y,z)}\left[\sum_{l=1}^{T}\frac{1}{N_l}\left\|D^l(y) - D^l(G(z))\right\|_1\right] \tag{8-21}$$

式中，T 表示判别器的层数；D^l 表示第 l 层判别器的输出特征图；N_l 表示特征图的数量。特征匹配损失可以看作是重建损失，用于约束判别器中间层的输出。

总的来说，VITS 语音合成方法的流程是将输入文本转换成声学特征的隐变量表示，然后通过解码器生成声学特征，最终转换成自然流畅的语音波形。这种端到端的语音合成方法能够直接实现从文本到语音的转换，避免了传统方法中的中间步骤和复杂的流程，具有更高的效率和灵活性。

8.4.5　GPT–SoVITS

随着 Transformer 的提出，研究者们在其基础上进行了创作，提出了一系列具有里程碑意义的模型，例如 GPT、BERT 等。GPT（Generative Pre–trained Transformer）是一种深度学习模型，它被训练用于自然语言处理任务，如文本生成、文本分类、问答等。GPT 的出现衍生了一大批自然语言处理领域的大模型。其中 GPT–SoVITS 模型结合了 GPT 和 SoVITS 模型，它是一种端到端的 TTS 方法，实现了语音合成、语音克隆的功能。

SoVITS 的生成器主要基于 VAE 和 FLOW 模型（核心是 VAE），用来做声音音色转换。生成器包括先验编码器、后验编码器和解码器。输入语音通过先验编码器，提取到音色无

关特征作为先验概率；目标语音输入到后验编码器，形成后验条件概率分布；后验条件概率分布通过解码器后形成最终的语音。

SoVITS 的鉴别器部分主要基于生成式对抗网络（Generative Adversarial Networks，GAN）模型，用来对转换后的声音进行判断。鉴别器主要包含三类：多分辨率鉴别器、多尺度鉴别器和多周期鉴别器。多分辨率鉴别器：音频信号计算频谱，一维转二维后经过多个二维卷积层。多尺度鉴别器：原始音频信号，经过多个一维卷积层。多周期鉴别器：原始音频信号，一维转二维后经过多个二维卷积层。各个鉴别器的输出都包括两类，即各层中间输出和最终结果输出，分别用来计算特征损失和生成损失。

GPT-SoVITS 的整体架构可以分为三个部分，分别是 GPT 模块、SoVITS 的生成器、鉴别器。GPT-SoVITS 的首要任务是训练得到一个可以将文本转换成量化器的输入（包含音频的文本和音色的特征）的模型，其 GPT 模块是实现从文本到语音编码的过程。具体来说，GPT 模块主要负责将输入文本转换为适合语音合成的编码格式，这包括处理文本内容和音色特征的整合。整个系统依赖于预训练的语言模型和声学模型来提取高质量的特征，并通过复杂的特征融合和量化过程，生成能够准确反映输入文本和目标音色的语音输出。

SoVITS 模块的主要功能是生成最终的音频文件。GPT-SoVITS 的核心与 SoVITS 差别不大，仍然是分了两个部分：基于 VAE 和 FLOW 的生成器和基于多尺度分类器的鉴别器。生成器部分在其原有的 SoVITS 入口加了一个残差量化层。残差量化是在每一层的量化后，所形成的结果与输入的差会进行再一次量化，形成一个量化的结果组，第一个量化结果能表征最粗粒度的信息，包含音频的文本和音色的语义特征作为量化层的输入，残差量化层的输出数据再传递到先验编码器。GPT-SoVITS 的鉴别器部分在 SoVITS 的基础上做了简化，去除了多分辨率鉴别器。

GPT-SoVITS 在训练时，要对 GPT 模型和 SoVITS 模型分别进行微调训练，对于 SoVITS 模型则包括基于生成模型和鉴别模型的预训练模型。在推理时，首先得到 GPT 模型的输出语义信息，并将此作为 TTS 的输入传递给 SoVITS 模型。

本章小结

语音合成是人工智能和自然语言处理领域的重要组成部分，它解决的是如何让机器开口讲话的问题。本章对语音合成技术进行了深入探讨，主要从四种方法对语音合成的具体方法进行阐述，分别是参数合成法、波形拼接合成法、基于隐马尔可夫的语音合成法和基于深度学习的语音合成法。

在本章介绍的语音合成法中：参数合成法相比于波形拼接法来说，所需的原始录音数据量较小，但合成音质通常较差，可能会存在机械感强、有杂音等问题；基于隐马尔可夫的语音合成法不需要原始语料库，该方法为每一个发音单元建立一个统计模型，在合成时仅利用这些模型就可以生成语音，实现合成系统的自动训练和构建；基于深度学习的语音合成法相比于传统的隐马尔可夫语音合成法具有更强的建模能力，能改善合成语音的质量。随着智能应用市场的发展，语音合成技术越来越多地应用到实际生活中，为人类的生活带来了便利和乐趣。今后，如何进一步提升语音合成的效率和质量，如何利用语音合成使生活智能化和便利化，仍需研究者们继续探索。

思考题与习题

8-1 语音合成的目的是什么？语音合成有哪些方法？试比较不同方法的优缺点。

8-2 什么是 TTS ？ TTS 系统一般由哪几个部分组成？

8-3 什么是参数合成法？都有哪些具体的方法？试说明不同参数合成法的原理，分析二者的合成语音质量有什么不同。

8-4 什么是 PSOLA 合成算法？它有几种实现方式？

8-5 请简要概括基于隐马尔可夫的语音合成法的流程。

8-6 语音合成有哪些具体的应用场景？未来趋势如何？

8-7 在语音合成中，如何对韵律进行控制？韵律和合成语音的什么相关？为什么？

8-8 有哪些基于深度学习的语音合成方法？分阶段方法和端到端的方法有什么异同？

8-9 选择语音合成语料库的依据是什么？对于西方语言和汉语来说，选择什么作为合成基元更合适呢？为什么？与西方语言相比，汉语语音合成有哪些优势？试说明原因。

8-10 试分析当前语音合成的难点。目前重点研究的关键技术有哪些？

参考文献

[1] WANG Y，SKERRY-RYAN R J，STANTON D，et al. Tacotron：Towards end-to-end speech synthesis[C]. Stockholm：Interspeech，2017.

[2] MASUYAMA Y，YATABE K，KOIZUMI Y，et al. Deep Griffin-Lim Iteration：Trainable Iterative Phase Reconstruction Using Neural Network[J]. IEEE Journal of selected topics in signal processing，2021，15（1）：37-50.

[3] REN Y，RUAN Y J，TAN X，et al. FastSpeech：Fast，robust and controllable text to speech[C]. Vancouver：NeurIPS，2019.

[4] SHEN J，PANG R，WEISS R J，et al. Natural TTS synthesis by conditioning WaveNet on mel spectrogram predictions[C]. Calgary：ICASSP，2018.

[5] KIM J，KONG J，SON J. Conditional variational autoencoder with adversarial learning for end-to-end text-to-speech[C]//International conference on machine learning，July 18-24，2021.[s.l.]：PMLR，2021:5530-5540.

[6] KINGMA D P，WELLING M. Auto-encoding variational bayes[EB/OL].（2013-12-20）.[2024-08-09]https://arxiv.org/abs/1312.6114.

[7] RADFORD A，NARASIMHAN K，SALIMANS T，et al. Improving language understanding by generative pre-training[EB/OL].（2018-06-11）[2024-08-09].https://www.mikecaptain.com/resources/pdf/GPT-1.pdf.

[8] DEVLIN J，CHANG M W，LEE K，et al. Bert：Pre-training of deep bidirectional transformers for language understanding[EB/OL].（2018-10-11）[2024-08-09].https://arxiv.org/abs/1810.04805?amp=1.

[9] KRICHEN M. Generative adversarial networks[C].New Delhi：ICCCNT，2023.

第 9 章　语音增强

导读

在本章节将深入探讨语音增强技术，阐明其重要性，并从实际需求出发，对语音增强技术进行剖析。首先，将介绍语音增强的信号模型，以及语音质量评价指标来深化对语音增强技术的理解，重点在于介绍语音增强的多种基本方法及其背后的原理。其次，本章将分别探讨单通道和多通道的语音增强技术，这些技术不仅涵盖了传统的数字信号处理方法，也包括了基于机器学习的方法。最后，针对不同场景（如混响环境），本章还将介绍与之对应的语音信号增强方法。

本章知识点

- 信号模型与评价指标
- 单通道方法
- 多通道方法
- 混响环境下的语音信号增强方法

9.1　研究背景

语音增强的本质就是在存在干扰信号的情况下提取出目标语音信号，改善语音质量，同时提高语音的可懂度。语音增强的技术难点如下：

1. 环境和干扰的多变性

当语音信号被不同干扰破坏时，语音的特性会在时间和应用之间发生巨大变化。因此，研究人员很难找到真正适用于不同实际环境的算法。

2. 算法的设计依据需求而定

虽然语音增强研究的基本目的是提高语音信号的质量（主观评价）和可理解性（客观评价），但是不同应用场景中对增强后语音信号的要求也不同。例如在语音识别或说话人识别等应用中，语音增强是为了提高识别率而设计，语音的失真有时是可以接受的。而在面向个人感知的情况下，失真是不能接受的。

有效的语音增强算法要结合语音特性、人耳感知特性及不同干扰的特性来设计。语音增强算法可分为传统的基于数字信号处理的算法和基于机器学习的算法。基于数字信号处理的语音增强算法通常建立在统计模型上。针对存在干扰类型的不同也有与之对应的语音增强算法。干扰类型为噪声时有谱减法、维纳滤波法、波束形成方法，干扰类型为混响时有加权预测误差（Weighted Prediction Error，WPE）等。基于机器学习的语音增强算法则通过训练信号样本（语音和干扰）来学习模型的参数，特征的选择和算法模型的参数成为制约其性能的关键。此类算法主要包括基于支持向量机、非负矩阵分解、高斯混合模型等机器学习模型的算法，以及各种基于深度学习网络的算法。一般的语音增强算法都是以含有加性噪声和混响的语音信号作为研究对象的，取得了一定成果但是性能还有待提高。

9.2　信号模型与评价指标

9.2.1　信号模型

本章讨论的干扰信号以加性噪声和混响为主。环境中背景噪声可以看成加性噪声，如风扇的声音、汽车引擎声、周围人说话声等。混响是指声音在封闭空间内反射、散射和衰减后形成的一种延迟和持续的声音效果。当声音源在一个封闭空间中发出声音时，声波会与墙壁、地板、天花板等物体相互作用，产生多次反射。这些反射声波与原始声波叠加在一起，形成了混响效果。麦克风接收信号模型如图 9-1 所示。

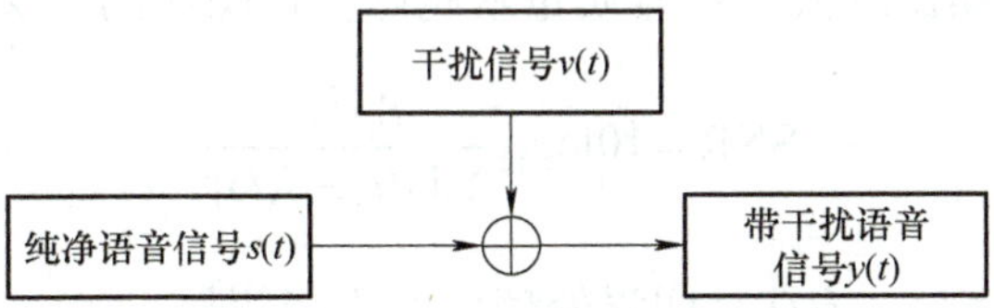

图 9-1　麦克风接收信号模型

麦克风接收信号模型的数学表达式为

$$y(t)=s(t)+v(t) \tag{9-1}$$

式中，$y(t)$ 是带干扰语音信号；$s(t)$ 是纯净语音信号；$v(t)$ 是干扰信号；t 是时间点。

9.2.2　语音质量评价标准

语音质量指的是语音中字、词和句的清晰程度。语音质量评价不但与语音学、语言学和信号处理有关，而且还与心理学、生理学等有着密切的联系，因此语音质量评价是一个极其复杂的问题。多年来人们通过不断的努力，提出了许多语音质量评价的方法，总体上可以将语音质量评价方法分为两大类：主观评价和客观评价。

1. 主观评价

主观评价是以人为主体来评价语音质量的，是人对语音质量的真实反映。语音主观评价方法有很多种，主要指标包括可懂度和音质两类。可懂度是针对音节以上（例如词和句）的语音测试单元；音质则是指语音听起来的自然度。这不是两种完全独立的概念，一个编码器有可能生成高清晰度的语音但音质很差，声音听起来就像是机器发出的，无法辨别出说话人。

无论哪种主观测试都是建立在人的感觉基础上的，测试结果很可能因人而异。因此，主观测试的方案设计必须十分周密。同时，为了消除个体的差异性，测试环境应尽可能相同，测试语音的样本也要尽量丰富。每种语音的测试都必须仔细地选择发音，以保证所选的样本具有代表性，同时还要保证能够覆盖各种类型的语音。在选择测试者时，不仅应该包括女声、男声，同时还应根据年龄（包括老人、青年和儿童）选择不同语音。主观评价的优点是直接、易于理解，能够真实反映人对语音质量的实际感觉，缺点是需要大量的测试者，实施起来比较麻烦、耗时耗力、灵活性差。经典的主观评价指标有可懂度评价（Diagnostic Rhyme Test，DRT）、平均意见得分（Mean Opinion Score，MOS）、判断满意度测量（Diagnostic Acceptability Measure，DAM）等。

2. 客观评价

针对主观评价方法的不足，基于客观测试的语音客观评价指标相继被提出。主要的客观评价指标有：基于信噪比的评价方法，如信噪比（Signal-to-Noise Ratio，SNR）、分段信噪比（Segment，SegSNR）；基于听觉模型的评价方法，如语音质量感知评价方法（Perceptual Evaluation of Speech Quality，PESQ）、短时客观可懂度（Short-Time Objective Intelligibility，STOI）等。

SNR 是衡量信号与噪声强度比值的指标。它可以用来表示信号在噪声干扰下的客观质量。通常情况下，信噪比越大，信号质量就越好。信噪比的定义为

$$\mathrm{SNR}=10\log_{10}\frac{\Sigma_t s^2(t)}{\Sigma_t[s(t)-\hat{s}(t)]^2} \tag{9-2}$$

式中，$s(t)$是纯净语音信号；$\hat{s}(t)$是增强处理后的语音信号。

计算 SNR 时要注意处理后的信号与干净语音信号的对齐问题，否则将严重影响评价指标的准确性。

SegSNR 是对整段语音信号进行分段，并在每个小段内计算信噪比。语音信号在不同的时间段内可能会受到不同程度的噪声干扰，局部评估可以更好地识别这些变化。且语音信号总体是一种非平稳时变信号，在不同时间段上的信噪比也应不一样。分段信噪比能够提供更加细致、全面的语音质量评估。

$$\mathrm{SegSNR}=\frac{10}{M}\sum_{k=0}^{M-1}\log_{10}\left[\frac{\sum_{i=m_k}^{m_k+N-1}s^2(i)}{\sum_{i=m_k}^{m_k+N-1}[s(i)-\hat{s}(i)]^2}\right] \tag{9-3}$$

式中，M是语音的总帧数；N是单个语音帧的长度；k表示当前计算语音的第k帧；m_k是第k个语音帧起始的时间点。

从式（9-3）中可以看出，分段信噪比先计算每一帧的信噪比，再对所有帧的信噪比

做平均，从而减少了没有语音的帧和信噪比过高的语音帧对信噪比带来的影响。

PESQ 是国际电信联盟在 2001 年提出的一种新的语音质量评价方法，是目前与 MOS 评分相关度最高的客观语音质量评价算法，相关度系数达到 0.97。该算法将参考语音信号和失真语音信号进行电平调整、输入滤波器滤波、时间对准和补偿、听觉变换之后，分别提取两路信号的参数，综合其时频特性，得到 PESQ 分数，最终将这个分数映射到主观平均意见分上。PESQ 得分范围是 –0.5 到 4.5，得分越高表示语音质量越好。

STOI 主要用于评估语音信号的可懂度。将原始语音信号和处理后的语音信号分别划分成多个重叠的时间窗口，在每个时间窗口内分别计算它们之间的相似度，这些相似度值的平均值即为整体的 STOI 分数。STOI 的取值范围是 0 到 1，数值越接近 1 表示语音信号的可懂度越高。

总的来说，客观评定方法的特点是计算简单，缺点是客观参数对增益和延迟都比较敏感，并且没有考虑人耳的听觉特性。语音主观评价和客观评价各有其优缺点，通常会将这两种方法结合起来使用。一般的原则是，客观评价用于系统的设计阶段，以提供参数调整方面的信息，主观评价则用于实际听觉效果的检验。

9.3　单通道方法

9.3.1　谱减法

谱减法是利用噪声的统计平稳性假设以及加性噪声与语音不相关的特点提出的一种语音增强方法，即从带噪语音功率谱中减去噪声功率谱，得到所估计纯净语音的频谱。它假设有语音时间段噪声的功率谱与无语音时间段噪声的功率谱相等，使用无语音时间段的信号频谱作为估计的噪声谱。

在第 t 个时间点麦克风接收到的带噪语音信号可以表示为

$$y(t)=s(t)+v(t) \tag{9-4}$$

式中，$y(t)$ 是带噪语音信号；$s(t)$ 是纯净语音信号；$v(t)$ 是噪声信号；t 是时间点。

经过短时傅里叶变换，式（9-4）可以表示为

$$Y(n,f)=S(n,f)+V(n,f) \tag{9-5}$$

式中，$Y(n,f)$ 是 $y(t)$ 经短时傅里叶变换转换到时频域；$S(n,f)$ 是 $s(t)$ 经短时傅里叶变换转换到时频域；$V(n,f)$ 是 $v(t)$ 经短时傅里叶变换转换到时频域；n 是时间的帧数索引；f 是频率的帧数索引。

根据前文假设，语音信号与加性噪声是相互独立的，因此有

$$E[|Y(n,f)|^2]=E[|S(n,f)|^2]+E[|V(n,f)|^2] \tag{9-6}$$

使用功率谱表示带噪语音信号、纯净语音信号和噪声信号的关系，式（9-4）可以表示为

$$P_y(n,f)=P_s(n,f)+P_v(n,f) \tag{9-7}$$

式中，$P_y(n,f)$ 是 $y(t)$ 的功率谱；$P_s(n,f)$ 是 $s(t)$ 的功率谱；$P_v(n,f)$ 是 $v(t)$ 的功率谱。

估计的纯净语音信号的功率谱可以表示为

$$\hat{P}_s(n,f)=P_y(n,f)-P_v(n,f) \tag{9-8}$$

式中，$\hat{P}_s(n,f)$ 是估计得到的纯净语音信号的功率谱。

图 9-2 和图 9-3 分别展示了谱减法语音增强的流程以及纯净语音信号、带噪语音信号和使用谱减法进行增强后语音信号的时域波形图和频谱图。

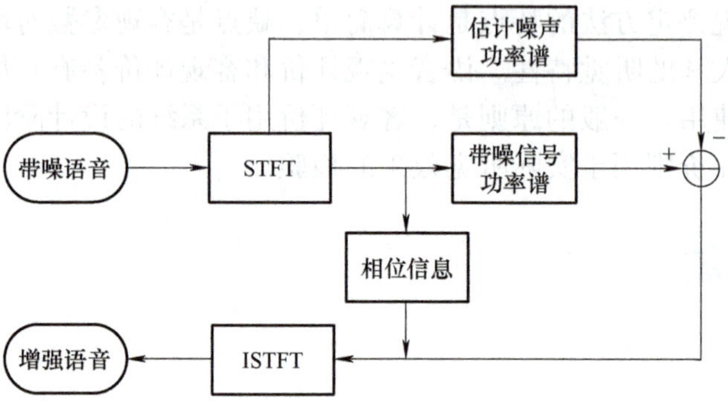

图 9-2　谱减法语音增强的流程

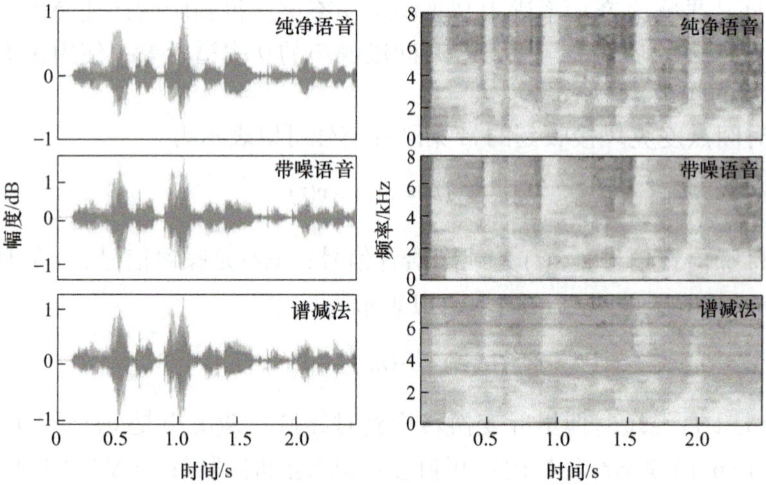

图 9-3　时域波形图和频谱图

9.3.2　维纳滤波

维纳滤波基于加性噪声与语音信号相互独立的假设，使用过去的和当前的观察数据来估计信号的当前值，以均方误差最小为条件计算得到滤波器的单位冲激响应，实现语音增强的效果。

记在第 t 个时间索引维纳滤波器的单位冲激响应为 $\boldsymbol{h}(t)$，经由滤波器的输出为

$$\hat{s}(t)=\boldsymbol{h}^{\mathrm{T}}(t)\overline{\boldsymbol{y}}(t) \tag{9-9}$$

式中，$\boldsymbol{h}(t)=[h(0),h(1),\cdots,h(L-1)]^{\mathrm{T}}$ 是 t 时刻长度为 L 的维纳滤波器的单位冲激响应；$\overline{\boldsymbol{y}}(t)=\overline{\boldsymbol{s}}(t)+\overline{\boldsymbol{v}}(t)=[y(t),y(t-1),\cdots,y(t-L+1)]^{\mathrm{T}}$ 是由当前和过去麦克风阵列接收信号组成的长度为 L 的矢量；$\overline{\boldsymbol{v}}(t)=[v(t),v(t-1),\cdots,v(t-L+1)]^{\mathrm{T}}$ 是当前和过去麦克风阵列接收信号中噪声信号组成的长度为 L 的矢量；$\hat{s}(t)$ 是滤波器的输出。

理论上，当前和过去的麦克风阵列接收信号组成的矢量 $\overline{\boldsymbol{y}}(t)$ 通过滤波器后得到的输出 $\hat{s}(t)$ 应尽量接近于 $s(t)$。估计误差可以表示为

$$e(t)=s(t)-\hat{s}(t) \tag{9-10}$$

式中，$e(t)$ 是估计误差。

通过最小化 $s(t)$ 和 $\hat{s}(t)$ 的均方误差 $E[e^2(t)]=E\{[s(t)-\hat{s}(t)]^2\}$ 可以达到使 $\hat{s}(t)$ 尽量接近 $s(t)$ 的目的，代入式（9-9），均方误差表达式为

$$E[e^2(t)]=E[s^2(t)]-2\boldsymbol{h}^{\mathrm{T}}(t)E[\overline{\boldsymbol{y}}(t)s(t)]+\boldsymbol{h}^{\mathrm{T}}(t)E[\overline{\boldsymbol{y}}(t)\overline{\boldsymbol{y}}^{\mathrm{T}}(t)]\boldsymbol{h}(t) \tag{9-11}$$

考虑 $E[e^2(t)]$ 对 $\boldsymbol{h}(t)$ 的偏导数为 0 的情况：

$$\frac{\partial E[e^2(t)]}{\partial \boldsymbol{h}(t)}=E[\overline{\boldsymbol{y}}(t)\overline{\boldsymbol{y}}^{\mathrm{T}}(t)]\boldsymbol{h}(t)-E[\overline{\boldsymbol{y}}(t)s(t)]=0 \tag{9-12}$$

式中，$\frac{\partial\,\bullet}{\partial\,\bullet}$ 是求偏导算子。式（9-12）可以用自相关矩阵和互相关矢量表示为

$$\boldsymbol{R}_{\overline{y}\overline{y}}\boldsymbol{h}(t)-\boldsymbol{r}_{\overline{y}s}=0 \tag{9-13}$$

式中，$\boldsymbol{R}_{\overline{y}\overline{y}}=E[\overline{\boldsymbol{y}}(t)\overline{\boldsymbol{y}}^{\mathrm{T}}(t)]$ 是阵列接收信号组成矢量 $\overline{\boldsymbol{y}}(t)$ 的自相关矩阵；$\boldsymbol{r}_{\overline{y}s}=E[\overline{\boldsymbol{y}}(t)s(t)]$ 是 $\overline{\boldsymbol{y}}(t)$ 和纯净语音信号 $s(t)$ 的互相关矢量。

如果已知 $\boldsymbol{R}_{\overline{y}\overline{y}}$ 和 $\boldsymbol{r}_{\overline{y}s}$，就可以得到维纳滤波器的时域求解形式：

$$\boldsymbol{h}(t)=\boldsymbol{R}_{\overline{y}\overline{y}}^{-1}\boldsymbol{r}_{\overline{y}s} \tag{9-14}$$

将式（9-14）转换到频域为

$$H(n,f)P_y(n,f)=P_{ys}(n,f) \tag{9-15}$$

式中，$H(n,f)$ 是滤波器的频率响应；$P_y(n,f)$ 是 $y(t)$ 的功率谱密度；$P_{ys}(n,f)$ 是 $y(t)$ 和 $s(t)$ 的互功率谱密度；n 是时间的帧数索引；f 是频率的帧数索引。求解式（9-15）可得维纳滤波器的频域形式为

$$H(n,f)=\frac{P_{ys}(n,f)}{P_y(n,f)} \tag{9-16}$$

由此可得

$$\hat{S}(n,f)=H(n,f)Y(n,f) \tag{9-17}$$

式中，$\hat{S}(n,f)$ 是 $\hat{s}(t)$ 的频域估计值。再由短时傅里叶逆变换得到去噪后语音的时域信号。

但是在实际实现过程中纯净语音信号 $s(t)$ 往往是不可估计的，$\overline{y}(t)$ 和纯净语音信号 $s(t)$ 的互相关矢量 $\boldsymbol{r}_{\overline{y}s}$ 同样也是不可估计的。因此本文将继续介绍另一种形式的维纳滤波器单位冲激响应 $\boldsymbol{h}(t)$ 的求解方法。

$\overline{y}(t)$ 和纯净语音信号 $s(t)$ 的互相关矢量 $\boldsymbol{r}_{\overline{y}s}$ 可以表示为

$$\begin{aligned}\boldsymbol{r}_{\overline{y}s}&=E[\overline{\boldsymbol{y}}(t)s(t)]\\&=E\{\overline{\boldsymbol{y}}(t)[y(t)-v(t)]\}\\&=E[\overline{\boldsymbol{y}}(t)y(t)-\overline{\boldsymbol{y}}(t)v(t)]\\&=E\{\overline{\boldsymbol{y}}(t)y(t)-[\overline{\boldsymbol{s}}(t)+\overline{\boldsymbol{v}}(t)]v(t)\}\end{aligned} \tag{9-18}$$

由于纯净语音信号 $\overline{\boldsymbol{s}}(t)$ 与噪声信号 $v(t)$ 不相关，因此 $E[\overline{\boldsymbol{s}}(t)v(t)]=0$，代入式（9-18）可得：

$$\boldsymbol{r}_{\overline{y}s}=\boldsymbol{r}_{\overline{y}y}-\boldsymbol{r}_{\overline{v}v} \tag{9-19}$$

式中，$\boldsymbol{r}_{\overline{y}y}=E[\overline{\boldsymbol{y}}(t)y(t)]$ 是 $\overline{\boldsymbol{y}}(t)$ 和 $y(t)$ 的自相关矢量；$\boldsymbol{r}_{\overline{v}v}=E[\overline{\boldsymbol{v}}(t)v(t)]$ 是 $\overline{\boldsymbol{v}}(t)$ 和 $v(t)$ 的自相关矢量。

将式（9-19）代入式（9-14），根据 $\boldsymbol{R}_{\overline{v}\overline{v}}^{-1}\boldsymbol{r}_{\overline{v}v}=\boldsymbol{R}_{\overline{y}\overline{y}}^{-1}\boldsymbol{r}_{\overline{y}y}$ 可以得到另一种形式的维纳滤波的解：

$$\begin{aligned}\boldsymbol{h}(t)&=\boldsymbol{R}_{\overline{y}\overline{y}}^{-1}\boldsymbol{r}_{\overline{y}s}\\&=\boldsymbol{R}_{\overline{y}\overline{y}}^{-1}(\boldsymbol{r}_{\overline{y}y}-\boldsymbol{r}_{\overline{v}v})\\&=[\boldsymbol{I}-\boldsymbol{R}_{\overline{y}\overline{y}}^{-1}\boldsymbol{R}_{\overline{v}\overline{v}}]\boldsymbol{R}_{\overline{y}\overline{y}}^{-1}\boldsymbol{r}_{\overline{y}y}\\&=\left[\frac{\boldsymbol{I}}{\mathrm{SNR}}+\tilde{\boldsymbol{R}}_{\overline{v}\overline{v}}^{-1}\tilde{\boldsymbol{R}}_{\overline{s}\overline{s}}\right]^{-1}\tilde{\boldsymbol{R}}_{\overline{v}\overline{v}}^{-1}\tilde{\boldsymbol{R}}_{\overline{s}\overline{s}}\boldsymbol{R}_{\overline{y}\overline{y}}^{-1}\boldsymbol{r}_{\overline{y}y}\end{aligned} \tag{9-20}$$

式中，$\mathrm{SNR}=\sigma_s^2/\sigma_v^2$ 是信噪比；$\sigma_s^2=E[s^2(t)]$ 是纯净语音信号的方差；$\sigma_v^2=E[v^2(t)]$ 是噪声信号的方差；$\tilde{\boldsymbol{R}}_{\overline{s}\overline{s}}=\boldsymbol{R}_{\overline{s}\overline{s}}/\sigma_s^2$；$\tilde{\boldsymbol{R}}_{\overline{v}\overline{v}}=\boldsymbol{R}_{\overline{v}\overline{v}}/\sigma_v^2$；$\boldsymbol{R}_{\overline{s}\overline{s}}=E[\overline{\boldsymbol{s}}(t)\overline{\boldsymbol{s}}^{\mathrm{T}}(t)]$ 是纯净语音信号组成矢量的自相关矩阵；$\boldsymbol{R}_{\overline{v}\overline{v}}=E[\overline{\boldsymbol{v}}(t)\overline{\boldsymbol{v}}^{\mathrm{T}}(t)]$ 是噪声信号组成矢量的自相关矩阵。

根据式（9-20）可以看出维纳滤波器的性能与输入滤波器的语音信号的信噪比有关，当 $\mathrm{SNR}\to\infty$ 时，$\boldsymbol{h}(t)\to\boldsymbol{R}_{\overline{y}\overline{y}}^{-1}\boldsymbol{r}_{\overline{y}y}$，此时 $\hat{s}(t)=\boldsymbol{h}^{\mathrm{T}}(t)\overline{\boldsymbol{y}}(t)=y(t)$ 说明带噪语音信号输入维纳滤波后得到的输出没有实现噪声抑制。

在频域进行求解时，$y(t)$ 和 $s(t)$ 的互功率谱密度 $P_{ys}(n,f)$ 同样无法进行估计，但由于纯净语音信号和噪声不相关，$P_{ys}(n,f)$ 可以表示为

$$\begin{aligned} P_{ys}(n,f) &= E\{S(n,f)[S(n,f)+V(n,f)]\} \\ &= E[|S(n,f)|^2 + S(n,f)V(n,f)] \\ &= P_s(n,f) \end{aligned} \tag{9-21}$$

式中，$P_s(n,f)$ 是纯净语音信号的功率谱密度。

$y(t)$ 的功率谱密度可以表示为

$$P_y(n,f) = P_s(n,f) + P_v(n,f) \tag{9-22}$$

将式（9-21）和式（9-22）代入式（9-16）可得：

$$\begin{aligned} H(n,f) &= \frac{P_s(n,f)}{P_s(n,f)+P_v(n,f)} \\ &= \frac{\text{SNR}}{\text{SNR}+1} \end{aligned} \tag{9-23}$$

根据式（9-23）可以看出维纳滤波器的频域求解形式同样与信噪比有关，$\text{SNR} \to \infty$ 时，$H(n,f) \to 1$，此时 $\hat{S}(n,f) = H(n,f)Y(n,f) = Y(n,f)$，说明维纳滤波器输出信号没有实现噪声抑制。

图 9-4 和图 9-5 分别展示了维纳滤波语音增强法频域下求解的流程以及纯净语音信号、带噪语音信号和使用维纳滤波进行增强后语音信号的时域波形图和频谱图。

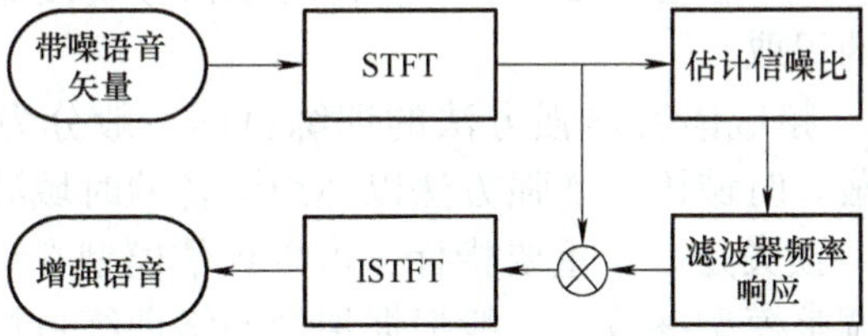

图 9-4　维纳滤波语音增强法频域下求解的流程

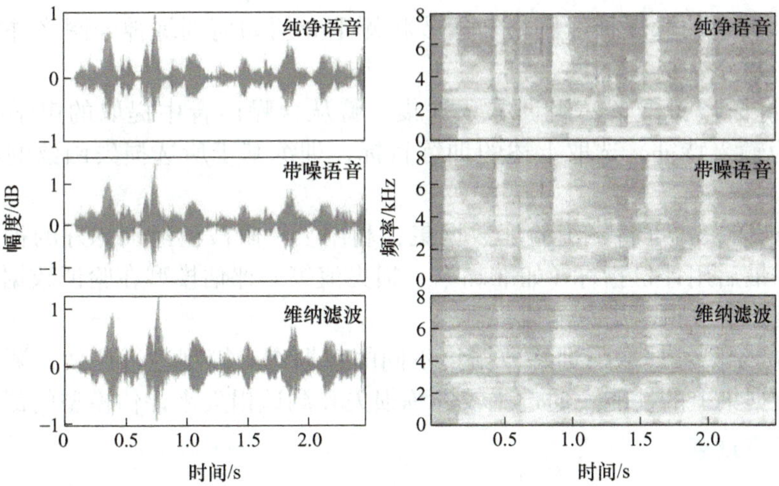

图 9-5　时域波形图和频谱图

9.3.3 深度学习方法

对于平稳噪声，基于数字信号处理的语音增强方法能够取得令人满意的增强效果，但对非平稳噪声而言，这类方法存在不合理的信号统计特性假设和噪声平稳假设，还高度依赖麦克风数学模型的准确性，并且对混响等干扰鲁棒性不佳，这些都导致其在实际应用中增强性能不佳。因此，基于深度神经网络的有监督学习的语音增强算法应运而生。这类方法充分利用了语音的先验信息，克服了数字信号处理方法所存在的很多不合理的信号统计特性假设和噪声估计不准确问题，在某些任务上显著超越传统的语音增强方法，增强效果更好。

基于深度学习的语音增强算法的基本模型可以表示为

$$\hat{s}(t)=f(y(t)) \tag{9-24}$$

式中，$y(t)$ 是麦克风接收到的含噪语音；$f(\bullet)$ 是语音增强算法，本章节指由神经网络构成的非线性函数；$\hat{s}(t)$ 是 $y(t)$ 中包含的纯净语音的估计。

算法 $f(\bullet)$ 的设计和训练的通用步骤如下：

（1）抽取声学特征　从含噪语音中抽取声学特征作为深度神经网络训练的输入特征。常见的声学特征包括短时傅里叶变换的幅度谱（Short Time Fourier Transform–Magnitude，STFT–MAG），梅尔倒谱系数（Mel Frequency Cepstral Coefficients，MFCC），伽马通滤波器倒谱系数（Gammatone Frequency Cepstral Coefficients，GFCC），对数功率谱（Log–Power Spectrum，LPS）等。近些年出现了一些将时域信号直接输入神经网络的端到端方法，不再需要声学特征的提取。

（2）定义训练目标　频域语音增强方法的训练目标一般分为两种，分别是纯净语音的时频谱特征和时频掩蔽。时域语音增强方法以纯净语音的时域波形作为训练目标。

（3）定义损失函数　损失是一个重要指标，可以评估模型在训练数据集上的表现，并作为优化算法的指导来调整模型参数。一般根据神经网络训练目标的不同采用不同的损失函数。常见的损失函数包括面向分类任务的最小交叉熵（Minimum Cross Entropy，MCE）损失和面向回归任务的最小均方误差（Minimum Mean Squared Error，MMSE）损失。

（4）挑选合适的深度神经网络　本节将侧重介绍如何训练神经网络并应用到语音增强任务中，主要分为 3 个阶段：

1）在训练阶段：准备一组训练数据集，将从含噪语音中提取的声学特征或者整个时域波形作为输入特征，选取上述的训练目标，训练基于所选损失函数的深度神经网络模型。

2）在验证阶段：准备一组验证数据集，利用上一阶段已经训练好的神经网络预测验证集的输出。最后用评价指标（如准确率、损失值等）评估模型在验证数据上的性能，并判断训练阶段是否取得了满意的成果。

3）在测试阶段：选取与训练数据集不同的数据集对模型进行评估，测试损失体现了模型在未知数据集上的性能，通过比较训练损失和测试损失来评估模型的泛化能力。

1. 时域语音增强

端到端的时域语音增强算法属于基于映射的方法，它直接学习含噪语音的时域波形到纯净语音的时域波形的映射，避免了频域语音增强方法中短时傅里叶变换带来的误差以及复杂的频谱分析和处理过程。一些时域语音增强算法还具有短时延的优点，能满足实时语音通信的需求。

目前基于卷积神经网络的模型是时域语音增强方法的主要架构之一，下面将介绍一种时域卷积模型：U–Net。

U–Net 最初作为医学图像分割问题的解决方案被提出，但很快就被应用在不同的任务中。如图 9-6 所示，它的网络结构呈 U 型，包括左右两部结构：编码器和解码器。编码器负责从输入语音中提取特征，而解码器负责对中间特征进行上采样并产生最终输出。编码器和解码器是对称的，且存在一个连接路径，即跳跃连接。

以图 9-6 所展示的结构为例，编码器的每个阶段均由重复的两个 3×3 卷积层组成，在每个卷积层之后应用了 ReLU 激活函数，在各阶段之间，2×2 的池化操作对特征图进行下采样，降低了特征图的空间维度，每次下采样后通道数不变，再经过下一阶段的第一个卷积层后通道数翻倍。以第一阶段为例，输入的分帧语音尺寸为 $572 \times 572 \times 1$，其中 572 为序列长度，1 为通道数，首先经过两个 3×3 卷积层（步长为 1 且未进行填充）和 ReLU 后，特征图的尺寸变为 568^2，通道数变为 64，再经过池化操作进行下采样（步长为 2），特征图尺寸变为 284^2，再经过第二阶段的第一个卷积层将通道数增加一倍变为 128。类似地，后续的卷积层和池化层进一步减小特征图尺寸并增加特征图通道数。整个编码器过程特征图尺寸大小变化分别为（572^2，568^2，284^2，280^2，140^2，136^2，68^2，64^2，32^2），这里省略了每阶段第一个卷积层后的特征图尺寸，通道数分别为（1，64，128，256，512，1024）。

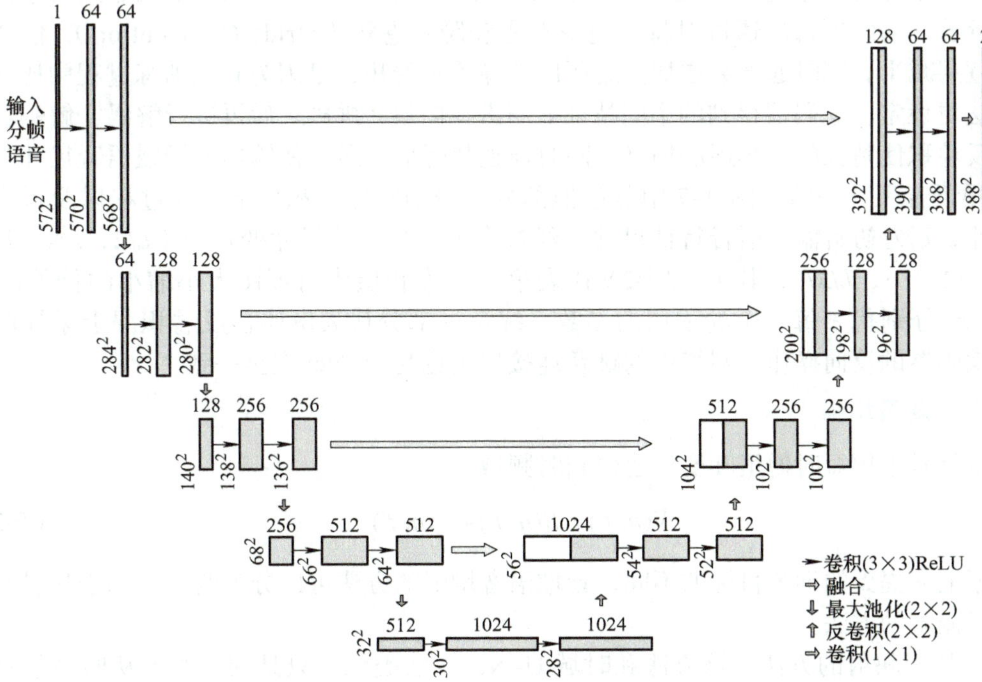

图 9-6　U–Net 网络结构

解码器是编码器的反向操作，它也由重复的 3×3 卷积层组成，之后应用 ReLU，然后对特征图进行上采样，应用 2×2 上卷积层将通道数减半，得到大小和维度逐渐恢复的特征图。在编码器和解码器过渡的部分，经过两个 3×3 卷积特征图尺寸由 32^2 变为 28^2，通道数为 1024，经过上采样，尺寸变为 56^2，通道数减半变为 512，图中显示通道数为 1024 是由于对应编码器部分特征图通道数与解码器部分进行了拼接，即跳跃连接。后续继续经过卷积层和上采样来实现反卷积，恢复尺寸，降低通道数。整个解码器过程特征图尺寸大小分别为（28^2，56^2，52^2，104^2，100^2，200^2，196^2，392^2，388^2），通道数分别为（1024，512，256，128，64，1），最后一层是一个 1×1 的卷积层，用于将特征图的通道数转换为所需的类别数，得到增强结果。

U-Net 中的跳跃连接由图 9-6 中的黄色箭头所示，即简单地复制每一阶段编码器的特征并与解码器中的对应部分拼接起来，U-Net 拼接的是通道数，而在拼接之前，编码器的特征需要进行裁剪，使得编码器和解码器的特征维度相同。这意味着后续的卷积层可以同时操作解码器和编码器的特征。事实上，解码的特征可能包含更多的语义信息，而编码的特征包含更多的空间信息，将两种特征结合有利于神经网络学习到更全面的特征，提高增强性能。此外，融合不同层次的特征信息，还能促进反向传播时的梯度流动，提高网络性能和泛化能力。

受 U-Net 的启发，SEGAN（Speech Enhancement Generative Adversarial Networks）将这种编码器 - 解码器的网络结构用于时域语音增强。两者的思路基本一致，但细节略有不同。生成器网络（又称为 G 网络）执行语音增强，它的输入是含噪语音信号以及潜在向量 z，输出是增强的语音信号。G 网络被设计为完全卷积的，没有密集层，这使得网络专注于输入信号和整个卷积层处理过程中的时间紧密相关性。SEGAN 生成器网络结构如图 9-7 所示，编码器每层通过对特征边缘补零和跨步卷积（Stride Convolution），使特征的大小逐层减半，同时通道数增加。之所以选择跨步卷积，是因为它在训练过程中比其他池化方法更稳定。编码器得到的中间特征 c 与潜在向量 z 拼接之后再进行解码。解码器每层通过反卷积使特征的大小逐层加倍，同时通道数降低，最后使输出的增强语音尺寸与输入的含噪语音尺寸一致。图 9-7 中蓝色框部分代表编码器卷积层下采样过程以及得到的特征大小，L 为初始输入语音特征尺寸，经过多个卷积层的尺寸变化为（$L/2$，$L/4$，$L/8$，$L/16$，$L/32$，…，L/M），其中，$M=2N$ 代表第 N 个卷积层中特征图大小缩小的倍数；k_1，k_2，…，k_N 分别代表每一个卷积层的参数。绿色框部分代表解码器反卷积层上采样的过程，是编码器的反向操作。网络中的跳跃连接作用也与 U-Net 完全一致。

2. 频域语音增强

这里信号采用短时傅里叶变换建模到时频域：

$$Y(n,f)=S(n,f)+V(n,f) \tag{9-25}$$

根据上文提到的训练目标的不同，频域语音增强的方法可以分为两类：基于映射的方法和基于掩蔽的方法。

（1）基于映射的方法　该方法和时域 U-Net 方法类似，只是训练对象从时域信号变成了经短时傅里叶变换后的时频域信号，训练目标为纯净语音的频谱特征，步骤为上文提到的语音增强算法通用步骤。在重构信号时，使用神经网络得到的纯净语音频谱估计，

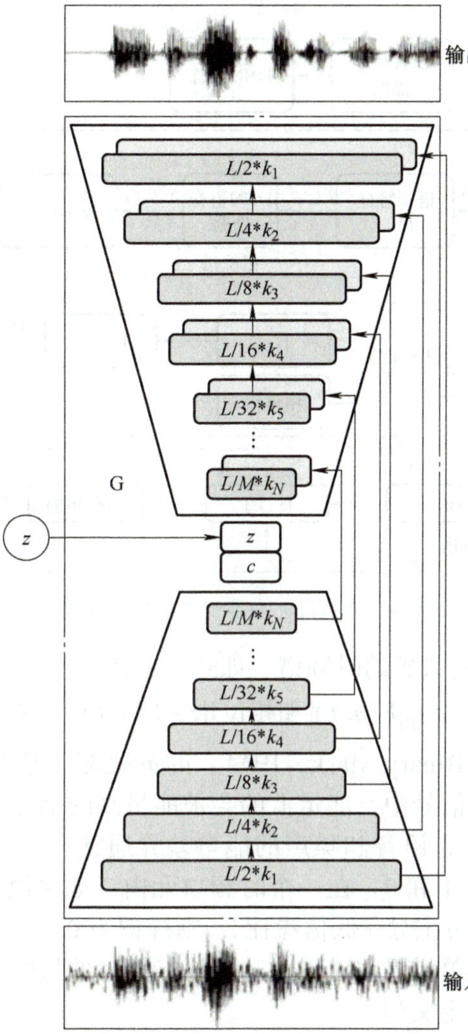

图 9-7　SEGAN 生成器网络结构

再经过后处理就能恢复为时域语音信号，还可以用第 9.2.2 节中的评价指标来评价增强性能。以对数功率谱为训练目标的基于映射的语音增强方法原理如图 9-8 所示，在训练阶段，从由含噪语音和纯净语音组成的数据集中提取对数功率谱，训练回归 DNN 模型。在增强阶段，将提取的含噪语音对数功率谱特征送入训练好的 DNN 模型，以生成增强的对数功率谱特征。图 9-8 中的虚线框内给出了语音特征提取及波形重构的原理，含噪语音做短时博里叶变换得到幅度谱和相位谱，对幅度谱平方取对数得到对数功率谱，由神经网络得到增强后的对数功率谱与原始相位谱相结合得到增强后语音信号的时频谱，最后作短时傅里叶逆变换得到重构的时域语音信号。

（2）基于掩蔽的方法　该方法与基于映射方法的步骤相似，差别在于这里的神经网络使用时频掩蔽作为训练目标。目前主流的基于掩蔽的方法有两种，一种是训练得到的掩蔽直接用于信号，如全子带融合模型（full-band and sub-band fusion model，FullSubNet），下文将会详述；另一种是将掩蔽用于一些特征（比如麦克风阵列的协方差矩阵），如第 9.4.3 小节的基于神经网络时频掩蔽的波束形成方法。下面首先具体介绍几种时频掩蔽。

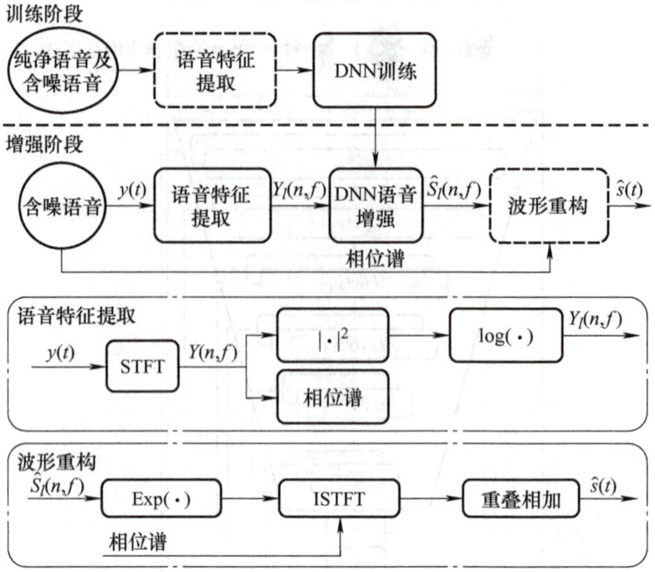

图 9-8　以对数功率谱为训练目标的基于映射的语音增强方法原理

由于 DNN 难以直接处理复数域的时频谱，如式（9-25），所以一种常见的方法是将时频谱分解为幅度谱 $|Y(n,f)|$、$|S(n,f)|$、$|V(n,f)|$ 和相位谱 $\angle Y(n,f)$、$\angle S(n,f)$、$\angle V(n,f)$。

1）理想二值掩蔽（Ideal Binary Mask，IBM）的灵感部分来源于人类听觉的掩蔽现象，即在两个频率相近的声音信号中，能量低的会被能量高的信号掩蔽。对于含噪语音语谱图上的一个具体的时频单元，语音和噪声的能量差异通常比较大，IBM 将连续的时频单元信噪比离散化为两种状态 1 和 0。在一个时频单元内：如果语音占主导（高信噪比），则被标记为 1；反之如果噪声占主导（低信噪比），则标记为 0。将 IBM 与含噪语音相乘，实际上就是将低信噪比的时频单元置零，以此达到语音增强的目的。

理想二值掩蔽（IBM）的定义为

$$\mathrm{IBM}(n,f)=\begin{cases}1, & \mathrm{SNR}(n,f)>\mathrm{LC}\\ 0 & others\end{cases} \tag{9-26}$$

式中，$\mathrm{SNR}(n,f)$ 是第 n 个时间帧和第 f 个频带上的信噪比；LC 是局部阈值标准（Local Criterion，LC）。

$\mathrm{SNR}(n,f)$ 可以直接从训练数据中得到，并与局部阈值标准作比较。在信号重构阶段，将通过神经网络训练得到的 IBM 估计记作 $\widehat{\mathrm{IBM}}(n,f)$，并通过式（9-27）得到增强语音的幅度谱估计

$$|\hat{S}(n,f)|=\widehat{\mathrm{IBM}}(n,f)Y(n,f) \tag{9-27}$$

式中，$|\hat{S}(n,f)|$ 是增强后语音的幅度谱 $|S(n,f)|$ 的估计值。

然后，使用短时傅里叶逆变换 $\mathrm{ISTFT}(\bullet)$ 重构的时域信号为

$$\hat{s}(t)=\mathrm{ISTFT}(|\hat{S}(n,f)|,\angle Y(n,f)) \tag{9-28}$$

式中，$\hat{s}(t)$ 是时域信号的估计值；$\angle Y(n,f)$ 是带噪语音的相位谱。

2）理想比值掩蔽（Ideal Ratio Mask，IRM）虽然已有很多研究证明二值掩蔽对机器和人类听觉改善有利，但是 IBM 只有 0 和 1 两种取值，对含噪语音的处理太过于简单，在处理过程中会引起语音失真。为克服这个缺陷，人们提出了 IRM，它的取值在 0 到 1 之间平滑变化。与 IBM 相比，IRM 与感知机制更接近，其定义为

$$\mathrm{IRM}(n,f)=\left(\frac{|S(n,f)|^2}{|S(n,f)|^2+|S(n,f)|^2}\right)^{\beta} \tag{9-29}$$

式中，β 是可调节参数。

β 可以对掩蔽进行缩放，当 $\beta=1$ 时，IRM 可以看作一个经典的维纳滤波器。在信号重构阶段，神经网络得到 IRM 的估计为 $\widehat{\mathrm{IRM}}(n,f)$，然后基于式（9-27）与式（9-28）中的方法重构语音，得到增强的时域语音信号。

3）复数理想比值掩蔽（complex Ideal Ratio Mask，cIRM）上述 IBM 和 IRM 都构建于“幅度谱 + 相位谱”的极坐标系中。当信噪比低于 0dB 时，噪声比纯净语音更大程度地影响含噪语音的相位谱，此时若使用含噪语音的相位谱重构时域信号会造成重构信号的信噪比下降。图 9-9a 和图 9-9b 分别给出了一段含噪语音信号时频谱的幅度谱与相位谱。从图 9-9b 可以看到，含噪语音的相位谱没有清晰的结构，很难直接用 DNN 进行拟合。

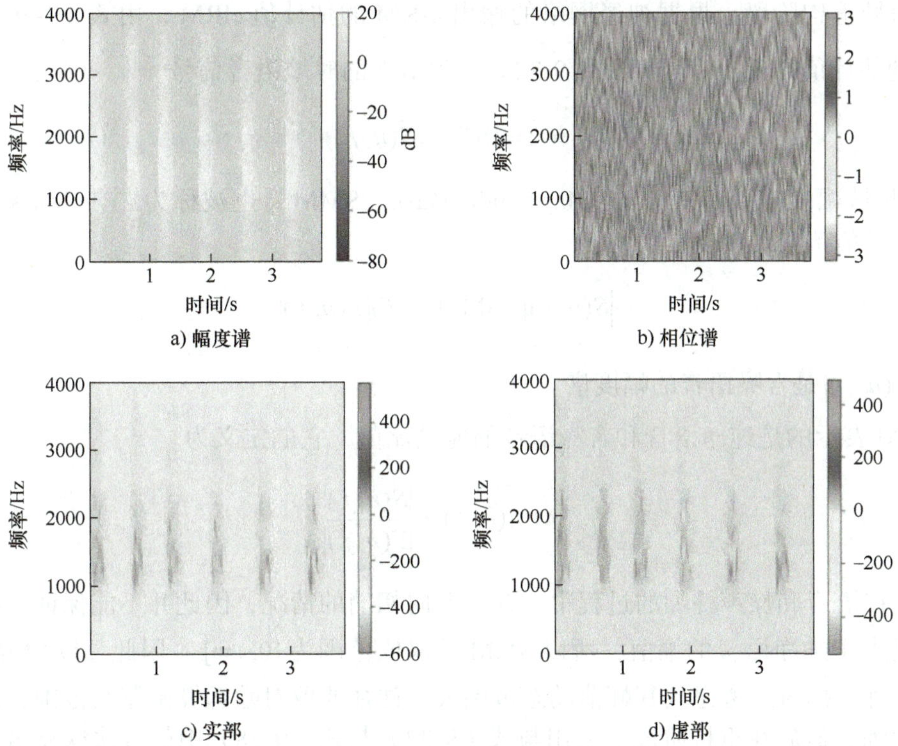

图 9-9　时频谱图

针对上述问题，Williamson 等人提出直接将时频谱分解为“实部 + 虚部”的直角坐标

系方案，将虚部也考虑在神经网络的输入特征里面，进一步提出 cIRM。图 9-9c 和图 9-9d 分别给出了同一段含噪语音信号时频谱的实部与虚部，可以看到，时频谱的实部和虚部具有与幅度谱类似的结构。以 cIRM 作为训练目标的优点是能同时增强时频谱的实部分量和虚部分量，而相位信息隐式地存在于实虚分量之间的相对关系中，弥补了频谱映射方法只增强幅度谱而没有增强相位谱的不足。

cIRM 能在理想情况下从嘈杂的语音中完美重建纯净语音

$$S(n,f)=\mathrm{cIRM}(n,f)*Y(n,f) \tag{9-30}$$

式中，$S(n,f)$ 是纯净语音的时频域表示；$Y(n,f)$ 是含噪语音的时频域表示；* 是复数乘法。

cIRM 的定义为

$$\mathrm{cIRM}=\frac{Y_rS_r+Y_iS_i}{Y_r^2+Y_i^2}+i\frac{Y_rS_i-Y_iS_r}{Y_r^2+Y_i^2} \tag{9-31}$$

式中，Y_r 是 $Y(n,f)$ 的实部；Y_i 是 $Y(n,f)$ 的虚部；S_r 是 $S(n,f)$ 的实部；S_i 是 $S(n,f)$ 的虚部。

因为复数域 cIRM 的取值范围较大，可能导致神经网络无法收敛。因此可以采用双曲正切压缩 cIRM，来限制掩蔽的取值范围。

在信号重构阶段，根据神经网络的输出 cIRM 的估计值 $\widehat{\mathrm{cIRM}}$，由式（9-30）可得到 $S(n,f)$ 的估计值 $\hat{S}(n,f)$，再由式（9-32）得到增强的时域语音信号

$$\hat{s}(t)=\mathrm{ISTFT}(\hat{S}(n,f)) \tag{9-32}$$

4）频域幅度掩蔽（Spectral Magnitude Mask，SMM）也被称为 FFT–Mask。纯净语音的幅度谱值可以用 SMM 描述为

$$|S(n,f)|=\mathrm{SMM}(n,f)|Y(n,f)| \tag{9-33}$$

式中，$|Y(n,f)|$ 是含噪语音的幅度谱。

SMM 表示的是纯净语音和含噪语音的能量比值，它的定义为

$$\mathrm{SMM}(n,f)=\frac{|S(n,f)|}{|Y(n,f)|} \tag{9-34}$$

由于在语音和噪声叠加的过程中，存在反向相消的情况，因此并不能保证带噪语音的幅值总是大于纯净语音的幅值，所以 SMM 的取值范围为 $[0,+\infty]$。因此，以 SMM 作为神经网络训练目标时，考虑到其幅值动态范围大，往往要取对数运算限制其范围，以便于稳定模型训练。最后在重构阶段，采用与式（9-27）与式（9-28）中的方法恢复语音，得到增强的时域语音信号。

5）相位敏感掩蔽（Phase Sensitive Mask，PSM）是在 SMM 的基础上引入纯净语音

与含噪语音的相位差的时频掩蔽，其定义为

$$\mathrm{PSM}(n,f)=\frac{|S(n,f)|}{|Y(n,f)|}\cos\theta(n,f) \tag{9-35}$$

式中，$\theta(n,f)$ 是该时频单元的纯净语音的相位与含噪语音的相位之差。

在信号重构阶段，神经网络输出的是 $\mathrm{PSM}(n,f)$ 的估计值 $\widehat{\mathrm{PSM}}(n,f)$，那么纯净语音的估计时频谱 $\hat{S}(n,f)$ 为

$$\hat{S}(n,f)=\widehat{\mathrm{PSM}}(n,f)Y(n,f) \tag{9-36}$$

再由短时傅里叶逆变换得到增强的时域语音信号。

6）信号近似（Signal Approximation，SA）除了上述分别以频谱映射或时频掩蔽为训练目标外，还有一种结合了比值掩蔽（Ratio Mask，RM）和频谱映射的训练目标，称为信号近似。基于 SA 的 DNN 方法学习混合信号频谱到 RM 的映射函数，这与基于 IRM 的方法类似。但与基于 IRM 的方法评估 IRM 与估计掩码之间的均方误差不同，基于 SA 的方法是评估目标语音频谱与估计频谱之间的均方误差，定义为

$$M_{\mathrm{SA}}(n,f)=(\mathrm{RM}(n,f)|Y(n,f)|-|S(n,f)|)^2 \tag{9-37}$$

式中，$\mathrm{RM}(n,f)$ 是由神经网络训练得到的比值掩蔽。

式（9-37）的物理含义是最小化估计语音与纯净语音之间的最小均方误差，估计语音由含噪幅度谱 $|Y(n,f)|$ 与 RM 的乘积表示。

上述为几种时频掩蔽的介绍。接下来介绍基于 cIRM 的全带 - 子带模型 FullSubNet。FullSubNet 包括纯全带模型 G_{full} 和纯子带模型 G_{sub}。基本工作流程如图 9-10 所示。

全带模型 G_{full} 以含噪全频带幅度谱特征序列 $\tilde{\boldsymbol{Y}}(n)$ 作为输入，$\tilde{\boldsymbol{Y}}(n)$ 由每个时间帧 n 对应的 F 点频率幅度谱 $|\boldsymbol{Y}(n)|$ 构成，表示为

$$\tilde{\boldsymbol{Y}}(n)=[|\boldsymbol{Y}(1)|,\cdots,|\boldsymbol{Y}(n)|,\cdots,|\boldsymbol{Y}(N)|] \tag{9-38}$$

$$|\boldsymbol{Y}(n)|=[|Y(n,0)|,\cdots,|Y(n,f)|,\cdots,|Y(n,F-1)|]^{\mathrm{T}}\in\mathbf{R}^F \tag{9-39}$$

式中，时间帧 n=1，…，N；频率 f=1，…，F。

G_{full} 可以捕获全局上下文信息，输出的尺寸与 $\tilde{\boldsymbol{Y}}(n)$ 大小相同，能为子带模型提供补充信息。子带模型 G_{sub} 根据含噪子带信号的信号平稳性、局部频谱模式以及全带模型 G_{full} 的输出来预测纯净目标语音。具体来说，取一个时频点 $|Y(n,f)|$ 以及其相邻的 $2\times M$ 个时频点作为子带单元，M 为每边相邻频率的个数。将子带单元与全带模型的输出连接起来，作为子带模型 G_{sub} 的输入，对于频率 f，子带模型输入 $\tilde{\boldsymbol{Y}}(f)$ 为

$$\tilde{\boldsymbol{Y}}(f)=[|\boldsymbol{Y}(1,f)|,\cdots,|\boldsymbol{Y}(n,f)|,\cdots,|\boldsymbol{Y}(N,f)|] \tag{9-40}$$

$$|\boldsymbol{Y}(n,f)|=[|Y(n,f-N)|,\cdots,|Y(n,f)|,\cdots,|Y(n,f+N)|,G_{\mathrm{full}}(|X(n,f)|)]^{\mathrm{T}} \tag{9-41}$$

式中，G_{full}（| $X(n,f)$ |）是全带模型一个时频点对应的输出；$\tilde{Y}(f)$ 由每个时间帧 n 对应的 $2M+2$ 维频率序列构成。

在序列 $\tilde{Y}(f)$ 中，信号随时间轴的时间演变反映了信号的平稳性，这是区分语音和相对平稳噪声的有效线索。由于全频带每个时间帧的输入频谱特征 $|\boldsymbol{Y}(n)|$ 包含 F 个频率，图 9-10 中展示了第 $n-1$ 和第 n 个时间帧的输入，用 $1(F)$ 表示，代表 1 个 F 维的序列，同尺寸的输出经过形状重塑变为 $F(1)$，代表 F 个 1 维序列。我们最终为 G_{sub} 生成 F 个独立的输入序列，每个序列的维数为 $2M+2$，在图 9-10 中用 $F(2M+2)$ 来表示。

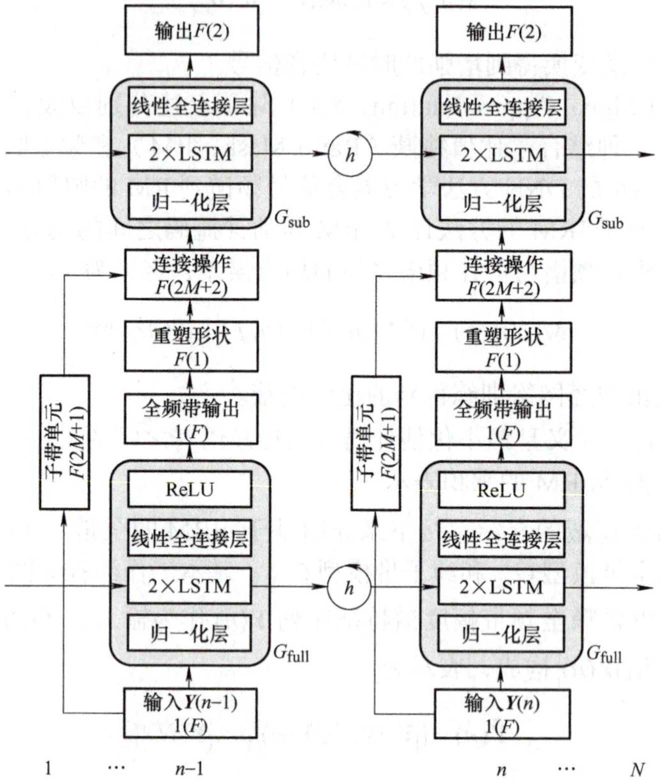

图 9-10　FullSubNet 模型基本工作流程

FullSubNet 模型的训练目标为 cIRM，对于一个时频点，将 cIRM 记作 $\boldsymbol{c}(n,f)\in\mathbf{R}^2$，在图 9-10 中用 $F(2)$ 表示。以 $\tilde{Y}(f)$ 为输入的子带模型输出为估计的 cIRM 序列：

$$\tilde{C}(n,f)=[\boldsymbol{c}(1,f),\cdots,\boldsymbol{c}(n,f),\cdots,\boldsymbol{c}(N,f)] \tag{9-42}$$

FullSubNet 中的全带和子带模型具有相同的模型结构，包括处理输入的归一化层，两个堆叠的单向 LSTM 层和一个线性全连接层。全带模型的 LSTM 每层包含 512 个隐藏单元，并使用 ReLU 作为输出层的激活函数。全频带模型在每个时间帧 n 输出一个 F 维向量，然后将子带单元按频率与该输出连接，形成式（9-40）所示的子带模型的输入序列，共生成 F 个 $2N+2$ 维序列。子带模型的 LSTM 每层使用 384 个隐藏单元，输出层不使用激活函数，输出为 F 个 2 维 cIRM 序列。同时模型支持输出延迟，能够在一个相当小的延迟内探索未来的信息。

9.4　多通道方法

9.4.1　信号模型与特征提取

1. 信号模型

多通道语音信号由麦克风阵列获取，利用多通道信号里面包含的信号空间信息可以达到更好的语音增强效果。

在麦克风阵列中，导向矢量是一个重要的概念。导向矢量是描述信号源与阵元之间方向、信号传播到不同阵元的时间和相位差异的向量，它用于计算不同波达方向信号的阵列响应。导向矢量与麦克风阵列的几何结构、信号波达方向以及信号的频率等有关。

考虑一个由 M 个阵元组成的阵列，麦克风接收信号由 Q 个信号 $s_1(t)$，…，$s_Q(t)$ 组成，导向矢量矩阵 $\boldsymbol{A}(\boldsymbol{\theta})$ 可以表示为

$$\boldsymbol{A}(\boldsymbol{\theta})=\begin{bmatrix} g_1(\theta_1)\mathrm{e}^{\mathrm{j}\varphi_{1,1}} & \cdots & g_1(\theta_1)\mathrm{e}^{\mathrm{j}\varphi_{Q,1}} \\ \vdots & & \vdots \\ g_M(\theta_1)\mathrm{e}^{\mathrm{j}\varphi_{1,M}} & \cdots & g_M(\theta_Q)\mathrm{e}^{\mathrm{j}\varphi_{Q,M}} \end{bmatrix} \tag{9-43}$$

式中，$\boldsymbol{A}(\boldsymbol{\theta})$ 是导向矢量矩阵；$g_m(\theta_q)$ 是第 m 个阵元在第 q 个信号方向上的增益；$\varphi_{q,m}$ 是第 m 个阵元在第 q 个信号方向上的相位变化。

本节我们只考虑远场情况下的均匀线阵，以第一个麦克风为参考点，导向矢量可以表示为

$$\boldsymbol{a}(\theta_s)=\left[1,\mathrm{e}^{-\mathrm{j}\frac{2\pi d\sin\theta_s}{\lambda}},\cdots,\mathrm{e}^{-\mathrm{j}\frac{2\pi d(M-1)\sin\theta_s}{\lambda}}\right]^{\mathrm{T}} \tag{9-44}$$

式中，θ_s 是信号的入射角；d 是麦克风阵元之间的间距；λ 是信号的波长。

在第 t 个时间索引记麦克风阵列接收信号为

$$\boldsymbol{y}(t)=\boldsymbol{A}(\theta)\boldsymbol{s}(t)+\boldsymbol{v}(t) \tag{9-45}$$

式中，$\boldsymbol{y}(t)=[y_1(t),y_2(t),\cdots,y_{\mathrm{M}}(t)]^{\mathrm{T}}$ 是阵列接收信号矢量；$\boldsymbol{s}(t)=[s_1(t),s_2(t),\cdots,s_Q(t)]^{\mathrm{T}}$ 是入射信号矢量；$\boldsymbol{A}(\theta)=[\boldsymbol{a}(\theta_1),\boldsymbol{a}(\theta_2),\cdots,\boldsymbol{a}(\theta_Q)]$ 是导向矢量矩阵；$\boldsymbol{v}(t)=[v_1(t),v_2(t),\cdots,v_M(t)]^{\mathrm{T}}$ 是噪声信号矢量。

2. 特征提取

对语音信号进行分析，首先要提取出可表示该语音本质的特征参数。有了特征参数才能利用这些特征参数进行有效的处理，特征参数的准确性和唯一性将直接影响语音增强的效果。

在基于数字信号处理的语音增强方法中常见的特征有时域特征、频域特征。时域特

征提取是基于语音信号在时间上的统计分析，以揭示其整体特征。常用的时域特征有：均值，指信号的平均值，反映信号的整体水平；峰值，指信号的最大值，用于表示信号的最强部分。频域特征提取通过短时傅里叶变换将信号从时域转换到频域，以获取其频谱信息。常见的频域特征包括：频谱能量，指不同频率分量的能量分布；频谱宽度，指频率分布范围。

基于深度学习的语音增强方法中，常见特征有双耳时间差（Interaural Time Differences，ITD）、双耳声级差（Interaural Level/Intensity Differences，LD/IID）、双耳相位差（Interaural Phase Difference，IPD）等，这些空间特征可以和语音信号的频谱特征组合在一起作为语音增强神经网络的输入。

在第 t 个时间索引，记 $y_l(t)$ 、$y_r(t)$ 分别为左、右通道接收信号，$Y_l(n,f)$ 、$Y_r(n,f)$ 为左、右通道信号经短时傅里叶变换转换到频域。

双耳时间差指声音到达两只耳朵的时间差异，是人类定位声源位置的一种重要机制，也是立体听觉的基础之一。尽管时间差通常非常微小，但人类的听觉系统却能够准确地捕捉并处理这些信息，从而判断声源的大致方向，其表达式为

$$\mathrm{ITD}(n,f)=\frac{\angle Y_l(n,f)-\angle Y_r(n,f)}{2\pi f} \tag{9-46}$$

式中，$\angle$ 是时频单元的相位角。

双耳声级差指同一声源发出的声音到达两只耳朵的声压级会有所不同，靠近一侧的耳朵会接收到更高声压级的声音，而远离声源的耳朵则接收到较低声压级的声音。这种差异被听觉系统捕捉并处理，其表达式为

$$\mathrm{LTD}(n,f)=10\log_{10}\frac{\left|Y_l(n,f)\right|^2}{\left|Y_r(n,f)\right|^2} \tag{9-47}$$

式中，$|\bullet|$ 是取时频点的幅值。

双耳相位差指声源发出的声音在空气中以声波的形式传播。当声音到达听者的两只耳朵时，由于声源与两只耳朵之间的距离不同，同一瞬间的声音波形在两只耳朵处的相位可能会有所不同，其表达式为

$$\mathrm{IPD}(n,f)=\sin(\angle Y_l(n,f)-\angle Y_r(n,f)) \tag{9-48}$$

9.4.2 基于数字信号处理的波束形成方法

本节介绍利用波束形成方法进行语音增强，波束形成方法的基本思想如图 9-11 所示。其中 S 表示目标声源，V 表示干扰声源。目标声源和干扰声源假设为远场情况，即声波的传播可以用平面波近似表示。L 表示相邻麦克风之间的距离，T_d 表示相邻麦克风接收到目标信号的时间延迟，与目标信号入射角度有关。通过麦克风阵列内部元件抵消时间延迟可以使不同麦克风接收到的目标信号波形在时间上对齐，再将每个麦克风接收信号相加即可实现对目标信号的增强。假设干扰声源 V 的入射角度不会在不同的麦克风引入时间延迟，通过麦克风阵列内部元件后不同麦克风接收到的干扰信号波形在时间上相反，再将每个麦

克风接收信号相加即可实现对干扰信号的抑制。

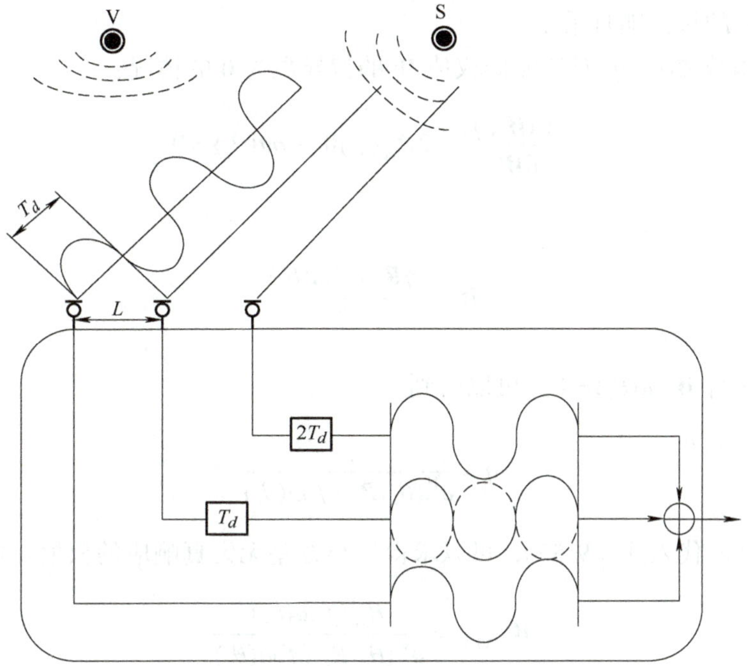

图 9-11　波束形成方法的基本思想

1. 最小方差无失真响应波束形成方法

本节介绍最小方差无失真响应（Minimum Variance Distortionless Response，MVDR）波束形成方法，最小方差无失真响应波束形成语音增强方法的核心思想是在最小化麦克风阵列输出功率的同时，保持目标方向上的信号完整性，并且抑制噪声和其他方向的干扰信号。基于这个准则求得波束形成滤波器，应用于麦克风阵列接收到的信号，得到增强后的输出信号。

经过短时傅里叶变换，（9-45）式可以表示为

$$\boldsymbol{Y}(n,f)=\boldsymbol{A}(\theta)\boldsymbol{S}(n,f)+\boldsymbol{V}(n,f) \tag{9-49}$$

式中，$\boldsymbol{Y}(n,f)$ 是 $\boldsymbol{y}(t)$ 经短时傅里叶变换转换到时频域；$\boldsymbol{S}(n,f)$ 是 $\boldsymbol{s}(t)$ 经短时傅里叶变换转换到时频域；$\boldsymbol{V}(n,f)$ 是 $\boldsymbol{v}(t)$ 经短时傅里叶变换转换到时频域。

MVDR 波束形成滤波器的准则可以表示为

$$\min_{w}\boldsymbol{W}^{\mathrm{H}}\boldsymbol{R}_{yy}(f)\boldsymbol{W} \quad s.t.\ \boldsymbol{W}^{\mathrm{H}}\boldsymbol{a}(\theta_s)=1 \tag{9-50}$$

式中，$\boldsymbol{a}(\theta_s)$ 是目标信号方向的导向矢量；θ_s 是目标信号的入射角；$\boldsymbol{W}$ 是 MVDR 波束形成滤波器的权值最优解；$\boldsymbol{R}_{yy}(f)$ 是阵列接收信号的协方差矩阵。

使用拉格朗日乘子法，可以求得最小方差无失真响应的权值最优解，所谓拉格朗日乘子法，就是引入拉格朗日乘子将上述约束最小化问题转化为无约束问题。使用拉格朗日乘子法构造目标函数为

$$\mathcal{L}(\boldsymbol{W},\eta)=\boldsymbol{W}^{\mathrm{H}}\boldsymbol{R}_{yy}(f)\boldsymbol{W}-\eta[\boldsymbol{W}^{\mathrm{H}}\boldsymbol{a}(\theta_s)-1] \tag{9-51}$$

式中，η是引入的拉格朗日乘子。

考虑目标函数$\mathcal{L}(\boldsymbol{W},\eta)$对滤波器权值$\boldsymbol{W}$的偏导数为0的情况：

$$\frac{\partial\mathcal{L}(\boldsymbol{W},\eta)}{\partial\boldsymbol{W}}=2\boldsymbol{R}_{yy}(f)\boldsymbol{W}-\eta\boldsymbol{a}(\theta_s)=0 \tag{9-52}$$

可以求得

$$\boldsymbol{W}=\frac{\eta\boldsymbol{R}_{yy}^{-1}(f)\boldsymbol{a}(\theta_s)}{2} \tag{9-53}$$

根据约束条件$\boldsymbol{W}^{\mathrm{H}}\boldsymbol{a}(\theta_s)=1$，可以得到

$$\eta=\frac{2}{\boldsymbol{a}^{\mathrm{H}}(\theta_s)\boldsymbol{R}_{yy}^{-1}(f)\boldsymbol{a}(\theta_s)} \tag{9-54}$$

将式（9-54）代入式（9-53），可以求得最小方差无失真响应的权值最优解为

$$\boldsymbol{W}_{\mathrm{MVDR}}=\frac{\boldsymbol{R}_{yy}^{-1}(f)\boldsymbol{a}(\theta_s)}{\boldsymbol{a}^{\mathrm{H}}(\theta_s)\boldsymbol{R}_{yy}^{-1}(f)\boldsymbol{a}(\theta_s)} \tag{9-55}$$

由此可得期望信号$\hat{s}(t)$的频域估计值为

$$\hat{S}(n,f)=\boldsymbol{W}_{\mathrm{MVDR}}^{\mathrm{H}}\boldsymbol{Y}(n,f) \tag{9-56}$$

再由短时傅里叶逆变换得到增强后语音的时域信号。

图9-12展示了最小方差无失真响应波束形成方法语音增强的流程。

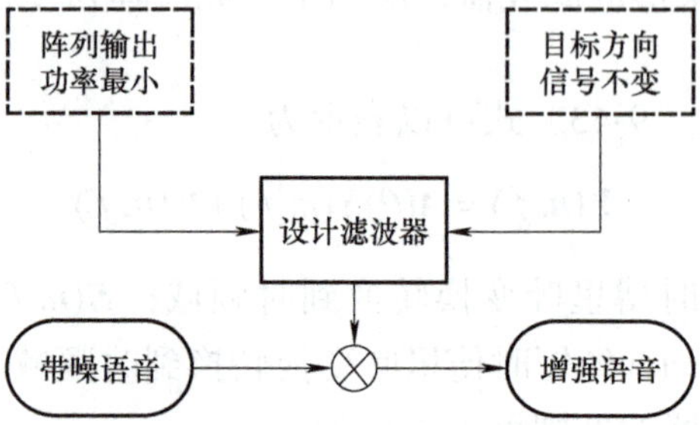

图9-12　最小方差无失真响应波束形成方法语音增强的流程

2. 线性约束最小方差波束形成方法

本节介绍线性约束最小方差（Linearly Constrained Minimum Variance，LCMV）波束形成方法，线性约束最小方差波束形成语音增强方法的核心思想同样是提取目标方向的信号，并使经过波束形成滤波器输出的信号中来自于与目标信号方向不同方向的其他干扰信号或噪声的功率最小化。基于这个准则求得波束形成滤波器，应用于麦克风阵列接收到的语音信号，得到增强后的输出信号。

LCMV 波束形成滤波器的准则可以表示为

$$\min_{W} \boldsymbol{W}^{\mathrm{H}} \boldsymbol{R}_{yy}(f) \boldsymbol{W} \quad \text{s.t. } \boldsymbol{C}^{\mathrm{H}} \boldsymbol{W} = \boldsymbol{u} \tag{9-57}$$

式中，$\boldsymbol{u}=[u_1,u_2,\cdots,u_Q]^{\mathrm{T}}$ 是约束值矢量；u_q 是第 q 个信号对应的约束值；$\boldsymbol{C}=[\boldsymbol{a}(\theta_1), \boldsymbol{a}(\theta_2),\cdots,\boldsymbol{a}(\theta_Q)]$ 是约束矩阵；$\boldsymbol{a}(\theta_q)$ 是第 q 个信号对应的导向矢量；θ_q 是第 q 个信号的入射角度；$\boldsymbol{W}$ 是 LCMV 波束形成滤波器的权值最优解；$\boldsymbol{R}_{yy}(f)$ 是阵列接收信号的协方差矩阵。

式（9-57）中第 q 个信号可能为目标信号也可能为干扰信号，当第 q 个信号为目标信号时约束值 u_q=1，保持目标信号方向上的信号完整性；当第 q 个信号为干扰信号时约束值 u_q=0，实现干扰信号的抑制。

与 MVDR 波束形成算法相同，LCMV 同样使用拉格朗日乘子法，求得线性约束最小方差方法的权值最优解为

$$\boldsymbol{W}_{\mathrm{LCMV}} = \boldsymbol{R}_{yy}^{-1}(f)\boldsymbol{C}[\boldsymbol{C}^{\mathrm{H}}\boldsymbol{R}_{yy}^{-1}(f)\boldsymbol{C}]^{-1}\boldsymbol{u} \tag{9-58}$$

由此可得期望信号 $\hat{s}(t)$ 的频域估计值为

$$\hat{S}(n,f) = \boldsymbol{W}_{\mathrm{LCMV}}^{\mathrm{H}} \boldsymbol{Y}(n,f) \tag{9-59}$$

再由短时傅里叶逆变换得到增强后语音的时域信号。

图 9-13 展示了线性约束最小方差波束形成方法语音增强的流程。从图中可以看出与 MVDR 波束形成方法相比 LCMV 波束形成方法增加了噪声方向信号抑制，LCMV 波束形成算法可以看作 MVDR 波束形成算法的扩展形式，将 MVDR 中的一个约束条件扩展为一组约束条件。当 LCMV 波束形成算法中约束值矢量为 1，约束矩阵由一个目标信号方向的导向矢量组成时，LCMV 波束形成算法变为 MVDR 波束形成算法。

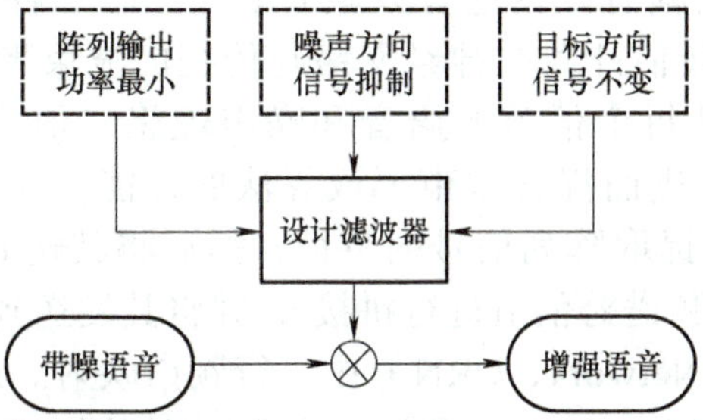

图 9-13　线性约束最小方差波束形成方法语音增强的流程

9.4.3　基于神经网络时频掩蔽的波束形成方法

本节介绍利用神经网络估计语音掩蔽和噪声掩蔽，通过掩蔽结果进行噪声协方差矩阵估计，并将估计得到的协方差矩阵应用到 MVDR 的权值最优解的计算中。时频掩蔽是语音增强神经网络中常用的训练目标之一，基于纯净语音和噪声之间时频差异的分析，通过计算每个时频单元的掩蔽值，然后将掩蔽值与麦克风接收信号相乘达到增强语音信号、抑

制噪声的目的。常用的时频掩蔽有理想二值掩蔽（Ideal Binary Mask，IBM），理想比值掩蔽（Ideal Ratio Mask，IRM）等（见第 9.2.3 节）。

以 IRM 为例，在训练阶段神经网络以 IRM 为训练目标。在测试阶段，神经网络输出 $\mathrm{IRM}(n,f)$ 的估计值 $\widehat{\mathrm{IRM}}(n,f)$。使用估计得到的掩蔽值进行语音和噪声的自相关矩阵的估计为

$$\hat{\boldsymbol{R}}_{xx}(f)=\frac{1}{\Sigma_t\eta(n,f)}\Sigma_t\eta(n,f)Y(n,f)Y^{\mathrm{H}}(n,f) \tag{9-60}$$

$$\hat{\boldsymbol{R}}_{vv}(f)=\frac{1}{\Sigma_t\xi(n,f)}\Sigma_t\xi(n,f)Y(n,f)Y^{\mathrm{H}}(n,f) \tag{9-61}$$

式中，$\hat{\boldsymbol{R}}_{xx}(f)$ 是估计得到的语音自相关矩阵；$\hat{\boldsymbol{R}}_{vv}(f)$ 是估计得到的噪声自相关矩阵。

其中 $\eta(n,f)$ 和 $\xi(n,f)$ 定义为

$$\eta(n,f)=\prod_{m=1}^{M}\widehat{\mathrm{IRM}}_m(n,f) \tag{9-62}$$

$$\xi(n,f)=\prod_{m=1}^{M}(1-\widehat{\mathrm{IRM}}_m(n,f)) \tag{9-63}$$

式中，m 是当前计算的麦克风通道；M 是麦克风通道总数。

将估计得到的自相关矩阵代入式（9-55），计算得到权值最优解。

9.4.4　基于神经网络的多通道语音增强方法

基于神经网络的多通道语音增强方法利用空间信息取得比单通道神经网络方法更好的语音增强效果。由于篇幅有限，这里只做简要介绍。一种主流的方法被称为 Neural Beamforming，将基于掩蔽估计器的神经网络与传统的波束形成器相结合（如 Heymann 等提出用双向 LSTM 估计每个信道的语音和噪声理想二值掩蔽），用于更准确地估计阵列信号的协方差矩阵，进而提升波束形成算法的性能。还有一些研究工作遵循“提取 - 融合”模式，即首先提取阵列信号的特征，然后将其送到用于增强的网络（如 Tan 等人提出将不同麦克风的频谱跨信道进行拼接），并将其发送到密集连接的卷积递归网络（Convolutional Recurrent Network，CRN）中进行频谱映射。此外，Gu 等人联合优化了复频域的掩蔽估计器和 MVDR 波束形成器，以减少网络引入的非线性语音失真。最近还有一些将全带与子带相结合的工作，如 Li 等人提出的空间网络（Spatial Network），充分利用子带（窄带）和全带（跨带）的空间信息进行多通道语音分离、去噪和去混响的联合任务。

接下来我们介绍一种可用于多通道语音增强任务的新型的时域语音分离网络（Time-Domain Audio Separation Network，TasNet），名为波束导向 TasNet（Beam-Guided TasNet），它是在波束 Tas-Net（Beam-TasNet）的基础上被提出的。我们先简要介绍一下 Beam-TasNet，Beam-TasNet 提出了一个将多通道卷积 TasNet（Multi-Channel Convolutional

TasNet，MC-Conv-TasNet）与 MVDR 波束形成相结合的框架，它将经典的多通道语音处理框架中的信号估计和波束形成方法与数据驱动的深度学习方法相结合，利用 MC-Conv-TasNet 的强大建模能力来精确估计语音统计信息，进而增强 MVDR 波束形成的性能，最终显著提升语音分离的性能。

Beam-TasNet 主要由 MC-Conv-TasNet、置换求解器和 MVDR 波束形成器组成。假设 M 个麦克风接收来自 Q 个源的混合语音信号（包含噪声和目标语音），我们将多通道输入记为 $\{y_m\}_m$ ，表示沿通道 $m=1,\cdots,M$ 的 y_m 集合，其中 y_m 为单个麦克风接收的 Q 个源的信号和，定义为

$$y_m = \sum_{q=1}^{Q} x_{q,m} \tag{9-64}$$

式中，$x_{q,m}$ 是第 m 个麦克风接收到的第 q 个源的信号，可能为目标语音或噪声，需要进行分离操作。MC-Conv-TasNet 利用并行编码器（ParEnc）将输入的多通道信号编码成二维时间谱表示，记为

$$R_m = \text{ParEnc}(\{y_m\}_m, \hat{m}) \tag{9-65}$$

式中，最后的 $\hat{m}$ 是参考通道。MC-Conv-TasNet 使用不同的通道顺序来获得参考通道的时间谱表示，例如，R_1 用于通道顺序 [1，2，3，4]，R_4 用于通道顺序 [4，1，2，3]。为了获得估计的信号，MC-Conv-TasNet 需要运行 M 次。

分离器（Separator）估计得到来自不同源的时间谱掩蔽集合，记为

$$\{\hat{A}_{q,m}\}_q = \text{Sep}(R_m) \tag{9-66}$$

解码器（Decoder）恢复单个源参考通道的语音波形为

$$\hat{z}_{q,m} = \text{Dec}(\hat{A}_{q,m} \odot R_m) \tag{9-67}$$

式中，$\odot$ 是点乘。接着排列求解器通过比较第一个通道输出与其他通道输出的相似性来确定源的顺序。然后 MVDR 波束形成器接受重新排序的估计语音并计算每个源的空间协方差矩阵（Spatial Correlation Matrices，SCMs），以得到增强的语音信号

$$\hat{s}_{q,m} = \text{MVDR}(\boldsymbol{\Phi}_f^{\text{Target}_q}, \boldsymbol{\Phi}_f^{\text{Interfer}_q}, m)^{\text{H}} y_{n,f} \tag{9-68}$$

式中，$\boldsymbol{\Phi}_f^{\text{Target}_q}$ 是目标语音的 SCMs；$\boldsymbol{\Phi}_f^{\text{Interfer}_q}$ 是干扰信号的 SCMs；$y_{n,f}$ 是 $\{y_m\}_m$ 经短时傅里叶变换转换到时频域；$(\bullet)^{\text{H}}$ 是共轭转置。此时参考通道由一个 one-hot 向量表示。

将上述估计参考通道信号的架构称为“多通道输入单通道多源输出”（Multi-Channel Input and Single-Channel Multi-Source Output，MISMO）。而 Beam-Guided TasNet 采用了一种“多通道输入多通道多源输出”（Multi-Channel Input and Multi-Channel Multi-Source Output，MIMMO）的架构，MC-Conv-TasNet 需要运行一次即可获得所有源和通道的估计信号。这样 MC-Conv-TasNet 和 MVDR 能在一个有向循环流中更紧密地相互作用和促进。具体来说，该框架利用两个连续的 Beam-TasNets 进行两阶段处理，如图 9-14

所示。第一阶段记为 Beam-TasNet[1]，它使用 MC-Conv-TasNet 和 MVDR 波束形成来执行盲源分离⊖（Blind Source Separation，BSS）。第二阶段记为 Beam-TasNet[2]，由 MVDR 波束形成得到的信号引导 MC-Conv-TasNet 迭代细化分离信号，旨在达到基于 MVDR 方法的性能上界。其中第二阶段的 MC-Conv-TasNet 的并行编码器接受 $(M+Q\times M)$ 个通道，包括原始输入的 M 个通道混合语音和第一阶段分离后经过 MVDR 的 Q 个源的 M 个通道的语音信号。

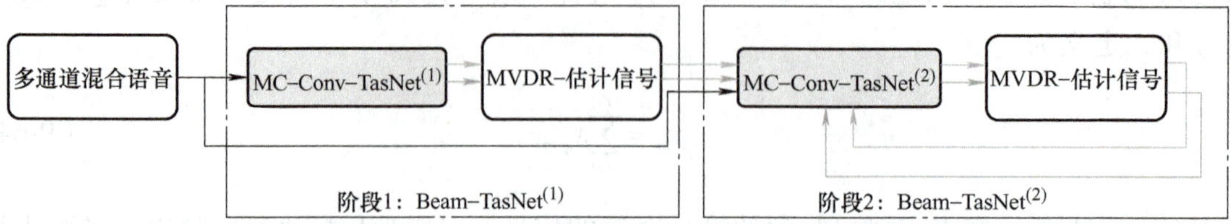

图 9-14　两个连续的 Beam-Guided TasNet 两阶段处理

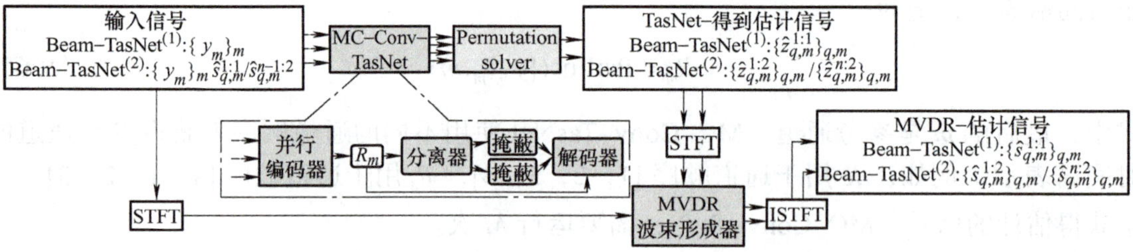

图 9-15　Beam-Guided TasNet 实现语音增强的过程

整个 Beam-Guided TasNet 实现语音增强的过程如图 9-15 所示。首先将混合信号输入 Beam-TasNet$^{(1)}$，获得增强的单源信号为

$$\{\hat{s}_{q,m}^{(1:1)}\}_{q,m}=\text{Beam}-\text{TasNet}^{(1)}(\{y_m\}_m) \tag{9-69}$$

式中，$\{\bullet\}_{q,m}$ 表示所有源和通道的集合。

第二阶段使用 Beam-TasNet$^{(2)}$ 接收 $\hat{s}_{q,m}^{(1:1)}$ 和 y_m 去生成

$$\{\hat{s}_{q,m}^{(1:2)}\}_{q,m}=\text{Beam}-\text{TasNet}^{(2)}(\{y_m\}_m,\{\hat{s}_{q,m}^{(1:1)}\}_{q,m}) \tag{9-70}$$

式中，$(\bullet)^{(1:2)}$ 是该信号由第一次迭代中的第二阶段产生的。第二阶段可以迭代地接收 $\hat{s}_{q,m}^{(n-1:2)}$，并生成

$$\{\hat{s}_{q,m}^{(n:2)}\}_{q,m}=\text{Beam}-\text{TasNet}^{(2)}(\{y_m\}_m,\{\hat{s}_{q,m}^{(n-1:2)}\}_{q,m}) \tag{9-71}$$

式中，$n=2,3,\cdots$，表示迭代次数。

总之，MIMMO 的框架使我们可以一次推断出所有信道的分离信号，因此我们可以端到端地训练整个网络。

⊖ 由于篇幅有限，盲源分离技术将在下一章节详细解释。

9.5 混响环境下的语音信号增强方法

9.5.1 信号模型

声音在房间内传播时，会通过墙壁或房间内存在的其他障碍物反射后被麦克风接收。此时麦克风采入的信号包含两类成分：一类是直达声，另一类则是反射声。直达声通常是指声音没有经过任何反射，从声源直接传达到麦克风的声音；而后者则是经过了不同次数的反射后被麦克风所接收，这部分通常被称为混响。

麦克风阵列由 M 个麦克风组成，在第 t 个时间索引，记麦克风阵列接收混响信号为

$$\boldsymbol{y}(t)=s(t)\boldsymbol{h}(t) \tag{9-72}$$

式中，$\boldsymbol{y}(t)=[y_1(t),y_2(t),\cdots,y_M(t)]^{\mathrm{T}}$ 是麦克风阵列接收混响信号；$y_m(t)=\sum_{k=0}^{L_h-1}h_m(k)s(t-k)$ 是第 m 个麦克风接收信号；$s(t)$ 是纯净语音；$\boldsymbol{h}(t)=[h_1(t),h_2(t),\cdots,h_M(t)]^{\mathrm{T}}$，$h_m(t)$ 是声源与第 m 个麦克风之间长度 L_h 的房间脉冲响应（Room Impulse Responses，RIR）。

RIR 可划分为三个部分：直达声、早期混响以及晚期混响。直达声通常表示声源与麦克风之间没有经过任何反射；早期混响则是经过少量反射，能量损失较少，通常定义为直达路径之后 50ms 以内的成分，这一部分通常情况下会被人耳听觉系统整合在一起；而在这之后的部分便被划分为晚期混响，此部分往往经过了多次反射，时间有较长延迟，能量也有大幅衰减。实验表明保留一部分的早期混响可以提高语音可懂度等指标，所以在语音增强任务中，一般都以去晚期混响为主。本节我们介绍去晚期混响的主流方法之一：加权预测误差（Weighted Prediction Error，WPE）。

9.5.2 WPE 去混响方法

在第 t 个时间索引麦克风接收信号可以表示为

$$\boldsymbol{y}(t)=\boldsymbol{x}^{\mathrm{early}}(t)+\boldsymbol{x}^{\mathrm{late}}(t) \tag{9-73}$$

式中，$\boldsymbol{y}(t)$ 是麦克风阵列接收信号；$\boldsymbol{x}^{\mathrm{early}}(t)$ 是直达声和早期混响部分；$\boldsymbol{x}^{\mathrm{late}}(t)$ 是晚期混响部分。

经过短时傅里叶变换，第 n 帧第 f 个频点可以表示为

$$\boldsymbol{Y}(n,f)=\boldsymbol{X}^{\mathrm{early}}(n,f)+\boldsymbol{X}^{\mathrm{late}}(n,f) \tag{9-74}$$

式中，$\boldsymbol{Y}(n,f)=[Y_1(n,f),Y_2(n,f),\cdots,Y_M(n,f)]^{\mathrm{T}}$，$Y_m(n,f)$ 是第 m 个麦克风处接收信号；$\boldsymbol{X}^{\mathrm{early}}(n,f)=[X_1^{\mathrm{early}}(n,f),X_2^{\mathrm{early}}(n,f),\cdots,X_M^{\mathrm{early}}(n,f)]^{\mathrm{T}}$，$X_m^{\mathrm{early}}(n,f)$ 是第 m 个麦克风处接收信号中的早期混响部分；$\boldsymbol{X}^{\mathrm{late}}(n,f)=[X_1^{\mathrm{late}}(n,f),X_2^{\mathrm{late}}(n,f),\cdots,X_M^{\mathrm{late}}(n,f)]^{\mathrm{T}}$，$X_m^{\mathrm{late}}(n,f)$ 是第 m 个麦克风处接收信号中的晚期混响部分。

使用线性滤波器估计得到晚期混响为

$$\hat{X}_1^{\text{late}}(n,f)=\boldsymbol{g}^{\mathrm{H}}\overline{\boldsymbol{Y}}(n,f) \tag{9-75}$$

式中，$\hat{X}_1^{\text{late}}(n,f)$ 是第一个麦克风信号的晚期混响成分估计值；$\boldsymbol{g}$ 是对应的线性滤波器；$\overline{\boldsymbol{Y}}(n,f)=[\boldsymbol{Y}^{\mathrm{T}}(n-\tau,f),\ \boldsymbol{Y}^{\mathrm{T}}(n-\tau-1,f),\cdots,\boldsymbol{Y}^{\mathrm{T}}(n-\tau-K+1,f)]^{\mathrm{T}}$ 是麦克风阵列接收信号的堆叠矩阵；τ 是晚期混响开始的帧序号；K 是线性滤波器阶数。

第一个麦克风信号的早期成分可以估计为

$$\begin{aligned}\hat{X}_1^{\text{early}}(n,f)&=Y_1(n,f)-\hat{X}_1^{\text{late}}(n,f)\\&=Y_1(n,f)-\boldsymbol{g}^{\mathrm{H}}\overline{\boldsymbol{Y}}(n,f)\end{aligned} \tag{9-76}$$

通常假设早期成分中早期混响可以忽略，所以 $\hat{x}_1^{\text{early}}(n,f)$ 也可以认为是去混响后语音信号的估计值 $\hat{S}(n,f)$。假设 $\hat{S}(n,f)$ 服从均值为零，方差为 $\lambda(n,f)$ 的复高斯分布，即 $\hat{S}(n,f)\sim\mathcal{N}_c\{0,\lambda(n,f)\}$。去混响信号 $\hat{S}(n,f)$ 的概率密度函数可以表示为

$$p(\hat{S}(n,f))=\frac{1}{2\pi\lambda(n,f)}\mathrm{e}^{-\frac{\left|\hat{S}(n,f)\right|^2}{2\lambda(n,f)}} \tag{9-77}$$

式中，$\lambda(n,f)$ 表示去混响信号 $\hat{S}(n,f)$ 的方差。

基于极大似然准则，可将第 f 个频带的似然函数表示为

$$\begin{aligned}\mathcal{L}(\boldsymbol{g},\boldsymbol{\lambda})&=\max_{\boldsymbol{g},\boldsymbol{\lambda}}\prod_{n=1}^{N}p(\hat{S}(n,f))\\&=\max_{\boldsymbol{g},\boldsymbol{\lambda}}\prod_{n=1}^{N}\frac{1}{2\pi\lambda(n,f)}\mathrm{e}^{-\frac{\left|Y_1(n,f)-\boldsymbol{g}^{\mathrm{H}}\overline{\boldsymbol{Y}}(n,f)\right|^2}{2\lambda(n,f)}}\end{aligned} \tag{9-78}$$

式中，N 是该频带选取的最大帧数；$\boldsymbol{\lambda}=[\lambda(1,f),\cdots,\lambda(n,f),\cdots,\lambda(N,f)]$ 是时变方差向量。

对上式取负对数并忽略常数项，可以将目标函数进一步写为

$$\overline{\mathcal{L}}(\boldsymbol{g},\boldsymbol{\lambda})=\min_{\boldsymbol{g},\boldsymbol{\lambda}}\sum_{n=1}^{N}\left\{\ln[2\pi\lambda(n,f)]+\frac{\left|Y_1(n,f)-\boldsymbol{g}^{\mathrm{H}}\overline{\boldsymbol{Y}}(n,f)\right|^2}{2\lambda(n,f)}\right\} \tag{9-79}$$

式（9-79）是关于两个未知量的联合最小化问题，不能直接对该函数进行最小化，为了解决这一问题，本文采用了两步迭代优化算法。首先假设方差 $\lambda(n,f)$ 已知，将上式对 $\boldsymbol{g}$ 求导并令其等于零。

可求解得

$$\boldsymbol{g}=\left(\sum_{n=1}^{N}\frac{\overline{\boldsymbol{Y}}(n,f)\overline{\boldsymbol{Y}}^{\mathrm{H}}(n,f)}{\lambda(n,f)}\right)^{-1}\left(\sum_{n=1}^{N}\frac{\overline{\boldsymbol{Y}}(n,f)Y_1^{*}(n,f))}{\lambda(n,f)}\right) \tag{9-80}$$

求得 $\boldsymbol{g}$ 后假设其为固定值，可求得去混响信号 $\hat{S}(n,f)=Y_1(n,f)-\boldsymbol{g}^{\mathrm{H}}\overline{\boldsymbol{Y}}(n,f)$，用于去混响信号的方差估计为

$$\lambda(n,f)=E\left[\left|\hat{S}(n,f)\right|^2\right] \tag{9-81}$$

在实际实现过程中，通过式（9-82）求得去混响信号的能量

$$\lambda(n,f)=\frac{1}{M}\sum_{m=1}^{M}\left|\hat{S}_m(n,f)\right|^2 \tag{9-82}$$

式中，$\hat{S}_m(n,f)$是第 m 个通道的去混响后语音信号的估计值。

图 9-16 和图 9-17 分别展示了 WPE 去混响方法的流程以及纯净语音信号、混响语音信号和使用 WPE 方法进行增强后语音信号的时域波形图和频谱图。

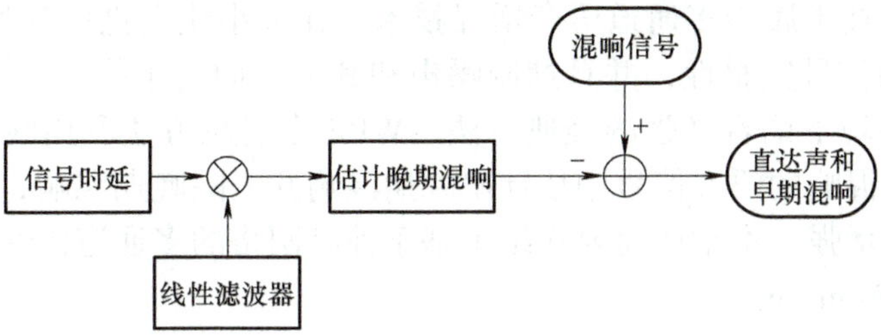

图 9-16　WPE 去混响流程

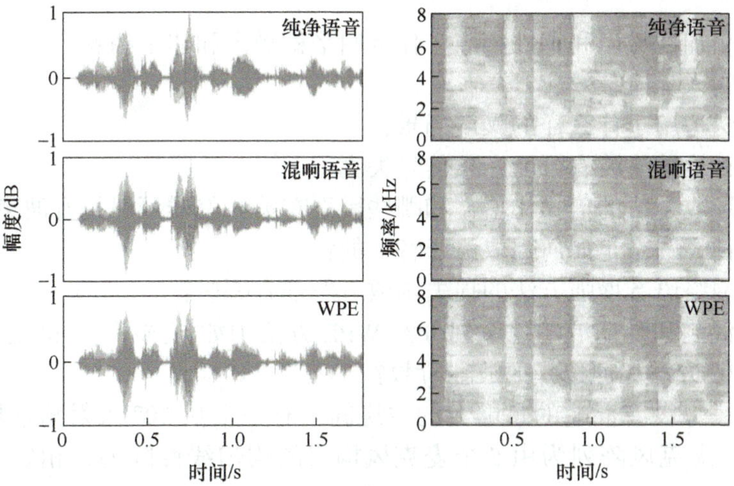

图 9-17　时域波形图和频谱图

本章小结

本章主要研究了单通道和多通道的语音增强算法，从传统的数字信号处理方法到基于深度学习的先进技术，进行了全面的讨论。首先介绍了语音增强的信号模型以及语音质量主观和客观评价指标，通过信号模型和评价指标来加强对语音增强技术的理解。

谱减法和维纳滤波法是基于数字信号处理单通道语音增强中的经典方法，谱减法通过无语音时间段估计出噪声频谱，再从带噪语音功率谱中减去噪声功率谱得到所估计纯净语

音的频谱；维纳滤波法基于加性噪声与语音信号相互独立的假设，使用过去的和当前的观察数据来估计纯净语音信号的当前值。

基于传统数字信号处理方法的不足，本章介绍了用于语音增强的深度学习方法，主要分为时域语音增强和频域语音增强。端到端的时域语音增强算法属于基于映射的方法，神经网络直接学习含噪语音的时域波形到纯净语音的时域波形的映射，避免了复杂的频谱分析。在时域部分，本章还介绍了一种用于语音增强的时域卷积模型 U-Net。频域语音增强又分为基于映射和基于掩蔽两类方法。基于映射的方法与时域方法类似，只是神经网络的训练对象和训练目标不同，且需要经过后处理恢复为时域语音信号。基于掩蔽的方法与映射方法类似，但使用时频掩蔽作为训练目标，这里也将其分为两类介绍：一是将训练得到的掩蔽直接用于信号，如 FullSubNet；二是将掩蔽用于一些特征，如麦克风阵列的协方差矩阵等。波束形成技术属于多通道语音增强技术，在最小化麦克风阵列输出功率的同时，保持目标方向上的信号完整性，并且抑制噪声和其他方向的干扰信号。WPE 去混响方法是针对室内混响环境下语音增强的经典方法，WPE 去混响方法利用线性预测的思想，设计线性滤波器从含混响的语音信号中估计出晚期混响并去除晚期混响，获得直达声和早期混响成分实现语音增强。本章还简要介绍了基于神经网络的多通道语音增强方法，主流方法为 Neural Beamforming。

思考题与习题

9-1　什么叫加性噪声和乘性噪声？什么叫平稳噪声和非平稳噪声？

9-2　什么叫人耳掩蔽效应？

9-3　谱减法适用于什么样的噪声场景？

9-4　为什么维纳滤波有可能产生信号失真？

9-5　波束形成方法的信噪比增益和哪些因素有关？怎样可以提升波束形成的性能？

9-6　卷积神经网络是如何提取语音特征的？

9-7　神经网络语音增强方法的损失函数一般都有哪些？

9-8　早期混响和晚期混响怎么划分？ WPE 方法中如何选择 τ，也就是晚期混响开始的帧序号？ WPE 方法如何选择滤波器阶数？

9-9　假设一个没有混响的足够大的空房间，有一个从 30° 入射角远场到达麦克风阵列的语音信号，麦克风阵列为由 5 个麦克风构成的均匀线性阵列，相邻麦克风间距离为 0.05m。

（a）画出信噪比为 -5dB、0dB、10dB 条件下第一个麦克风接受到的语音信号的时频谱。

（b）画出 MVDR 波束形成语音增强方法的伪谱图。

（c）假设有一个干扰语音信号从 120° 的入射角到达麦克风阵列，画出 LCMV 波束形成语音增强方法的伪谱图。

9-10　假设一个有混响的足够大的空房间，有一个从 30° 入射角远场到达麦克风阵列的语音信号，麦克风阵列为由 5 个麦克风构成的均匀线性阵列，相邻麦克风间距离为 0.05m，麦克风上加性噪声信噪比为 15dB。

（a）画出 T_{60} 为 0.2s、0.6s、0.8s 条件下第一个麦克风接受到的语音信号的时频谱。

（b）实现一个 20 阶的 WPE 去混响算法。

（c）在 WPE 去混响的基础上，用 MVDR 实现该入射信号的增强。

参考文献

[1] BOLL S. Suppression of acoustic noise in speech using spectral subtraction[J]. IEEE Transactions on acoustics，speech and signal processing，1979，27（2）：113–120.

[2] WANG D L，CHEN J. Supervised speech separation based on deep learning：An overview[J]. IEEE/ACM Transactions on audio，speech and language processing，2018，26（10）：1702–1726.

[3] HAN K，WANG Y，WANG D L，et al. Learning spectral mapping for speech dereverberation and denoising[J]. IEEE/ACM Transactions on audio，speech，and language processing，2015，23（6）：982–992.

[4] RETHAGE D，PONS J，SERRA X. A wavenet for speech denoising[C]//IEEE International conference on acoustics，speech and signal processing，April 15–20，2018，Calgary，AB，Canada[s.l.]：IEEE，2018：5069–5073.

[5] PASCUAL S，BONAFONTE A，SERRA J. SEGAN：Speech enhancement generative adversarial network[EB/OL].（2017–03–28）[2024–08–09].https://arxiv.org/abs/1703.09452.

[6] PANDEY A，WANG D L. TCNN：Temporal convolutional neural network for real–time speech enhancement in the time domain[C]//IEEE International conference on acoustics speech and signal processing proceedings，May 12–17，2019，Brighton.[s.l.]：IEEE，2019：6875–6879.

[7] HAO X，SU X，HORAUD R，LI X. Full–subnet：A full–band and sub–band fusion model for real–time single–channel speech enhancement[C]//IEEE International conference on acoustics speech and signal processing proceedings，June 6–11，2021，Toronto，Canada.[s.l.]：IEEE，2021：6633–6637.

[8] HEYMANN J，DRUDE L，HAEB U R. Neural network based spectral mask estimation for acoustic beamforming[C]//IEEE International conference on acoustics speech and signal processing proceedings，March 20–25，2016，Shanghai，China.[s.l.]：IEEE，2016：196–200.

[9] QUAN C，LI X. SpatialNet：Extensively learning spatial information for multichannel joint speech separation，denoising and dereverberation[J]. IEEE/ACM Transactions on audio，speech，and language processing，2024，32：1310–1323.

第 10 章 语音分离

导读

在本章将深入探讨语音分离技术的研究背景，阐明其重要性，着重介绍语音分离技术的基本原理。本章的核心内容将聚焦于独立成分分析（ICA）、非负矩阵分解（NMF）和稀疏分量分析这三种经典的语音分离技术，它们各自具有独特的优势。此外，本章也将涵盖基于机器学习的语音分离技术。从传统数字信号处理和机器学习两个方面详细介绍语音分离方法。

本章知识点

- 独立成分分析
- 非负矩阵分解
- 稀疏分量分析
- 机器学习方法

10.1 研究背景

语音分离技术最早用来处理鸡尾酒会问题，即如何在一个存在聊天、音乐以及环境噪声等各种噪声的鸡尾酒会场景中，将注意力集中在感兴趣的声音上，分离并且理解该声音。该技术可以用单个麦克风或者麦克风阵列实现。语音分离技术通常又被称为盲源语音分离（后文简称为盲源分离）技术，这里的“盲”字有两层含义：原始的语音信号未知和语音信号混合的方式未知。盲源分离的最大魅力在于它可以充分考虑信号的统计独立性、稀疏性、时空无关性和光滑性等特性来估计不同的信号源。麦克风接收到的信号通常被称为观测信号。根据观测信号数量与原始语音信号数量间的关系，盲源分离技术可以分为三类：超定盲源分离、适定盲源分离和欠定盲源分离。当观测信号数量大于原始信号数量时为超定，数量相等时为适定，小于时为欠定。当观测信号只有一路时，该问题被称为单通道盲源分离问题。针对盲源分离问题的研究最早可以追溯到 20 世纪 80 年代的生物医学领域。传统语音分离方法主要包括独立成分分析（Independent Component Analysis，ICA）、非负矩阵分解（Nonnegative Matrix Factorization，NMF）以及稀疏分量分析。其中，ICA 是基于信号的高阶统计独立特性的分析方法，分解出相互独立的各信号分量；非负矩阵分解寻求非负约束的局部特征来表达信号的物理特性；稀疏分量分析利用了麦克风时频信号稀疏的特性。近年来，基于深度学习的语音分离发展很快，并且在较复杂环境下（不同的语音环境和噪声类型）显现出较好的性能。根据对说话人先验信息的需求程度不同，可将盲源分离技术分为说话人相关（Speaker-Dependent）语音分离和说话人无关（Speaker-Independent）语音分离。盲源分离问题中的麦克风信号模型与评价指标详见第 9 章语音增强部分，本章将不再做详细介绍。

10.2　独立成分分析

10.2.1　定义

独立成分分析（ICA）是一种在统计数据中寻找非高斯独立成分的方法，具体如下：假设一组由 Q 个独立信号源和 M 个阵元组成的麦克风阵列接收信号，并忽略噪音、时延等因素，那么在第 t 个时间点，独立成分分析的基本模型记为

$$\boldsymbol{y}(t)=\boldsymbol{A}\boldsymbol{s}(t) \tag{10-1}$$

式中，$\boldsymbol{y}(t)=[y_1(t),y_2(t),\cdots,y_M(t)]^{\mathrm{T}}\in\mathbf{R}^{M\times1}$ 是麦克风阵列接收信号；$\boldsymbol{s}(t)=[s_1(t),s_2(t),\cdots,s_Q(t)]^{\mathrm{T}}\in\mathbf{R}^{Q\times1}$ 是源信号；$\boldsymbol{A}\in\mathbf{R}^{M\times Q}$ 是混合矩阵，由元素 $a_{ij}(i=1,2,\cdots,M,j=1,2,\cdots,Q)$ 组成。

考虑一个具体实例，在一个房间里有两人同时在说话，此时有两个麦克风记录这两个语音信号。将两个人的语音信号记为 $s_1(t)$ 和 $s_2(t)$，$y_1(t)$ 和 $y_2(t)$ 表示麦克风接收到的信号，麦克风录制的语音信号可以表示为

$$y_1(t)=a_{11}s_1(t)+a_{12}s_2(t) \tag{10-2}$$

$$y_2(t)=a_{21}s_1(t)+a_{22}s_2(t) \tag{10-3}$$

式中，$a_{ij}(i,j=1,2)$ 是混合矩阵中的元素，由麦克风的性质、位置、以及说话人距离等物理因素决定。

语音混合过程如图 10-1 所示。

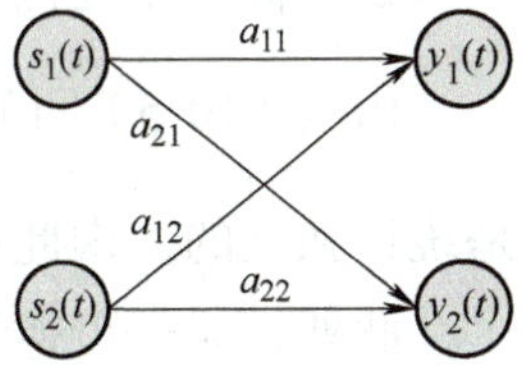

图 10-1　语音混合过程

根据式（10-1），在混合矩阵 $\boldsymbol{A}$ 和源信号 $\boldsymbol{s}(t)$ 均未知的情况下，仅利用麦克风阵列接收信号 $\boldsymbol{y}(t)$ 和源信号 $\boldsymbol{s}(t)$ 之间的统计独立性（ICA 假设条件），要从混合信号中分离出源信号，需构建一个分离矩阵（或称解混矩阵）$\boldsymbol{D}\in\mathbf{R}^{Q\times M}$。$\boldsymbol{y}(t)$ 经过分离矩阵 $\boldsymbol{D}$ 变换后得到源信号的估计值 $\hat{\boldsymbol{s}}(t)=[\hat{s}_1(t),\hat{s}_2(t),\cdots,\hat{s}_Q(t)]\in\mathbf{R}^{Q\times1}$。ICA 的分离模型可表示为

$$\hat{\boldsymbol{s}}(t)=\boldsymbol{D}\boldsymbol{y}(t)=\boldsymbol{D}\boldsymbol{A}\boldsymbol{s}(t) \tag{10-4}$$

式中，$\boldsymbol{D}$ 是分离矩阵。

矩阵 $\boldsymbol{A}$ 是非奇异矩阵或是列满秩矩阵，且 $\boldsymbol{A}$ 的逆矩阵存在。分离过程如图 10-2 所示。

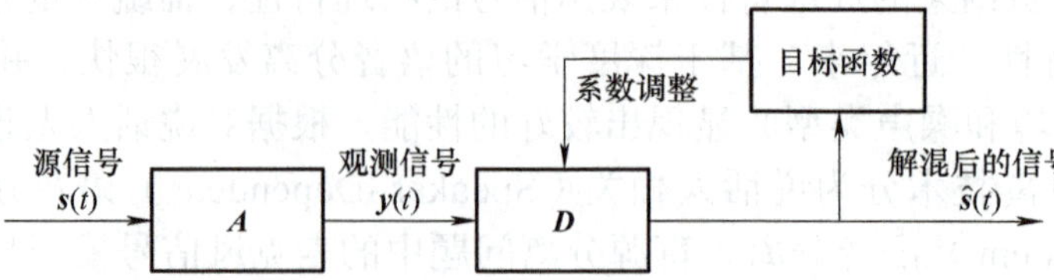

图 10-2　矩阵 A 的分离过程

因此，利用 ICA 进行语音分离从本质上可拆解为以下两个部分：

1）使用分离矩阵 $\boldsymbol{D}$ 以及观测样本确定目标函数。

2）使用优化算法求解目标函数。

芬兰学者 Hyvarine 指出：ICA 算法是由目标函数和优化算法组成的，选择不同的目标函数会得到不同的分离算法。接下来，将分别介绍基于三种不同准则的目标函数的推导。

10.2.2　ICA 目标函数

基于观测信号的统计特性，求解 ICA 问题的目标函数主要包括最小互信息（Minimum Mutual Information，MMI）、最大信息传输（Information Maximization，Infomax）以及最大似然估计（Maximum Likelihood Estimation，MLE）三大类。

1. 最小互信息

互信息用来度量随机变量之间的统计相关性，当且仅当随机变量之间相互独立时，互信息为零。利用源信号估计值的概率密度函数与其各个分量的概率密度函数之间的 KL 散度，来对源信号估计值各分量之间的统计独立性进行度量，计算得出各成分间的互信息，即

$$I(p(\hat{\boldsymbol{s}}(t)))=\mathrm{KL}\left(p(\hat{\boldsymbol{s}}(t)),\prod_{i=1}^{Q}p(\hat{s}_i(t))\right)=\int p(\hat{\boldsymbol{s}}(t))\lg\left[\frac{p(\hat{\boldsymbol{s}}(t))}{\prod_{i=1}^{Q}p(\hat{s}_i(t))}\right]\mathrm{d}y \tag{10-5}$$

式中，$\hat{\boldsymbol{s}}(t)$ 是源信号估计值；$p(\hat{\boldsymbol{s}}(t))$ 是源信号估计值的概率密度函数；$p(\hat{s}_i(t))$ 是源信号各个分量的概率密度函数。

由式（10-5）可知，当 $p(\hat{\boldsymbol{s}}(t))=\prod_{i=1}^{Q}p(\hat{s}_i(t))$ 时，$I(p(\hat{\boldsymbol{s}}(t)))=0$，此时 $\hat{\boldsymbol{s}}(t)$ 的各分量之间是统计独立的，因此可将最小化互信息作为目标函数来实现混合信号的盲源分离。

此外，对于可逆线性变换 $\hat{\boldsymbol{s}}(t)=\boldsymbol{D}\boldsymbol{x}(t)$，可用另一种形式来表示互信息

$$I(p(\hat{\boldsymbol{s}}(t)))=H(\hat{\boldsymbol{s}}(t))-H(\boldsymbol{y}(t))-\log\left|\det \boldsymbol{D}\right| \tag{10-6}$$

式中，$H(\hat{\boldsymbol{s}}(t))$ 是 $\hat{\boldsymbol{s}}(t)$ 的熵；$H(\boldsymbol{y}(t))$ 是 $\boldsymbol{y}(t)$ 的熵。

熵是一种非常重要的非高斯性量度，它的物理意义是该变量包含的信息量。以 $\boldsymbol{y}(t)$ 的熵为例，它的定义为

$$H(\boldsymbol{y}(t)) = -\sum_{i=1}^{Q} p(y_i(t))\log p(y_i(t)) \tag{10-7}$$

式中，$p(y_i(t))$ 是阵列接收信号各个分量的概率密度函数。

因此，可以将式（10-6）作为目标函数，通过最小化该目标函数来求分离矩阵 $\boldsymbol{D}$。

2. 最大信息传输 / 熵最大化

信息最大化（Infomax）是由信息（Information）和最大化（Maximization）两个词组合而成。Infomax 准则是 A.J.Bell 和 T.J.Sejnowski 于 1995 年提出的，Bell 和 Sejnowski 的这一成果曾极大地推动了盲信号处理的研究，Infomax 也因此成为非常著名的准则。

在统计学意义上，往往用熵来度量变量的随机性，因此，在盲源分离中，输出信号 $\hat{\boldsymbol{s}}(t)$ 的各成分之间的统计独立性越高，熵就越大。基于此，可以把输出信号的熵看成一种目标函数，但熵的最大化一般会趋于无穷大，故一般对信号 $\hat{\boldsymbol{s}}(t)$ 经过非线性函数处理得到输出 $\boldsymbol{z}(t)$，可以表示为

$$\boldsymbol{z}(t) = g(\hat{\boldsymbol{s}}(t)) = g(\boldsymbol{D}\boldsymbol{y}(t)) \tag{10-8}$$

式中，$g(\bullet)$ 是非线性函数；$\boldsymbol{z}(t)$ 是对信号 $\hat{\boldsymbol{s}}(t)$ 经过非线性函数处理得到的输出。

通过最大化 $\boldsymbol{z}(t)$ 的熵来求解分离矩阵 $\boldsymbol{D}$。从直观上理解，这是个合理的准则：由于源信号 $\boldsymbol{s}(t)$ 的各分量是独立的，$\boldsymbol{s}(t)$ 的取值应具有最大的随机性，因此，作为 $\boldsymbol{s}(t)$ 的估计值，$\hat{\boldsymbol{s}}(t)$ 的熵如果达到最大，就可实现源分离，此时目标函数定义为

$$L(\boldsymbol{D}) = H(\boldsymbol{z}(t)) = H(g(\hat{\boldsymbol{s}}(t))) \tag{10-9}$$

3. 最大似然估计

在盲源分离中，我们的目标是求解出分离矩阵 $\boldsymbol{D}$ 并使得 $\boldsymbol{DA}=\boldsymbol{I}$（其中 $\boldsymbol{I}$ 为单位阵），从而得到源信号的估计 $\hat{\boldsymbol{s}}(t)$。最大似然估计是根据观测信号 $\boldsymbol{y}(t)$ 的样本值来近似该信号的概率密度。如果信号分量之间独立，各信号分量边沿概率密度的积就可以表示为信号的联合概率密度，观测信号 $\boldsymbol{y}(t)$ 与源信号 $\boldsymbol{s}(t)$ 之间的概率密度函数满足

$$p(\boldsymbol{y}(t)) = |\det \boldsymbol{D}|\, p(\boldsymbol{s}(t)) \tag{10-10}$$

式中，det 是对矩阵取行列式。

假设源信号 $\boldsymbol{s}(t)$ 的概率密度满足 $p(\boldsymbol{s}(t)) = \prod_{i=1}^{Q} p(s_i(t))$，同时将矩阵 $\boldsymbol{D}$ 写成向量的形式 $\boldsymbol{D} = [\boldsymbol{d}_1, \boldsymbol{d}_2, \cdots, \boldsymbol{d}_Q]^{\mathrm{T}}$，式（10-10）可以表示为

$$p(\boldsymbol{y}(t)) = |\det \boldsymbol{D}|\, p(\boldsymbol{s}(t)) = |\det \boldsymbol{D}| \prod_{i=1}^{Q} p(\boldsymbol{d}_i^{\mathrm{T}} \boldsymbol{y}(t)) \tag{10-11}$$

将观测信号 $\boldsymbol{y}(t)$ 的对数似然函数作为目标函数，即

$$\log L(\boldsymbol{D}) = \log|\det \boldsymbol{D}| + \sum_{i=1}^{Q} \log p(\boldsymbol{d}_i^{\mathrm{T}} \boldsymbol{y}(t)) \tag{10-12}$$

在源信号的真实概率密度已知的情况下，通过最大化似然函数来求解 $\boldsymbol{D}$。

10.2.3 优化算法

根据上述准则确立目标函数之后，需要选择一种优化算法。这里介绍一种最常用的优化算法，即梯度下降法。

梯度下降法通过迭代计算求目标函数的最小值。在第 k+1 次迭代中，$\boldsymbol{D}$ 的解可以表示为

$$\boldsymbol{D}^{(k+1)}=\boldsymbol{D}^{(k)}-\gamma(k)\frac{\partial L(\boldsymbol{D}^{(k)})}{\partial \boldsymbol{D}^{(k)}} \tag{10-13}$$

式中，k 是迭代次数；$\gamma(k)$ 是步长；$\frac{\partial \bullet}{\partial \bullet}$ 是求偏导算子。

此算法可通过调节步长 $\gamma(k)$ 来调整算法的收敛速度，当迭代收敛时，沿负梯度方向进行迭代则可以求得 $\boldsymbol{D}$，再根据 $\hat{\boldsymbol{s}}(t)=\boldsymbol{D}\boldsymbol{y}(t)$ 求源信号的估计值。

10.3 非负矩阵分解

10.3.1 基于 NMF 的语音分离

NMF 是将一个元素全部非负的矩阵表示成两个元素全部非负的子矩阵相乘的方法。语音信号的时频谱取模或者模的平方后，得到一个元素非负的矩阵，可将 NMF 用于估计混合信号中各个非负的原始信号成分，即语音分离。基于 NMF 的语音分离可以分为以下三个步骤：

步骤 1：利用短时傅里叶变换将混合语音信号 $\boldsymbol{y}(t)$ 和源信号 $s_k(t)(k=1,2,\cdots,Q)$ 变为频域信号，再分别对其取模进而计算出相应的幅度谱 $|\boldsymbol{Y}|$ 和 $|S_k|$。

步骤 2：分离过程包括两个阶段：训练阶段和测试阶段。

在训练阶段，由于 $|S_k|$ 值非负，因此可以将源信号的幅度谱 $|S_k|(k=1,2,\cdots,Q)$ 近似分解为两个非负元素，学习各个源信号的语音特征，其数学表达式为

$$|S_k|=\boldsymbol{w}_k\boldsymbol{h}_k \tag{10-14}$$

式中，$\boldsymbol{w}_k$ 是基向量，包含该源信号的语音特征；$\boldsymbol{h}_k$ 是系数向量。

在测试阶段，将所有源信号的基向量 $\boldsymbol{w}_1,\boldsymbol{w}_2,\cdots,\boldsymbol{w}_Q$ 串联起来，形成一个最终的字典 $\boldsymbol{W}=[\boldsymbol{w}_1,\boldsymbol{w}_2,\cdots,\boldsymbol{w}_Q]$，利用 NMF 算法近似分解混合语音信号的幅度谱 $|\boldsymbol{Y}|$，进而求解系数矩阵 $\boldsymbol{H}=[\boldsymbol{h}_1,\boldsymbol{h}_2,\cdots,\boldsymbol{h}_Q]^{\mathrm{T}}$。

$$|\boldsymbol{Y}|\approx \boldsymbol{W}\boldsymbol{H}=[\boldsymbol{w}_1,\boldsymbol{w}_2,\cdots,\boldsymbol{w}_Q][\boldsymbol{h}_1,\boldsymbol{h}_2,\cdots,\boldsymbol{h}_Q]^{\mathrm{T}} \tag{10-15}$$

步骤 3：将第 k 个源信号的基向量 $\boldsymbol{w}_k$ 乘以系数向量 $\boldsymbol{h}_k$，求出第 k 个源信号的幅度谱 $|S_k|$。其数学表达式为

$$|S_k| = \boldsymbol{w}_k \boldsymbol{h}_k \tag{10-16}$$

步骤 4： 运用短时傅里叶逆变换将 $|S_k|$ 转换为时域信号，从而提取出各个源信号。

10.3.2 NMF 算法

根据式（10-15），对于幅度谱 $|\boldsymbol{Y}|$，NMF 算法可将其分解为基矩阵 $\boldsymbol{W}$ 和系数矩阵 $\boldsymbol{H}$ 的乘积

$$|\boldsymbol{Y}| = \boldsymbol{W}\boldsymbol{H} \tag{10-17}$$

式中，$|\boldsymbol{Y}| \in \mathbf{R}^{P\times U}$ 是观测数据矩阵；$\boldsymbol{W} \in \mathbf{R}^{P\times Q}$ 是基向量矩阵；$\boldsymbol{H} \in \mathbf{R}^{Q\times U}$ 是系数矩阵，即要恢复出的源信号矩阵，分解过程如图 10-3 所示，图中三角形和正方形分别表示矩阵 $\boldsymbol{Y}$ 更能反映其规律和特征的基，从图中可看出，利用基矩阵 $\boldsymbol{W}$ 和权重系数矩阵 $\boldsymbol{H}$（图中的黑色圆圈表示其系数值），便可实现原始非负矩阵 $\boldsymbol{Y}$ 的分解过程，实现“局部构成整体”的概念。

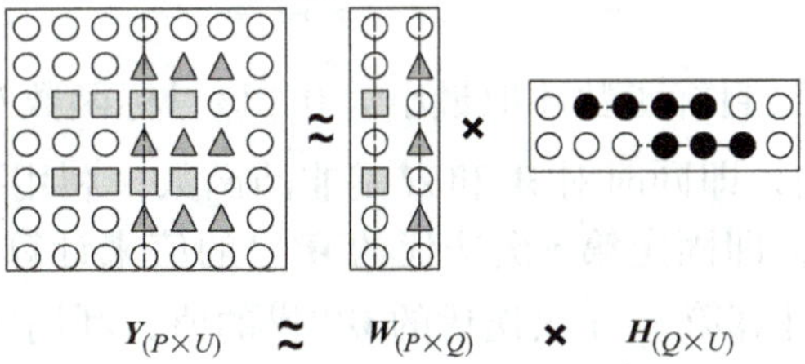

图 10-3 非负分解过程

通过比较式（10-17）与式（10-1），可以看出相比与 ICA，NMF 增加了矩阵 $|\boldsymbol{Y}|$、$\boldsymbol{W}$、$\boldsymbol{H}$ 中的所有元素都是非负的约束。

基本 NMF 算法包括基于极大似然估计的 NMF 算法、基于欧氏距离的 NMF 算法和基于散度偏差的 NMF 算法。下面将分别介绍这三种算法。

1. 基于极大似然估计的 NMF 算法

Lee 等最早提出的 NMF 概念，$|\boldsymbol{Y}|_{ij}$ 服从以 $(\boldsymbol{WH})_{ij}$ 为参数的泊松分布，$|\boldsymbol{Y}|_{ij}$、$(\boldsymbol{WH})_{ij}$ 分别表示非负矩阵 $|\boldsymbol{Y}|$ 和 $\boldsymbol{WH}$ 中的元素，选择 $|\boldsymbol{Y}|$ 的似然函数作为目标函数，其目标函数为

$$F(|\boldsymbol{Y}| \| \boldsymbol{WH}) = \sum_{i=1}^{P}\sum_{j=1}^{U}[V_{ij}\log_2(\boldsymbol{WH})_{ij} - (\boldsymbol{WH})_{ij}] \tag{10-18}$$

该算法的具体步骤为：

步骤 1： 随机初始化非负矩阵 $\boldsymbol{W}^0$ 和 $\boldsymbol{H}^0$，并对矩阵 $\boldsymbol{W}^0$ 的列向量做归一化处理，初始化迭代次数 γ =0。

步骤 2： 迭代 $\boldsymbol{W}$，$\boldsymbol{W}_{ik} \leftarrow \boldsymbol{W}_{ik}\sum_{j=1}^{U}\frac{|\boldsymbol{Y}|_{ij}}{(\boldsymbol{WH})_{ij}}\boldsymbol{H}_{kj}$；

对 $\boldsymbol{W}$ 的列向量进行归一化，$W_{ik} \leftarrow \dfrac{W_{ik}}{\sum_{i=1}^{P} W_{ik}}$；

步骤 3：迭代 $\boldsymbol{H}$，$H_{kj} \leftarrow H_{kj} \sum_{i=1}^{P} W_{ik} \dfrac{|\boldsymbol{Y}|_{ij}}{(\boldsymbol{WH})_{ij}}$；

按照上述规则进行不断迭代，目标函数达到局部最大时算法收敛，其不仅保证了矩阵 $\boldsymbol{W}$ 和 $\boldsymbol{H}$ 的非负性，并且限定矩阵 $\boldsymbol{W}$ 每列元素之和为 1。非负矩阵分解的算法流程如图 10-4 所示。

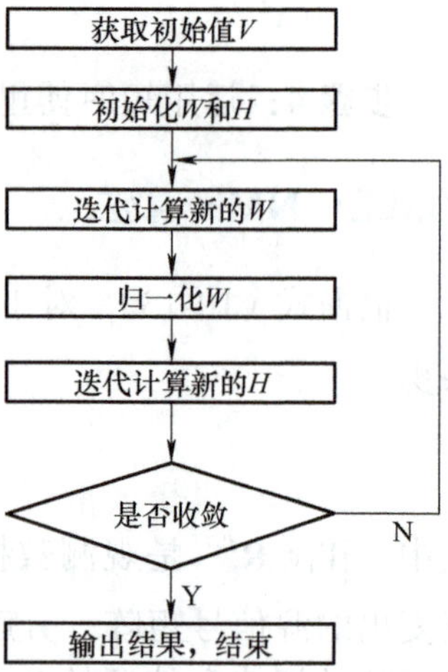

图 10-4　非负矩阵分解的算法流程

2. 基于欧氏距离的 NMF 算法

利用非负矩阵 $|\boldsymbol{Y}|$ 与 $\boldsymbol{WH}$ 之间的欧氏距离来度量它们之间的相似度，记目标函数为 $F(|\boldsymbol{Y}||\boldsymbol{WH})$，则

$$F(|\boldsymbol{Y}||\boldsymbol{WH}) = \frac{1}{2}\| |\boldsymbol{Y}| - \boldsymbol{WH} \|^2 = \frac{1}{2}\sum_{i=1}^{P}\sum_{j=1}^{U}\left[|\boldsymbol{Y}|_{ij} - (\boldsymbol{WH})_{ij}\right]^2 \tag{10-19}$$

当且仅当 $|\boldsymbol{Y}| = \boldsymbol{WH}$ 时，目标函数才取最小值 0。该目标函数对于单独的 $\boldsymbol{W}$ 或 $\boldsymbol{H}$ 来说是凸函数，却不是联合凸的，即同时对 $\boldsymbol{W}$ 和 $\boldsymbol{H}$ 是非凸函数。利用乘性更新规则，采用交替迭代的方法更新 $\boldsymbol{W}$ 和 $\boldsymbol{H}$，即固定第 γ 次迭代的 $\boldsymbol{W}^{(\gamma)}$ 的值来计算第 $\gamma+1$ 次迭代的 $\boldsymbol{H}^{(\gamma+1)}$ 的值，再根据 $\boldsymbol{H}^{(\gamma+1)}$ 的值来计算第 $\gamma+1$ 次迭代的 $\boldsymbol{W}^{(\gamma+1)}$ 的值，利用梯度下降法，迭代规则为

$$H_{kj} \leftarrow H_{kj} + \eta_{kj}[(\boldsymbol{W}^{\mathrm{T}}|\boldsymbol{Y}|)_{kj} - (\boldsymbol{W}^{\mathrm{T}}\boldsymbol{WH})_{kj}] \tag{10-20}$$

$$W_{ik} \leftarrow W_{ik} + \eta_{ik}[(|\boldsymbol{Y}|\boldsymbol{H}^{\mathrm{T}})_{ik} - (\boldsymbol{WHH}^{\mathrm{T}})_{ik}] \tag{10-21}$$

式中，η_{ik} 是步长。

选取 η_{kj} 及 η_{ik} 的值保证非负得到 $\boldsymbol{W}$ 和 $\boldsymbol{H}$ 的迭代规则可以写成

$$H^{(\gamma+1)}{}_{kj} \leftarrow H^{(\gamma)}{}_{kj} \frac{(\boldsymbol{W}^{(\gamma)\mathrm{T}}|\boldsymbol{Y}|)_{kj}}{(\boldsymbol{W}^{(\gamma)\mathrm{T}}\boldsymbol{W}^{(\gamma)}\boldsymbol{H}^{(\gamma)})_{kj}} \tag{10-22}$$

$$W^{(\gamma+1)}{}_{ik} \leftarrow W_{ik} \frac{(|\boldsymbol{Y}|\boldsymbol{H}^{(\gamma+1)\mathrm{T}})_{ik}}{(\boldsymbol{W}^{(\gamma)\mathrm{T}}\boldsymbol{H}^{(\gamma+1)}\boldsymbol{H}^{(\gamma+1)\mathrm{T}})_{ik}} \tag{10-23}$$

迭代次数达到一定数量之后，非负矩阵 $\boldsymbol{W}$ 和 $\boldsymbol{H}$ 达到稳定状态，此时算法停止迭代，目标函数达到局部最小值。在实际运算过程中，通常把混合矩阵 $\boldsymbol{W}$ 的每列元素归一化，即

$$W_{ik} \leftarrow W_{ik} / \sum_{i=1}^{P} W_{ik} \tag{10-24}$$

3. 基于散度偏差的 NMF 算法

基于散度偏差的 NMF 算法的目标函数为

$$F(|\boldsymbol{Y}|\,\|\,\boldsymbol{WH})=\sum_{i=1}^{P}\sum_{j=1}^{U}\left[|\boldsymbol{Y}|_{ij}\log\frac{|\boldsymbol{Y}|_{ij}}{(\boldsymbol{WH})_{ij}}-|\boldsymbol{Y}|_{ij}+(\boldsymbol{WH})_{ij}\right] \tag{10-25}$$

在求解该模型的最优解时，同样采用乘性更新规则，此时，$\boldsymbol{W}$ 和 $\boldsymbol{H}$ 的迭代规则分别是

$$\boldsymbol{H}_{kj}\leftarrow\boldsymbol{H}_{kj}\frac{\sum_{i=1}^{P}\boldsymbol{W}_{ik}|\boldsymbol{Y}|_{ij}/(\boldsymbol{WH})_{ij}}{\sum_{i=1}^{P}\boldsymbol{W}_{ik}} \tag{10-26}$$

$$\boldsymbol{W}_{ik}\leftarrow\boldsymbol{W}_{ik}\frac{\sum_{j=1}^{U}\boldsymbol{H}_{kj}|\boldsymbol{Y}|_{ij}/(\boldsymbol{WH})_{ij}}{\sum_{j=1}^{Q}H_{kj}} \tag{10-27}$$

同样，当 NMF 算法的迭代次数达到一定程度的时候，矩阵 $\boldsymbol{W}$ 与矩阵 $\boldsymbol{H}$ 均达到稳定点，目标函数达到局部最小值，停止迭代更新。

10.3.3　加稀疏约束的 NMF 算法

为增强分解结果的稀疏性，同时提升算法的计算效率，各种稀疏非负矩阵分解的方法相继被提出。Hoyer 基于向量的 $l1$ 范数和 $l2$ 范数之间的关系提出了一种度量稀疏度的方法：

$$\text{sparsity}(\boldsymbol{c})=\frac{(\sqrt{k}-\|\mathbf{c}\|_1/\|\mathbf{c}\|_2)}{\sqrt{k}-1} \tag{10-28}$$

式中，k 是向量 $\boldsymbol{c}$ 的维数。

函数值越小，向量越稠密，反之则稀疏。Hoyer 在 NMF 目标函数中加入 L_2 约束作为惩罚项，并给出了稀疏约束 NMF 的定义

$$\min f(\boldsymbol{W},\boldsymbol{H})=\||\boldsymbol{Y}|-\boldsymbol{WH}\|_F^2 \quad W\geqslant 0,\ H\geqslant 0 \tag{10-29}$$

$$\text{sparsity}(\boldsymbol{w}_i)=S_w,\forall i$$

$$\text{sparsity}(\boldsymbol{h}_i)=S_h,\forall i$$

式中，$\boldsymbol{w}_i$ 是 $\boldsymbol{W}$ 的第 i 列；$\boldsymbol{h}_i$ 是 $\boldsymbol{H}$ 的第 i 行；S_w 是矩阵 $\boldsymbol{W}$ 的稀疏度量；S_h 是矩阵 $\boldsymbol{H}$ 的稀疏度量。

对于稀疏约束 NMF 算法，同样可采用乘性迭代更新原则求解，这里不再展开介绍。

10.3.4　加权 NMF 算法

任何方法被提及之后，总会伴随出现一些加权式的改进措施，加权 NMF 是 NMF 的另一种改进算法，现有的加权算法分为三大类，分别是重要性加权、不均衡加权和不确定性加权，他们的加权目的各异。

Blondel 提出的加权目的是使数据中的重要区域被更好地描述，称为重要性加权，其加权方式主要分为两步，首先是定义数据中的重要区域，然后再根据数据的重要程度确定加权矩阵，在优化过程中给重要区域上的重建错误以更多的权重。并在欧氏距离算法和 KL 散度算法基础上提出加权欧氏距离算法和加权 KL 散度算法，两种算法都是在原有基础上加入权重矩阵，其本质是相同的。

Guillamet 提出的加权目的是在训练样本不均衡的时候减少基的冗余，称为不均衡加权。NMF 算法通过寻找非负数据基于局部特征的表示，当算法应用于全局数据时，虽可以得到原始数据的局部特征表示，但得到的特征会具有冗余。不均衡加权 NMF 算法正是为了减少这种冗余，其加权方式是首先统计各类样本在训练集中所占的比重，然后优化过程中对每类样本中的重建错误，按其比重的倒数加权。

Wang 提出的加权目的是消除训练样本的不确定性对 NMF 结果的影响，其加权方式是首先估计训练样本中每个元素的不确定性，优化过程中每个样本元素的重建错误，按其不确定性的倒数加权。

10.4 稀疏分量分析

10.4.1 稀疏分量分析基本理论

语音信号处理中，信号的稀疏性有两层含义，如下：

1）在信号的某个变化域内，信号在绝大多数采样点取值较小或接近于零，少数采样点取值较大。

2）在某个时频点上，最多只有一个源信号的值主导，其他源信号的值可忽略不计（W-DO 假设）。

对于稀疏性不明显或稀疏性较差的信号，为实现盲源分离，可通过稀疏变换增强语音信号的稀疏性，使其满足稀疏性含义 1)，再利用“两步法”框架实现对欠定盲源分离问题的求解，具体流程步骤如下：

步骤 1：信号稀疏化处理。信号的稀疏性直接影响混合矩阵的估计效果，通常选用包括离散余弦变换、小波变换、短时傅里叶变换等方法将时域信号转换到频域以增强信号的稀疏性，使其满足稀疏性含义 1)。

步骤 2：混合矩阵估计。在信号满足稀疏性含义 2）的情况下，观测信号会呈现出方向聚类特性，从而使用聚类算法对混合矩阵估计。

步骤 3：源信号重构。混合矩阵已知后，使用压缩感知算法实现源信号的重构。

10.4.2 信号稀疏化处理

时域信号的稀疏性并不明显，为满足稀疏性含义 1)，本节采用短时傅里叶变换将时域信号转换到时频域，以获得更好的稀疏性。经过短时傅里叶变换后时频域下的麦克风阵列接收信号表达式为

$$\boldsymbol{Y}(n,f)=\boldsymbol{A}\boldsymbol{S}(n,f) \tag{10-30}$$

式中，$\boldsymbol{Y}(t,f)=[Y_1(n,f),Y_2(n,f),\cdots,Y_M(n,f)]^{\mathrm{T}}$ 是经过短时傅里叶变换后的麦克风接收信号；$\boldsymbol{S}(n,f)=[S_1(n,f),S_2(n,f),\cdots,S_Q(n,f)]^{\mathrm{T}}$ 是经过短时傅里叶变换后的源信号；n 是时间帧索引；f 是频率帧索引；$\boldsymbol{A}$ 是混合矩阵。

10.4.3　混合矩阵估计

语音信号经过式（10-30）短时傅里叶变换后得到的时频域信号满足 W-DO 假设的前提下，定义任意两个观测信号的幅值比 $E(n,f)$ 为

$$E(n,f)=\frac{\tilde{Y}_i(n,f)}{\tilde{Y}_{i'}(n,f)}=\frac{a_{ij}}{a_{i'j}}\qquad i,i'=1,2,\cdots,M\text{且}i\neq i';j=1,2,\cdots,Q \tag{10-31}$$

式中，$\tilde{Y}_i(n,f)$ 是第 i 个麦克风的幅值；$\tilde{Y}_{i'}(n,f)$ 是第 i' 个麦克风的幅值；$a_{ij},a_{i'j}$ 分别是混合矩阵 $\boldsymbol{A}$ 中元素幅值。

由此可见两个观测信号的幅值比为混合矩阵的每一列向量中的对应两个元素的比值，采样数据的通道幅值比 E 主要分布在若干条直线附近，这些直线的方向与对应的混合矩阵的列向量方向相同，即稀疏混合信号具有线性聚类特征。因此，通过估计这些点的聚集方向即可求出混合矩阵。

目前，稀疏分量分析中解决混合矩阵估计问题的常用方法是聚类法。聚类法主要有势函数法、K 均值聚类算法和 Hard-lost 算法等。K 均值算法易于实现且收敛速度快，是实际中经常采用的聚类算法之一，本节采用 K 均值聚类算法来估计混合矩阵。

K 均值聚类（K-means）算法以类与类之间的欧氏距离为划分准则，算法目标是寻找各个类别的聚类中心，使每一个数据点实现准确归类，类别数目和初始聚类中心需人为确定。对幅值比 E 进行归一化处理后，K 均值聚类过程可分为以下步骤：

步骤 1： 根据问题需求，把数据 E 分为 Q 个类 $\{c_1,c_2,\cdots,c_Q\}$，选取各个类的聚类中心，定义每个类 $c_j(j=1,2,\cdots,Q)$ 的聚类中心为

$$m_j=\frac{1}{|c_j|}\sum_{E_i\in c_j}E_j \tag{10-32}$$

式中，$|c_j|$ 是类 c_j 中包含的样本个数；E_j 是所属类 c_j 中的每个样本。

步骤 2： 计算每个样本 E_i 到其聚类中心的欧氏距离为

$$d(E_j,m_j)=\sqrt{(E_j-m_j)^{\mathrm{T}}(E_j-m_j)} \tag{10-33}$$

计算样本到聚类中心的欧氏距离后，将其归类到离它最近的聚类中心所属类。

步骤 3： 计算每一类所有散点信号的均值作为新的聚类中心。

步骤 4： 若聚类结果和之前的聚类结果不同，则迭代进行第 2～3 步，更新聚类中心，并重复上述步骤，直至新计算出的聚类中心不再发生改变，迭代结束，当前聚类中心即为最终聚类中心。图 10-5 为 K 均值聚类算法的流程。

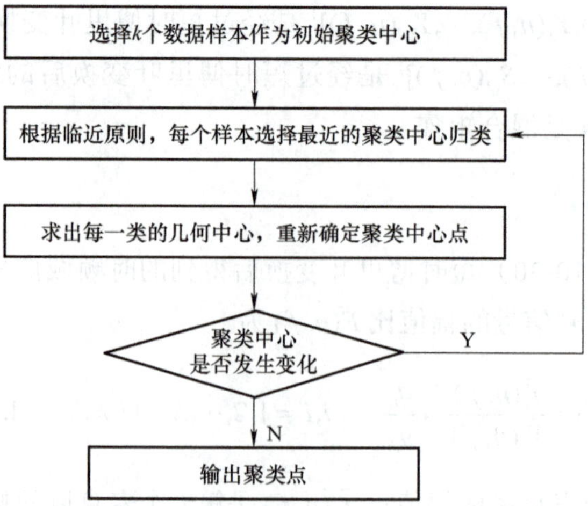

图 10-5　K 均值聚类算法的流程

10.4.4　源信号重构

本小节介绍基于压缩感知理论下的源信号重构算法，压缩感知理论最早是由 Candes 于 2006 年提出，凭借其低采样高恢复的处理效率，为盲源分离算法提供了新的思路。

1. 源信号重构模型

欠定盲源分离问题的目的是从混合信号中重构出源信号，而压缩感知的目的是实现欠采样信号的恢复和重构，二者都是在对欠定方程组进行求解。将观测信号和源信号转换成一维向量形式

$$\boldsymbol{b}=[Y_1(1),Y_1(2),\cdots,Y_1(L),Y_2(1),\cdots,Y_2(L),Y_M(1),\cdots,Y_M(L)]^{\mathrm{T}} \quad (10\text{-}34)$$

$$\boldsymbol{p}=[S_1(1),S_1(2),\cdots,S_1(L),S_2(1),\cdots,S_2(L),S_Q(1),\cdots,S_Q(L)]^{\mathrm{T}} \quad (10\text{-}35)$$

式（10-34）和式（10-35）中，$\boldsymbol{b}\in\mathbf{R}^{ML\times1}$；$\boldsymbol{p}\in\mathbf{R}^{QL\times1}$；$L$ 为信号长度。

在一维向量形式下，欠定盲源分离模型可转化为

$$\begin{bmatrix} Y_1(1)\\ \vdots \\ Y_1(L)\\ Y_2(1)\\ \vdots\\ Y_2(L)\\ \vdots\\ Y_M(1)\\ \vdots\\ Y_M(L)\end{bmatrix}=\begin{bmatrix}\boldsymbol{\Phi}_{11} & \boldsymbol{\Phi}_{12} & \cdots & \boldsymbol{\Phi}_{1N}\\ \boldsymbol{\Phi}_{21} & \boldsymbol{\Phi}_{22} & \cdots & \boldsymbol{\Phi}_{2N}\\ \vdots & \vdots & & \vdots\\ \boldsymbol{\Phi}_{M1} & \boldsymbol{\Phi}_{M2} & \cdots & \boldsymbol{\Phi}_{MN}\end{bmatrix}\begin{bmatrix} S_1(1)\\ \vdots\\ S_1(L)\\ S_2(1)\\ \vdots\\ S_2(L)\\ \vdots\\ S_Q(1)\\ \vdots\\ S_Q(L)\end{bmatrix} \quad (10\text{-}36)$$

式中，

$$\boldsymbol{\Phi}_{ij}=\begin{bmatrix} a_{ij} & 0 & \cdots & 0 \\ 0 & a_{ij} & \cdots & 0 \\ \vdots & \vdots & & \vdots \\ 0 & 0 & \cdots & a_{ij} \end{bmatrix} \in \mathbf{R}^{L\times L} \tag{10-37}$$

其中，a_{ij} 是混合矩阵 $\boldsymbol{A}$ 的第 i 行第 j 列元素。

式（10-36）可用矩阵表示为

$$\boldsymbol{b}=\boldsymbol{\Phi p} \tag{10-38}$$

式中，$\boldsymbol{\Phi}$ 是观测矩阵。

若源信号 $\boldsymbol{p}$ 在过完备字典 $\boldsymbol{\varphi}$ 中具有稀疏表示：

$$\boldsymbol{p}=\boldsymbol{\varphi\alpha} \tag{10-39}$$

式中，$\boldsymbol{\alpha}$ 是稀疏向量。

将式（10-39）代入式（10-38）可得

$$\boldsymbol{b}=\boldsymbol{\Phi\varphi\alpha}=\boldsymbol{\Theta\alpha} \tag{10-40}$$

式中，$\boldsymbol{\Theta}=\boldsymbol{\Phi\varphi}$；$\boldsymbol{\Phi}$ 是观测矩阵；$\boldsymbol{\Theta}$ 是传感矩阵；$\boldsymbol{b}$ 是稀疏系数 $\boldsymbol{\alpha}$ 关于传感矩阵 $\boldsymbol{\Theta}$ 的测量值。

该线性测量过程如图 10-6 所示，其中采用不同的颜色代表不同数值的元素值，白色表示元素值很小或接近于零，可观察到，经过压缩感知线性测量过程后，可得到稀疏系数 $\boldsymbol{\alpha}$。

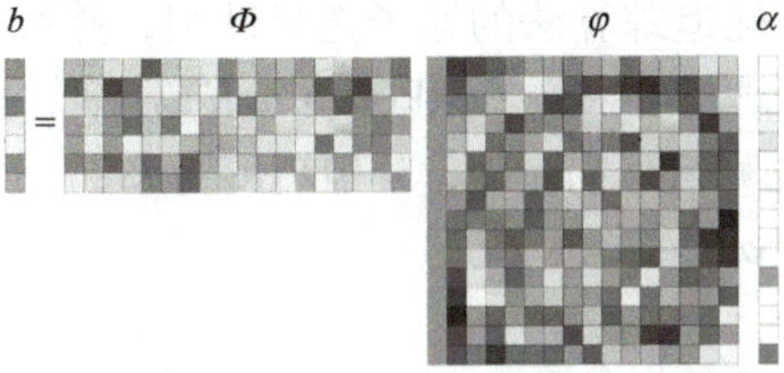

图 10-6　压缩感知线性测量过程

图 10-6 彩图

式（10-40）正是典型的压缩感知模型，满足稀疏性含义 1)。

2. 字典学习

根据压缩感知理论可知，字典 $\boldsymbol{\varphi}$ 的选用会直接影响最终信号重构的效果。字典的构造主要有两类方法：

（1）基于解析模型的字典构造　是指通过运用某种数学变换建立数据的数学模型，例如前文用到的短时傅里叶变换。该方法主要特点是高度结构化字典形式，使算法执行具有较快的运行速度，但其数学模型形式固定，不能充分表达信号自身特征，自适应性较差。

（2）基于学习模型的字典构造　通过机器学习技术对源信号样本集进行训练以获取

信号本身特征。

3. 信号的重构

构造出字典 $\boldsymbol{\varphi}$ 后，传感矩阵 $\boldsymbol{\Theta}=\boldsymbol{\Phi}\boldsymbol{\varphi}$ 便可求出，下面需要估计稀疏系数 $\boldsymbol{\alpha}$。常用的稀疏系数估计方法主要可以分为两大类：最优化算法和贪婪迭代算法。

最优化算法将信号重构问题转化为 l_1 范数最小化问题

$$\min\|\boldsymbol{\alpha}\|_1 \quad \text{s.t. } \boldsymbol{b}=\boldsymbol{\Theta}\boldsymbol{\alpha} \tag{10-41}$$

进而变成一类有约束条件的求极值问题，对于上式可以利用线性规划来求解，典型的最优化算法有：基追踪（Basis Pursuit，BP）法、内点法、迭代阈值法、梯度投影算法等。

另一类算法是贪婪迭代类算法，此类算法可直观理解为：根据源信号的稀疏度 K，从传感矩阵 $\boldsymbol{\Theta}$ 中找出合适的 K 列向量（原子），然后根据这 K 列向量及观测信号求出原信号相应位置上不为零的系数，将其他位置取值为零即重构出原信号。贪婪迭代算法在一定的重构误差范围内，对信号进行最小化 l_0 范数求解，其表达式为

$$\min\|\boldsymbol{\alpha}\|_0 \quad \text{s.t.}\|\boldsymbol{b}-\boldsymbol{\Theta}\boldsymbol{\alpha}\|_2 \leqslant \varepsilon \tag{10-42}$$

式中，ε 是噪声的能量。

此类算法是将重构过程分为多次的迭代，每次迭代主要分为以下两步：原子的更新和残差的更新。其中，原子更新指在冗余的原子字典中找出一个或多个原子，使得原子与残差的内积最大，然后将这些原子加入重构的原子集中；残差更新是指利用已有的重构原子集，计算近似的重构系数，使得新的残差最小，从而更新残差。

正交匹配追踪（Orthogonal Matching Pursuit，OMP）算法是目前最经典的一种贪婪匹配算法。该算法保留了匹配追踪算法的原子选择准则，并在每一次迭代时，加入了对所有选择的原子进行正交化处理的步骤，$\text{OMP}(\boldsymbol{\Theta},\boldsymbol{b},\boldsymbol{\alpha},K)$ 算法的具体实现步骤为：

输入：传感矩阵 $\boldsymbol{\Theta}$，观测信号向量 $\boldsymbol{b}$，$\boldsymbol{\alpha}$ 稀疏度为 K；

输出：待重构稀疏系数 $\boldsymbol{\alpha}$；

初始化：

步骤 1： $\boldsymbol{\alpha}_0 \leftarrow 0$ 重构信号的初始化为零，第 i 次迭代后得到的估计量为 $\boldsymbol{\alpha}_i$；

步骤 2： $i \leftarrow 0$ 迭代次数的初始化为零；

步骤 3： $r_0 \leftarrow \boldsymbol{b}$ 残差的初始化为观测信号，第 i 次迭代后得到的残差为 r_i；

步骤 4： $\boldsymbol{\Gamma}_0 \leftarrow \varnothing$ 初始化重构原子位置集为空。

检查终止条件?

若满足终止条件：输出 $\boldsymbol{\alpha}_i$；

若不满足终止条件：进行下一次迭代。

迭代：

步骤 5： $i \leftarrow i+1$ 迭代次数增加。

步骤 6： $u_i \leftarrow \boldsymbol{\Theta}' * r_i$ 计算出原子字典中所有原子与残差的内积，$\boldsymbol{\Theta}'$ 表示矩阵 $\boldsymbol{\Theta}$ 的

转置。

步骤 7： $\sigma \leftarrow \sup p(u_i)$ 找出 u_i 中最大的那个分量 $\sup p(u_i)$，得到这个分量在原子字典中的位置赋给 σ。

步骤 8： $\boldsymbol{\Gamma}_i \leftarrow \boldsymbol{\Gamma}_{i-1} \cup \sigma$ 合并重构原子位置集，$\cup$ 表示取并集，得到新的位置集合 $\boldsymbol{\Gamma}_i$。

步骤 9： $\boldsymbol{\alpha}_i \leftarrow \boldsymbol{\Theta}_{\Gamma_i}^{\dagger} \boldsymbol{b}$ 在原子位置集 $\boldsymbol{\Gamma}_i$ 所支持的原子字典中，计算得到估计 $\boldsymbol{\alpha}_i$，其中：$\boldsymbol{\Theta}_{\Gamma_i}^{\dagger} \boldsymbol{b} = (\boldsymbol{\Theta}_{\Gamma_i}^{*} \boldsymbol{\Theta}_{\Gamma_i})^{-1} \boldsymbol{\Theta}_{\Gamma_i}^{*}$。

步骤 10： $r_i \leftarrow \boldsymbol{b} - \boldsymbol{\Theta}_{\Gamma_i} \boldsymbol{\alpha}_i$　更新逼近残差。

计算得到估计稀疏系数 $\boldsymbol{\alpha}$，便可求得 $\boldsymbol{p}$，实现语音信号的欠定盲源分离。贪婪迭代类算法还包括基追踪（Basis Pursuit，BP）法，匹配追踪（Matching Pursuit，MP）算法、子空间追踪（Subspace Pursuit，SP）算法以及压缩采样匹配追踪（Compressive Sampling Persuit，CoSaMP）算法等。

10.5　机器学习方法

10.2 节～ 10.4 节介绍了基于数字信号处理的语音分离方法，本节介绍基于深度学习的语音分离方法。现有的基于深度学习的语音分离技术可以通过单通道或者多通道实现，前面语音增强章节提到的基于神经网络的方法均可用于分离任务。此外，语音分离任务的难点之一在于模型如何解决说话人排列的问题。混合语音信号中说话人的顺序是随机的，而语音分离模型在处理时通常需要一个固定的输出顺序。因此，如何确定输出语音信号与原始说话人的对应关系（即解决说话人排列问题）成为了语音分离任务的一大挑战。

本节首先介绍两种解决说话人排列问题的算法：深度聚类（Deep Clustering，DC）算法和置换不变性训练（Permutation Invariant Training，PIT）算法。然后介绍几种主流的端到端语音分离算法。

10.5.1　深度聚类算法

深度聚类算法的基本思想是首先通过神经网络为混合语音信号的每个时频单元学习信号的特征，得到高维的嵌入向量（Embedding Vector），然后利用聚类算法，如 K 均值聚类（K-means Clustering）算法，将嵌入向量聚成 K 类，每个类分别代表了一个说话人的语音特征。在聚类过程中，算法会根据嵌入向量之间的相似度（如欧氏距离、余弦相似度等）来判断它们是否属于同一类别。嵌入向量聚类也就是将时频单元分类，分类后的时频单元对应不同的说话人。深度聚类算法本质上是为每个说话人学习了一个二值时频掩蔽，然后将该掩蔽应用到混合语音，得到分离的频谱，最后重构信号恢复分离的时域语音。

深度聚类算法没有利用神经网络直接学习混合语音到纯净语音的映射关系，而是在每个时频单元仅由一个说话人占据的前提假设下，为每个时频单元学习了新的特征，从而避免了说话人排列的问题。

混合语音信号经短时傅里叶变换建模到时频域 $Y(n,f)$，将时频索引 (n,f) 用单变索引 i 替代，则 Y_i 表示时频谱在相应 (n,f) 坐标对应的时频单元，那么神经网络学习信号嵌入

向量的映射函数表示为

$$\boldsymbol{v}_i = f(|Y_i|), \forall i \in \{1,2,\cdots,N\} \tag{10-43}$$

式中，$f(\bullet)$是神经网络模型；N是混合语音信号所有的时频单元总数；$|Y_i|$是Y_i的幅度谱，Y_i的幅度谱还可以用对数功率谱替代；$\boldsymbol{v}_i$是Y_i的D维嵌入向量；D是神经网络的输出维度。

在神经网络的训练阶段，需要为$\boldsymbol{v}_i$定义一个标签$\boldsymbol{b}_i$（Ground–Truth–Label），令$\boldsymbol{b}_i=[b_{i,1},b_{i,2},\cdots,b_{i,k}]^{\mathrm{T}}$，$k$对应$k$个说话人，并围绕其定义一个能正确区分聚类且不会影响说话人排序的训练目标，目前主流方法用的是 one–hot 编码，其表达式为

$$b_{i,m} = \begin{cases} 1, |S_{i,m}| > |S_{i,n}| \\ 0, 其他 \end{cases} \tag{10-44}$$

式中，$|S_{i,m}|$是$|Y_i|$中第m个说话人分量的幅度谱，$|Y_i| = \sum_{m=1}^{k} |S_{i,m}|$；$|S_{i,n}|$是$|Y_i|$中第$n$个说话人分量的幅度谱。$b_{i,m}$=1 表示该时频单元被第$m$个说话人占据。令神经网络输出的嵌入向量矩阵为$\boldsymbol{V}=[\boldsymbol{v}_1,\boldsymbol{v}_2,\cdots,\boldsymbol{v}_N]\in \mathbf{R}^{D\times N}$，可以得到$\boldsymbol{V}^{\mathrm{T}}\boldsymbol{V}\in \mathbf{R}^{N\times N}$；令标签矩阵$\boldsymbol{B}=[\boldsymbol{b}_1, \boldsymbol{b}_2,\cdots,\boldsymbol{b}_N]\in \mathbf{R}^{K\times N}$，可得出$\boldsymbol{B}^{\mathrm{T}}\boldsymbol{B}\in\{0,1\}^{N\times N}$。给定任意说话人排列矩阵$\boldsymbol{Q}$，都有$(\boldsymbol{QV})^{\mathrm{T}}(\boldsymbol{QV})=\boldsymbol{V}^{\mathrm{T}}\boldsymbol{V}$和$(\boldsymbol{QB})^{\mathrm{T}}(\boldsymbol{QB})=\boldsymbol{B}^{\mathrm{T}}\boldsymbol{B}$，等式右边都与说话人排列顺序无关，证明所选的训练目标不会影响说话人排列。

在得到每个时频单元的嵌入向量$\boldsymbol{v}_i$或者$v(n,f)$后，利用聚类算法将其分为K类，对应K个说话人，记作$c_1,c_2,\cdots,c_K$；然后计算每个说话人的二值掩蔽为

$$A_k(n,f) = \begin{cases} 1, v(n,f) \in c_k \\ 0, 其他 \end{cases} \tag{10-45}$$

式中，$A_k(n,f)$是第k个说话人的二值掩蔽。

得到掩蔽后，与混合语音时频谱相乘得到说话人分离的时频谱为

$$\hat{S}_k(n,f) = A_k(n,f)Y(n,f) \tag{10-46}$$

式中，$\hat{S}_k(n,f)$是第k个说话人的时频谱。

最后，应用短时傅里叶变换恢复分离后的时域语音。

10.5.2 置换不变性训练算法

PIT 算法是解决说话人排列问题的另一个方法。与深度聚类算法避免说话人排列不同，PIT 算法旨在在训练过程中将分离误差最小化，直接找到说话人的最优排列。

图 10-7 所示为 PIT 算法的系统结构。主要包括两部分：置换不变训练和基于元帧（Meta–frame）的训练。图中虚线框部分为置换不变的训练方法，剩下部分为基于元帧的

训练方法，下面将具体介绍。

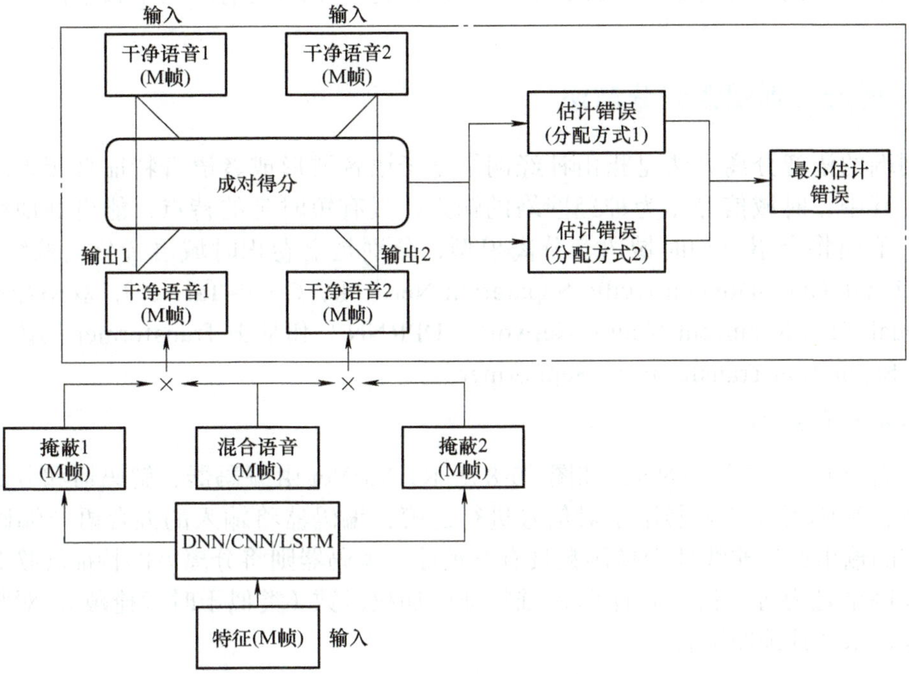

图 10-7　PIT 算法的系统结构

1. 置换不变训练

以三个说话人混合语音为例，记为 A、B、C，送入 PIT 训练时共存在 6 种排列方式：ABC、ACB、BAC、BCA、CAB、CBA。这 6 种排列方式作为神经网络的输出可以计算出 6 个均方误差（Mean Squared Error，MSE），其表达式为

$$e_i = \sum_{j=1}^{3} \left\| M_{i,j} - \hat{M}_{i,j} \right\|_2^2 \qquad (10\text{-}47)$$

式中，e_i 是第 i 种排列方式的均方误差；$M_{i,j}$ 是第 i 种排列方式中第 j 位说话人的理想掩蔽；$\hat{M}_{i,j}$ 是第 i 种排列方式中第 j 位说话人的掩蔽估计。

PIT 网络选择总 MSE 最小的排列，并对模型进行优化以减小该 MSE。在 PIT 模型中，参考声源是作为集合而不是作为有序列表给出的，无论声源的排列顺序如何，得到的训练结果是一样的。

2. 基于元帧的训练

PIT 算法需要判断每帧说话人的输出顺序，但前后帧说话人的输出顺序可能是不同的，为了能连续输出同一说话人的语音，需要进行基于元帧的训练。元帧是将语音帧进行加窗扩展得到的新的帧。基于元帧的 PIT 训练是将元帧作为网络的输入输出，用元帧代替语音帧能降低前后帧不属于同一个说话人的概率。这是因为语音帧仅仅依赖于自身的信息来预测说话人顺序，而元帧则是包含了当前语音帧以及前后相邻帧的信息，这种基于前后帧信息的预测方式能增加预测准确性。除此之外，还可以将元帧的概念拓展到整个语句，即基于句子的训练（utterance PIT，uPIT），进一步降低前后帧不属于同一说话人的概率。

10.5.3 时域端到端语音分离法

端到端的语音分离方法是指由神经网络基于语音波形或者语音特征直接训练得到分离信号。其中，时域信号作为神经网络的输入，具有短时延的特点，能更好地满足实时性要求。下面将介绍三种时域语音分离模型，分别是全卷积时域语音分离网络（Fully-Convolutional Time-Domain Audio Separation Network，Conv-TasNet），双路径递归神经网络（Dual-Path Recurrent Neural Network，DPRNN）和基于 Transformer 的语音分离神经网络（Separation Transformer，SepFormer）。

1. Conv-TasNet

首先简要介绍一下 TasNet，如图 10-8 所示，TasNet 由编码器、解码器和分离网络三部分组成，编码器和解码器用于对信号进行建模，编码器将输入的混合语音编码为 N 维特征，它的输出经过非线性变换函数具有非负性，解码器则将分离后的特征转换为语音波形。分离网络是为每个信号源计算 N 维特征的加权函数（类似于时频掩蔽），对特征进行掩蔽操作，来估计纯净语音。

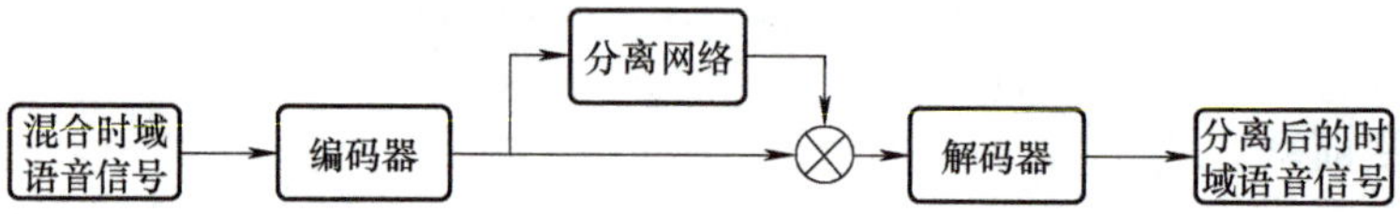

图 10-8 TasNet 的系统结构

TasNet 选用 LSTM 作为分离网络，虽然在时域语音分离任务中取得了一些成果，但存在一定缺陷：例如，编码器中较小的波形长度导致输出的维度或数量增加，使得 LSTM 难以训练；LSTM 网络中存在大量的参数，计算成本高，限制其适用性；LSTM 的长时间依赖性导致不同长度语音序列分离精度不一致等。为了进一步提升性能，TasNet 的作者 Luo Yi 等人提出了一种基于全卷积网络的时域语音分离网络（Conv-TasNet）。

与 TasNet 的结构相同，Conv-TasNet 网络也包含三个处理部分：编码器、分离网络和解码器。下面具体介绍这三部分。

编码器结构中，首先将混合时域语音信号按照帧长为 L，帧移为 M，分解为重叠片段，用 $\boldsymbol{y}_t \in \mathbf{R}^{1\times L}$ 表示，其中 $t=1,\cdots,T$，T 表示帧的个数。假设混合语音共包含 C 个说话人。通过一维卷积运算将 $\boldsymbol{y}_t$ 转换为一个 N 维特征，记作 $\boldsymbol{w} \in \mathbf{R}^{1\times N}$，表示为矩阵乘法

$$\boldsymbol{w} = H(\boldsymbol{y}_t \boldsymbol{U}) \tag{10-48}$$

式中，$\boldsymbol{U} \in \mathbf{R}^{L\times N}$ 是编码器基函数；$H(\cdot)$ 是 ReLU 非线性变换函数，以确保非负表示。

分离网络结构中，每帧语音的分离为

$$\boldsymbol{d}_i = \boldsymbol{w} \odot \boldsymbol{m}_i \tag{10-49}$$

式中，$\boldsymbol{m}_i \in \mathbf{R}^{1\times N}$ 是通过分离网络估计的 C 个说话人掩蔽，其中 $i=1,\cdots,C$；$\boldsymbol{w}$ 是编码器的输出；$\boldsymbol{d}_i \in \mathbf{R}^{1\times N}$ 是分离后每个源的特征；$\odot$ 表示逐元素相乘。

Conv-TasNet 模型的分离网络结构如图 10-9a 所示，相比于原始的 TasNet，Conv-TasNet 分离网络的设计部分使用时域卷积网络（Temporal Convolutional Network，TCN）来代替深层 LSTM 网络。TCN 的每层由一组一维卷积块（1-D conv）组成，且相邻层的膨胀因子（Dilated Factors）不断增加，呈指数增长，能有效增加感受野以利用语音信号的时序依赖关系，图 10-9a 中一维卷积块的不同颜色表示它具有不同的膨胀因子。

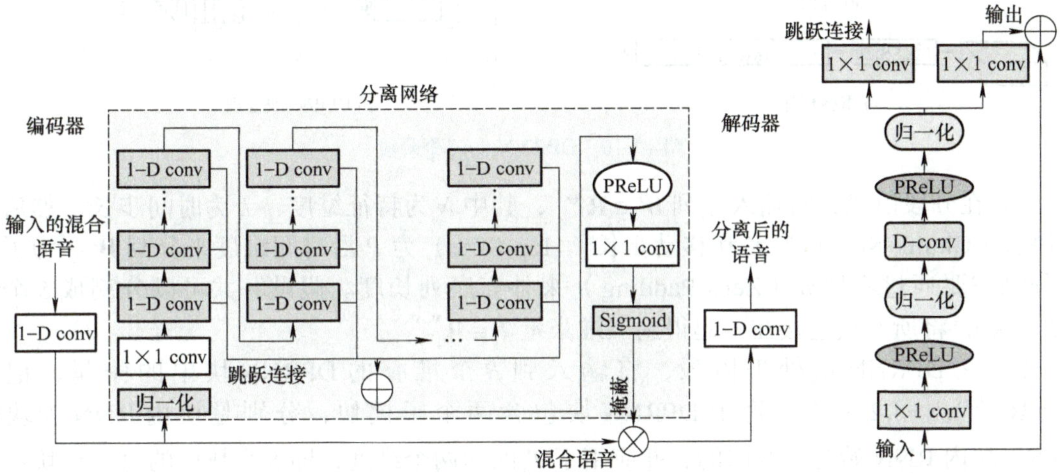

a) 系统流程图 b) 一维卷积块的设计

图 10-9 Conv-TasNet 模型的分离网络结构

图 10-9a 中一维卷积块的结构如图 10-9b 所示，每个一维卷积块都采用残差路径和跳跃连接路径。具体来讲，是将一个块的残差路径作为下一个块的输入，将所有块的跳跃连接路径相加作为 TCN 的输出。TCN 的输出经过点卷积 1×1 conv 与非线性激活函数共同估计 C 个说话人的掩蔽向量。此外，每个一维卷积块中用深度可分离卷积替换了标准卷积运算，即将标准卷积操作解耦为两个连续的操作，先是深度卷积 D-conv，然后是点卷积 1×1conv，进一步减少了参数量和计算成本。

图 10-9 彩图

解码器结构中，将得到的分离后的每个源特征表示 $\boldsymbol{d}_i$ 通过解码器用一维转置卷积运算进行重构，恢复为时域语音信号 $\hat{\boldsymbol{s}}_i \in \mathbf{R}^{1\times L}$，其中 $i=1,\cdots,C$，表示为矩阵乘法为

$$\hat{\boldsymbol{s}}_i = \boldsymbol{d}_i \boldsymbol{V} \tag{10-50}$$

式中，$\boldsymbol{V} \in \mathbf{R}^{N\times L}$ 是解码器基函数。

2. DPRNN

在分离任务中，如果出现超长的语音序列，传统的 RNN 模型由于梯度消失以及计算资源占用等问题无法有效建模，而一维卷积（1-D Conv）的感受野小于音频序列长度，也无法进行序列级的语音分离。为解决该问题，Luo Yi 等人提出了一种双路径递归神经网络（DPRNN），可以在深层模型中优化 RNN 使其能够对极长的语音序列建模。

DPRNN 包含三个阶段：分段、DPRNN 块处理和重叠相加。三个阶段分别对应图 10-10 中 A、B、C 所示。接下来将具体介绍每个阶段。

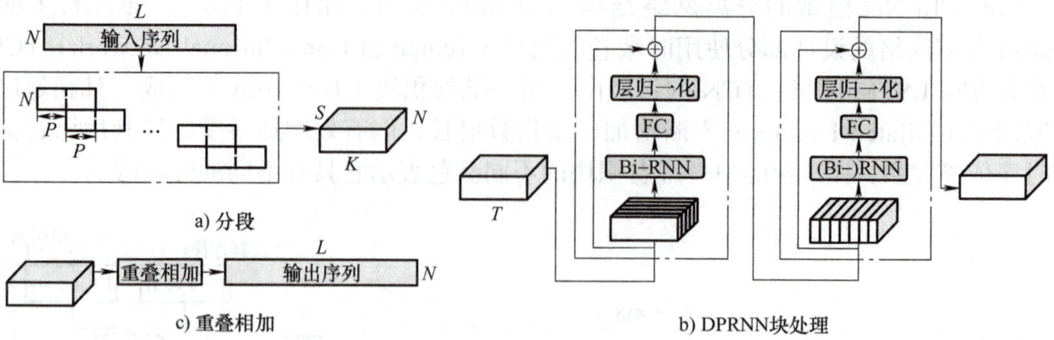

图 10-10　DPRNN 的三个阶段

1）在分段阶段，将输入序列 $\boldsymbol{W} \in \mathbf{R}^{N \times L}$，其中 N 为特征维度，L 为时间步长。然后使用块长（Chunk Size）为 K 和移动步长（Hop Size）为 P 沿时间维度来分割 $\boldsymbol{W}$。为了均匀分割需要通过零填充（Zero Padding）来补充序列长度。假设一共可以分割成 S 个块（Chunk），将所有块连接在一起得到三维张量 $\boldsymbol{T} \in \mathbf{R}^{N \times K \times S}$。

2）在 DPRNN 块处理阶段，将输入到 B 个堆叠的 DPRNN 块中的张量，记为 $\boldsymbol{T}_b \in \mathbf{R}^{N \times K \times S}, b = 1, 2, \cdots, B$。每个 DPRNN 块包含两个子模块，分别是块内 RNN 和块间 RNN。块内 RNN 始终是双向的，并应用于 $\boldsymbol{T}_b$ 的前两个维度，即 S 个块中的每一个块：

$$\boldsymbol{U}_b = [f_b(\boldsymbol{T}_b[:,:,i])], i = 1, \cdots, S \tag{10-51}$$

式中，$\boldsymbol{U}_b \in \mathbf{R}^{H \times K \times S}$ 是 RNN 的输出；H 是经 RNN 输出后的特征维度；$f_b(\bullet)$ 是块内 RNN 定义的映射函数；$\boldsymbol{T}_b[:,:,i] \in \mathbf{R}^{N \times K}$ 是第 i 个块的序列。

接着应用线性全连接（Fully Connected Layer，FC）层将 U_b 的特征维度转换回 $\boldsymbol{T}_b \in \mathbf{R}^{N \times K \times S}$ 的特征维度，得到 $\hat{\boldsymbol{U}}_b$，并对其应用层归一化（Layer Normalization，LN），在 LN 的输出和 $\boldsymbol{T}_b$ 之间增加一个残差连接

$$\hat{\boldsymbol{T}}_b = \boldsymbol{T}_b + \mathrm{LN} \tag{10-52}$$

式中，$\hat{\boldsymbol{T}}_b$ 是残差连接。

将 $\hat{\boldsymbol{T}}_b$ 作为块间 RNN 子模块的输入，并将 RNN 应用到第一维和第三维度，即在 S 个块中每个块的 K 个时间步长为

$$\hat{\boldsymbol{T}}_b = \boldsymbol{T}_b + \mathrm{LN}(\hat{\boldsymbol{U}}_b) \tag{10-53}$$

$$\boldsymbol{V}_b = [h_b(\hat{\boldsymbol{T}}_b[:,i,:]), i = 1, \cdots, K] \tag{10-54}$$

式中，$\boldsymbol{V}_b \in \mathbf{R}^{H \times K \times S}$ 是 RNN 的输出；$h_b(\bullet)$ 是块间 RNN 定义的映射函数；$\hat{\boldsymbol{T}}_b[:,i,:] \in \mathbf{R}^{N \times S}$ 是

所有 S 块中第 i 个时间步长的张量。

由于块内 RNN 是双向的，因此在 $\hat{\boldsymbol{T}}_b$ 中的每个时间步都包含了它所属块的全部信息，这使得块间 RNN 可以进行完整的序列级建模。与块内 RNN 输出一样，在 $\boldsymbol{V}_b$ 上也应用了线性 FC 层和 LN，在 LN 输出和 $\hat{\boldsymbol{T}}_b$ 之间增加一个残差连接，作为整个第一个 DPRNN 块的输出。该输出又作为下一个块的输入，直到得到最后一个块的输出。

3）在重叠相加阶段，得到最后一个 DPRNN 块的输出张量后，为了将它恢复为序列，在 S 个块上应用重叠相加操作，得到最终的输出序列 $\boldsymbol{Q}\in\mathbf{R}^{N\times L}$。

3. SepFormer

与传统的 RNN 相比，Transformer 可以并行计算，提高计算效率，而且能更好地避免梯度消失的问题。SepFormer 继承了 Transformer 的并行化优势，且速度更快，对内存的要求更低。该模型主要由编码器、解码器和掩蔽网络三部分组成，结构如图 10-11 所示。

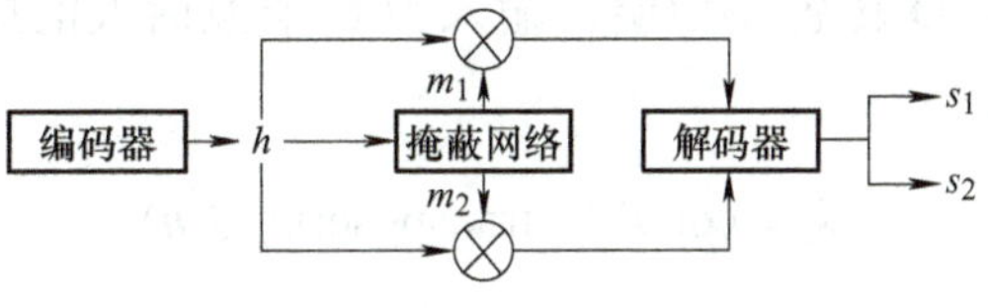

图 10-11　SepFormer 模型的结构

编码器结构中，将混合语音信号作为输入，T 为时间步长。假设有 C 个说话人，编码器得到输出为

$$h=\mathrm{ReLU}(\mathrm{conv1d}(y)) \tag{10-55}$$

式中，$\mathrm{conv1d}(\bullet)$ 是编码器使用的 1-D 卷积层；$\mathrm{ReLU}(\bullet)$ 是非线性变换函数；$h\in\mathbf{R}^{F\times T}$ 是编码器的输出，其中 F 为特征维度。

掩蔽网络详细架构如图 10-12a 所示。编码后的输入 h 先经过层归一化 LN 和线性层（Linear Layer）的处理，接着进行分块操作（Chunking），以块长（Chunk Size）为 K，重叠系数为 50% 在时间维度上切割 h，得到 $h_{(1)}\in\mathbf{R}^{F\times K\times N}$ 作为分块操作的输出，其中 N 为块的数量。

然后将 $h_{(1)}$ 输入到 SepFormer 模块中，SepFormer 是掩蔽网络的主要组成部分，结构如图 10-12b 所示。它由两个能够学习长短期依赖关系的 Transformer 组成。我们将为短期依赖关系建模的 Transformer 块命名为 IntraTransformer（IntraT）；为长期依赖关系建模的块命名为 InterTransformer（InterT）。IntraT 处理 $h_{(1)}$ 的第二个维度，对每个块内的短期依赖项进行建模；然后，对最后两个维度进行排列（Permute），该操作在式（10-55）中用 P 表示；最后，应用 InterT 对块间的转换进行建模，可以表示为

$$h_{(2)}=f_{\text{inter}}(\mathrm{P}(f_{\text{intra}}(h_{(1)}))) \tag{10-56}$$

式中，$f_{\text{inter}}(\bullet)$ 是 InterT；$f_{\text{intra}}(\bullet)$ 是 IntraT。

整个 SepFormer 模块重复多次，SepFormer 块的输出 $h_{(2)}\in\mathbf{R}^{F\times K\times N}$ 经过 PReLU 激

活和线性层处理后得到输出 $h_{(3)} \in \mathbf{R}^{(F\times C)\times K\times N}$，应用重叠相加（OverlapAdd）方案得到 $h_{(4)} \in \mathbf{R}^{F\times C\times T}$，最后将 $h_{(4)}$ 经过两个前馈（Feed-Forward，FFW）层和 ReLU 激活，得到每个说话人的掩蔽表示 m_i。

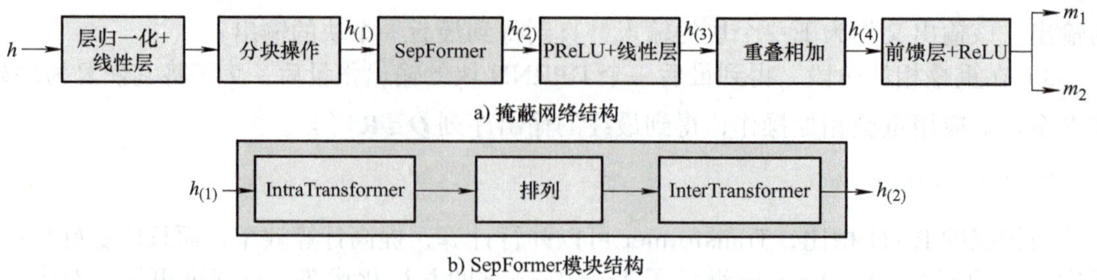

图 10-12　SepFormer 网络结构

解码器结构是一个 1-D 转置卷积层，输入为 C 个说话人的掩蔽 m_c 和编码器输出 h 的逐元素相乘，可以表示为

$$\hat{s}_c = \text{conv1d} - \text{transpose}(m_c \odot h) \tag{10-57}$$

式中，$\hat{s}_c$ 是分离后 C 个说话人的表示；$\odot$ 是逐元素相乘。

本章小结

本章首先重点介绍了三种基于数字信号处理的语音分离算法，即独立成分分析（ICA）、非负矩阵分解（NMF）和稀疏分量分析。独立成分分析（ICA）是一种统计方法，用于将多变量信号分离成彼此独立的分量，通过最大化非高斯性实现信号分解，通常适用于线性混合信号；非负矩阵分解（NMF）则通过将一个非负矩阵分解为两个非负矩阵的乘积，来处理音频信号的谱图，分解结果较依赖于初始化值；稀疏分量分析利用音频信号在时频域中的稀疏特性，通过时频表示（如短时傅里叶变换）分析信号，构建稀疏模型表示进行信号分离，适用于稀疏信号，但计算复杂度较高。这三种算法各有其独特的应用场景和优势，ICA 适合处理独立且非高斯分布的线性混合信号，NMF 在音频信号的谱图分析中表现优异，而稀疏分量分析则在处理稀疏信号时具有显著优势。在实际应用中，需要根据具体信号特性和分离要求综合考虑选择合适的算法。

本章还介绍了基于深度学习的语音分离方法，包括了深度聚类和置换不变性训练两种算法，并介绍了 Conv-TasNet、DPRNN、SepFormer 三种时域单通道语音分离模型。

思考题与习题

10-1　独立成分分析中，信号源的个数与麦克风的个数之间是什么关系？

10-2　非负矩阵分解算法中，基向量矩阵与系数矩阵的物理意义是什么？

10-3　0 范数以及 1 范数的物理意义是什么？为什么最小化 1 范数可以帮助恢复稀疏信号？

10-4　基于神经网络的端到端语音分离方法的具体含义是什么？时域端到端方法和时频域端到端方法各有什么优缺点？

10-5　基于神经网络的语音分离方法中为什么要估计说话人掩蔽？估计说话人掩蔽和直接估计语音波形谱这两种方法各有什么优缺点？

10-6　相比于单向的 LSTM，双向的 LSTM 有什么特点？为什么双向 LSTM 更适合处理语音信号？

10-7　假设在一个足够大的无混响的房间内，从 30°、90°、120° 的三个方位有三个信号源传播声音信号到麦克风阵列。声音信号分别为 200Hz 的正弦波、200Hz 的三角波、高斯白噪声。麦克风阵列由三个均匀线性阵列组成，麦克风之间距离间隔为 0.05m。

a）假设麦克风上面的加性噪声为 20dB，画出三个麦克风上接收到的信号。

b）用 ICA 方法实现这三个信号的分离。

参考文献

[1] ARONS B. A review of the cocktail party effect[J]. Journal of the american voice I/O society，1992，12（7）：35-50.

[2] CHOI S，CICHOCKI A，PARK H M，et al. Blind source separation and independent component analysis：A review[J]. Neural information processing-letters and reviews，2005，6（1）：1-57.

[3] LEE D，SEUNG H S. Algorithms for non-negative matrix factorization[J]. Advances in neural information processing systems，2000，13:535-541.

[4] GEORGIEV P，THEIS F，CICHOCKI A. Sparse component analysis and blind source separation of underdetermined mixtures[J]. IEEE Transactions on neural networks，2005，16（4）：992-996.

[5] BELL A J，SEJNOWSKI T J. An information-maximization approach to blind separation and blind deconvolution[J]. Neural computation，1995，7（6）：1129-1159.

[6] HOYER P O. Non-negative matrix factorization with sparseness constraints[J]. Journal of machine learning research，2004，5（9）.

[7] GUILLAMET D，VITRIA J，SCHIELE B. Introducing a weighted non-negative matrix factorization for image classification[J]. Pattern recognition letters，2003，24（14）：2447-2454.

[8] BOFILL P，ZIBULEVSKY M. Underdetermined blind source separation using sparse representations[J]. Signal processing，2001，81（11）：2353-2362.

[9] KIM S J，KOH K，LUSTIG M，et al. An interior-point method for large-scale regularized least squares[J]. IEEE Journal of selected topics in signal processing，2007，1（4）：606-617.

[10] FIGUEIREDO M A T，NOWAK R D，WRIGHT S J. Gradient projection for sparse reconstruction：Application to compressed sensing and other inverse problems[J]. IEEE Journal of selected topics in signal processing，2007，1（4）：586-597.

[11] TROPP J A. Greed is good：Algorithmic results for sparse approximation[J]. IEEE Transactions on information theory，2004，50（10）：2231-2242.

[12] DAI W，MILENKOVIC O. Subspace pursuit for compressive sensing signal reconstruction[J]. IEEE Transactions on information theory，2009，55（5）：2230-2249.

[13] HERSHEY J R，CHEN Z，LE ROUX J，et al. Deep clustering：Discriminative embeddings for segmentation and separation[C]//IEEE International conference on acoustics speech and signal processing proceedings，March 20-25，2016，Shanghai，China.[s.l.]：IEEE，2016：31-35.

[14] YU D，KOLBAEK M，TAN Z H，et al. Permutation invariant training of deep models for speaker-

independent multi-talker speech separation[C]//IEEE International conference on acoustics speech and signal processing proceedings，March 5-9，2017，New Orleans，LA. [s.l.]：IEEE，2017：241-245.

[15] KOLBAEK M，YU D，TAN Z H，et al. Multitalker speech separation with utterance-level permutation invariant training of deep recurrent neural networks[J]. IEEE/ACM Transactions on audio，speech，and language processing，2017，25（10）：1901-1913.

[16] LUO Y，MESGARANI N. Conv-Tasnet：Surpassing ideal time-frequency magnitude masking for speech separation[J]. IEEE/ACM Transactions on audio，speech，and language processing，2019，27（8）：1256-1266.

[17] LUO Y，CHEN Z，YOSHIOKA T. Dual-path RNN：efficient long sequence modeling for time-domain single-channel speech separation[C]//IEEE International conference on acoustics speech and signal processing proceedings，May 4-9，2020.[s.l.]：IEEE，2020：46-50.

[18] SUBAKAN C，RAVABELLI M，CORNELL S，et al. Attention is all you need in speech separation[C]//IEEE International conference on acoustics speech and signal processing proceedings，June 6-11，2021.[s.l.]：IEEE，2021：21-25.

[19] LUO Y，MESGARANI N. Tasnet：time-domain audio separation network for real-time，single-channel speech separation[C]//IEEE International conference on acoustics speech and signal processing proceedings，April 15-20，2018，Calgary，AB，Canada.[s.l.]：IEEE，2018：696-700.

[20] PASCUAL S，BONAFONTE A，SERRA J. SEGAN：Speech enhancement generative adversarial network[EB/OL].（2017-03-28）[2024-08-12].https://arxiv.org/abs/1703.09452.